煤矿冲击地压实用监测技术

张修峰 曲效成 主编

应急管理出版社

·北京·

内 容 提 要

本书系统地介绍了微震、煤体应力、钻屑、电磁辐射及常规矿压监测相关装备的原理、结构和应用情况，并以现场实测数据分析案例的形式进行了展示与介绍。

本书可作为冲击地压矿井从事现场监测人员参考用书。

编委会

主　　编　张修峰　曲效成
编写人员（按照姓氏笔画排序）
　　　　　　王颜亮　宋大钊　辛崇伟　夏方迁　魏全德

前　言

　　近10年以来，伴随着煤矿开采深度增加和煤炭开发强度加大，冲击地压逐渐发展成为煤矿主要灾害之一，且分布范围也更加广泛。近几年逐渐从山东、河南、黑龙江等老矿区发展到陕西、内蒙古、新疆等新矿区，尤其是陕蒙地区多座矿井出现了不同程度的冲击地压或动压显现。新矿区、新冲击地压类型的出现，加上老矿区开采地质条件日渐复杂，给冲击地压防治工作带来了新的挑战。

　　冲击地压防治难度大一方面是由于其机理复杂，类型多样，且此类灾害瞬时发生的特点使其"防不胜防"，另一方面是对冲击地压缺乏足够的深入研究，且从业技术人员短缺。冲击地压发生和防治的历史虽然很长，但长期以来在行业内都将其视为顶板和常规矿压进行防治，而且早期冲击地压并未受到足够重视，其灾害只是在个别矿井零星出现，较多矿山企业存在侥幸心理。在高等学校的教材中，冲击地压仅作为一个章节出现，教学课时不足，国内从事该领域研究的单位与企业少之又少。

　　近年来，国家持续加强冲击地压防治工作，《防治煤矿冲击地压细则》《关于加强煤矿冲击地压源头治理的通知》等一系列规章制度的实施，强化了企业防治冲击地压的主体责任，推动了煤矿企业防冲机构和专业防冲队伍的建设（如山东能源、原兖矿集团、中煤能源、陕煤化等单位都组建了专职的防冲管理部室与研究团队），加快了矿井建立完整的冲击危险性预测评价体系以及科学的冲击危险性监测体系的进度，另外从政策层面保障了科研攻关力度，部分科研机构与煤矿企业联合开展了冲击地压机理研究、监测设备研发，在探索冲击地压发生规律以及技术装备研发应用方面积累了较为丰富的经验。但是基层的工程技术人员业务素质、思想意识、技术技能的提高与进步,则是防冲工作的基础。目前冲击地压的研究及应用成果多数仍以科技著作的形式出现,内容晦涩且系统性不强,基层的技术人员在学习及应用过程中存在一定的障碍,作者所在的团队长期从事防冲研究与技术开发工作,与国内绝大多数冲击地压矿山企业保持着紧密的联系与合作,在这期间不仅积累了较为丰富的理论基础知识、现场实践经验及监测预警技术,也更加理解了现场工程技术人员对防冲基础知识的缺乏与渴望。冲击地压防治技术主要包含冲击地压危险性预评价技术、冲击地压监测技术、冲击地压预测预警技术和冲击地压治理技术。这里仅针对冲击地压监测技术进行阐述。本书由总论、围岩震动、煤体应力、覆岩运动和实践应用五部分内容构成,涵盖了冲击地压的基本概念、冲击地压国内外研究历程、各种监测预警方法(微震、煤体应力、钻屑、电磁辐射、常规矿压)介绍以及相关监测预警设备的原理、结构、研发、应用情况等内容,将冲击地压监测预警方面的相关知识进行较为准确、深入的描述,通过一些案例清晰、系统地进行展示与介绍,并展望了冲击地压监测技术的未来发展趋势。以此为媒介与现场的技术人员进行深入交流,共同提高。

全书的整体构思、统稿和审定由张修峰、曲效成负责。各章编写分工:第一章,张修峰、魏全德;第二章,辛崇伟、魏全德;第三章,曲效成、夏方迁、宋大钊;第四章,夏方迁、魏全德;第五章,张修峰、曲效成、魏全德、辛崇伟、夏方迁和王颜亮。此外,王泽雨、孔贺、陈文国、郑红伟、徐旭、常雁、翟常治、樊硕和王倩倩也参加了部分内容的编写与图件审查、修改工作。

本书参考了诸多专家、学者的研究成果,对此表示感谢!由于编者水平及时间有限,书中不妥之处,望读者不吝赐教。

编 者

2021 年 11 月

目　　次

第一章　总论 ··· 1
第一节　冲击地压监测原理 ·· 1
第二节　冲击地压监测技术发展历史 ··· 3

第二章　围岩震动 ··· 13
第一节　区域微震监测技术 ·· 13
第二节　局部微震监测技术 ·· 33
第三节　地音监测技术 ··· 53

第三章　煤体应力 ··· 69
第一节　煤体应力监测技术 ·· 69
第二节　钻屑法监测技术 ··· 94
第三节　电磁辐射监测技术 ··· 109

第四章　覆岩运动 ··· 132
第一节　矿压监测技术 ··· 132
第二节　覆岩沉降监测技术 ··· 148

第五章　实践应用 ··· 160
第一节　围岩震动类应用 ·· 160
第二节　煤体应力类应用 ·· 183
第三节　覆岩运动类应用 ·· 229
第四节　综合数据应用 ··· 241

参考文献 ·· 271

第一章 总 论

第一节 冲击地压监测原理

一、冲击地压机理及特征

冲击地压是井工煤矿采掘过程中出现的典型动力灾害之一，属于特殊的矿山压力显现，与岩爆、矿震、冒顶等存在一定的联系。

1. 冲击地压

冲击地压是指煤矿井巷或工作面周围煤（岩）体由于弹性变形能的瞬时释放而产生的突然、剧烈破坏的动力现象，常伴有煤（岩）体瞬间位移、抛出、巨响及气浪等。

2. 矿震

矿震是采矿活动引起的一种诱发地震。它是在矿区内在区域应力场和采矿活动作用影响下，使采区及周围应力处于失调不稳的异常状态，在局部地区积累了一定能量后以冲击或重力等作用方式释放出来而产生的岩层震动。

3. 冲击地压与矿震的关系

冲击地压是采场周边煤体破坏造成的一种煤矿动力灾害，可防可控。冲击地压发生时，井下有冲击显现，但地面不一定有震感。

矿震是高位厚硬岩层断裂、运动造成的，随着开采尺寸的增加必然发生，只能降低影响，避免灾害的发生，既定的条件下无法杜绝。矿震发生时，地面或矿区有震感，但是井下不一定有破坏，目前仍属于自然灾害。

强烈的冲击地压可能引起矿震，矿震也可能诱发冲击地压。冲击地压与矿震之间的关系如图 1-1 所示。

4. 岩爆

岩爆是岩体积聚的应变能突然而猛烈地全部释放，致使岩体发生像爆炸一样的脆性断裂，岩体中发生突发式破坏的现象。

5. 冒顶

冒顶是一种井工矿井的顶板灾害之一，是指井工矿井在开采过程中，顶板煤

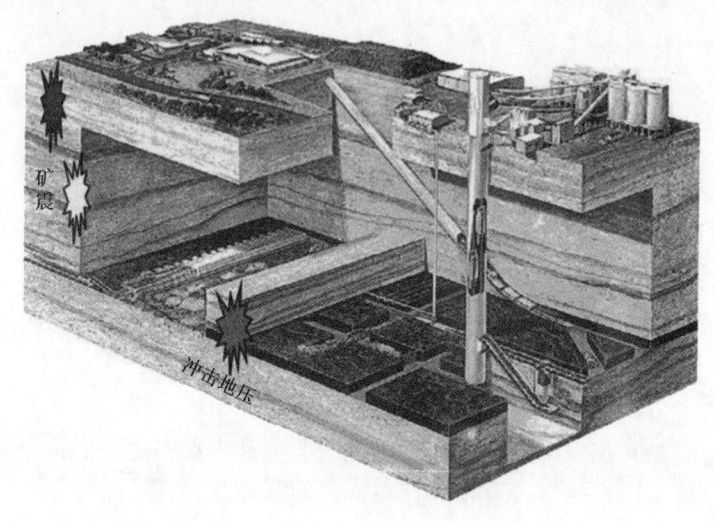

图1-1 冲击地压与矿震之间的关系

岩体塌落的现象。

6. 冒顶与冲击地压的关系

冒顶与冲击地压的区别主要体现在巷道围岩破坏位置不同,冒顶是顶板煤岩层的塌落,冲击地压主要发生在巷道两帮和底板。

根据目前已有事故,冲击地压可能引起冒顶,造成事故的扩大。例如2017年1月17日山西担水沟煤矿4203采煤工作面发生冲击地压诱发的顶板冒落和垮帮,造成10人死亡。

二、冲击地压监测方式与分类

目前,国内外冲击地压监测的主要方法有应力监测、微震监测、钻屑量监测、声发射监测、电磁辐射监测、震动波CT监测等。这些监测方法已在我国冲击地压矿井中广泛应用。

冲击地压监测有多种分类方式,可按照监测对象、监测范围或数据采集方式等进行分类。按照监测对象进行分类,可分为煤体应力监测、锚杆索应力监测、顶板离层监测、巷道变形量监测、来压监测(基本顶初次来压、周期来压)等。按照监测范围进行分类,可分为区域监测(例如微震监测、震动波CT监测)、局部监测(例如煤体应力监测、钻屑监测、电磁辐射监测、锚杆索应力监测等)。按照监测数据的采集方式进行分类,可分为在线连续性监测(实时在线监测，例如煤体应力、连续监测类微震）、在线触发式监测（常见的微震监测系统多为触发式监测）、非在线监测（常见的非在线监测包括巷道变形监测、顶板离层监测，该类型监测需要人工下井读取数据并记录，在监测技术的发展过程中正逐步淘汰）。

第二节 冲击地压监测技术发展历史

一、围岩震动监测技术

微震是矿井开采过程中诱发的地震活动，采场附近的岩体因应力场变化导致岩石破坏而产生微震事件。早在1908年，Mintrop在德国Ruhr煤田的Bochum地区建立了第一个用于矿山观测的台站；1928年国外学者首次将微震监测系统布置在德国西里西亚煤盆区域进行试验；1937年美国矿业局的Obert和Duvall在矿山研究中监测到受载岩石会向外界发射声波的现象，并把这种现象称之为"Rock Talk"，于1940年在阿米克铜矿观测到爆发性声发射，预报了岩爆的来临；南非于1939年设计并布设了5个机械式地震仪，并在地面组成台网用于矿震监测，且Game等人在Witwatersrand地区第一次描述了深部金矿开采过程和地震活动的直接关系；1946年频发的国内矿难事故，使得美国的矿业管理机构重点关注微震技术的研究；进入20世纪60年代中期，为了使微震监测技术真正成为矿山安全监测的一种有效手段，美国矿业局在微震监测技术应用方面进行了重点研究，微震监测硬件和软件系统都得到快速发展；同时期大规模的矿山微震研究在南非各主要金矿展开，并随之在20世纪70—80年代先后建立了矿山微震监测台站；20世纪80年代后期，加拿大学者对微震监测技术在煤岩动力灾害监测监控领域的应用进行了大量的研究；澳大利亚联邦科学与工业研究院CSIRO从1992年开始，对采矿诱发的微震现象进行研究，并于2000年6月，在APPIN地区实现了对微震的布网监测；1995年，南非ISS公司依托New Danmark煤矿，使用ISS微震监测技术分析地震波信息，确定微震发生的地点、时间和震级；2002年起，波兰研发出了SOS和ARAMIS微震监测系统，并在冲击地压矿井得到广泛应用。

从国外对微震监测技术的研究与应用历程可以看出，微震监测技术已成为矿山动力灾害监测的主要技术手段之一。虽然我国开展微震监测技术研究起步较晚，但是经过几十年的科研攻关和装备开发，已取得了较大进步，并在各研究机构与工程领域得到广泛应用。

1959年，北京门头沟矿用中国科学院地球物理所研制的581微震仪监测冲击地压活动；20世纪70年代，国内开始研发以耳机收听或录音机记录岩石声发射频度的便携式地音仪，长沙矿山研究院开发了DYF-1、DYF-2型便携式智能地音分析仪以及STL-1、STL-2型多通道声发射检测系统；1984年，中国地震局用自制的慢速磁带地声仪对地声信号进行事后数据采集，并对震源参数进行提取和分析，获得了丰富的成果；1986年，由煤炭工业部和国家地震局等单位在北京门头沟煤矿开始了微震监测方面的研究，利用由波兰引进的一套模拟信号8通道微震监测系统（SYLOK），进行微震监测研究，这也是我国首次开展矿山（地下）多通道微震监测技术研究；1990年，煤炭科学研究总院北京开采所研制了BD4-Ⅰ型便携式矿用地音仪，并在辽源矿务局西安煤矿28044工作面进行了应用；1994年，新汶矿务局华丰煤矿与山东矿业学院仪器仪表所合作研制了DKJ-ID地音监测系统，并在华丰煤矿1407、1408工作面现场应用；1997年，姜福兴教授与澳大利亚联邦科学工业研究院勘探采矿局开发了用于岩层破裂监测的微震监测系统；1999年，国家地震局地球物理研究所运用俄罗斯的地音系统，开展了矿山地震成因机理的研究；2000年前后，澳大利亚联邦科学院探采所与山东煤田地调局等单位合作，在兴隆庄煤矿开展了为期2年的矿震监测研究工作；2000年，汕头市液化气库建立了我国第一套24通道全数字型微震监测系统，这也是我国在矿山行业之外地下工程领域的第一套多通道微震监测系统；2003年，李庶林等引进加拿大ESG微震监测系统，在凡口铅锌矿建立了全数字型64通道微震监测系统，实现了该矿深部采区的微震监测；新汶矿业集团于2004年引进了波兰的ARAMIS微震监测系统，用于华丰煤矿冲击地压的监测实践；2005年，唐礼忠等在铜陵冬瓜山铜矿布设了微震监测系统，对该矿深部采区地压进行监测；2007年，姜福兴等依托"微震监测技术在煤矿防治水中的应用与研究"项目，研发了具有自主知识产权的微震监测系统，实现了高精度微震监测技术在煤矿突水监测中的应用。

目前国际上发展较为成熟的微震监测系统主要有南非ISS、波兰SOS和ARAMIS以及加拿大ESG等。我国冲击地压的监测技术与装备是在学习和借鉴波兰、苏联等国家的技术基础上，并随着我国冲击地压矿井数量的增加和冲击地压研究的加强而发展起来的。20世纪80年代末至90年代初，我国在引进波兰SAK微震监测系统、SYLOK微震监测系统的基础上，成功研发国产化的DJ-地音监测系统和WJD-1微震监测系统。与此同时，煤科总院北京开采所基于微机技术成功开发了MRB微震监测系统和MAE地音监测系统。考虑到使用的灵活性和方便性，同时开发了BD4-Ⅰ型便携式矿用地音仪。

进入21世纪以后，随着国家经济的持续增长，煤炭市场的持续向好，煤矿开采强度显著加大，冲击地压矿井不断增加。与此同时，国家对于煤矿安全更加重视，煤矿相关企业和科研单位也加大了对冲击地压监测技术研究与装备开发的投入。北京安科兴业科技股份有限公司、淮南万泰电子股份有限公司、煤炭科学研究总院安全分院等单位，相继开发了 KJ551 煤矿微地震监测系统、KJ648 矿用微震监测系统、KJ768 微震监测系统，并在我国冲击地压矿井中得到广泛应用。目前，我国微震监测技术与装备已达到国际先进水平。

二、煤体应力监测技术

钻孔应力监测技术是我国目前工程现场测量煤体采动应力的主要技术之一。如今广泛使用的煤体应力监测传感器为钻孔应力计，常用的钻孔应力监测传感器大多以 Glotzi 压力盒为基础，在外观和信号转换上改进而来，经过改进后的应力传感器主要为振弦式和液压式两种形式，在安装方式上均采用钻孔探入式固定安装。按照测量原理，振弦式应力计和液压式应力计均属于刚性包体应力计。

1. 振弦式应力计

振弦式应力计外侧为钢制空心圆筒，包含有一高度拉紧的钢弦，钢弦两端固定在圆筒筒壁上，内嵌一电磁线圈。测量时，将传感器安装到煤岩体钻孔中，并施加一定预应力，利用钢弦振动频率与压力或拉力成正比的原理，当钻孔周围煤岩体中应力发生变化时，引起传感器内部张力的变化，从而带动钢弦频率的变化。振弦式压力传感器是一种单向应力计，可以实现现场应力的连续监测。

2. 液压应力计（或液压枕）

液压应力计是以 Glotzi 压力盒为基础进行改进而成，可以在煤岩体深部进行测量。该应力计由两半焊接而成，中心有一浅槽，槽内装有油水混合液体，槽端部有一薄膜。测量过程中，钻孔周围应力变化引起槽内液体压力变化，应力计将液体压力转换成电信号或者频率信号进行监测和记录。液压应力计尺寸小、灵敏度高，适合在应力量值小、弹性模量低、塑性变形大的软弱岩体和煤体中应用。

从 1987 年开始，宋维尧借鉴国外已有的钻孔应力计，设计制作 KS-1 型钻孔应力计，并应用于监测工作面前方煤体及顶、底板岩层应力变化。2005 年，齐庆新等采用 KSE-Ⅱ型频率计、振弦式钻孔应力传感器，对华丰、潘西等煤矿进行了煤体应力监测，通过人工采集应力监测数据，实现对矿压监测数据的分析；2007 年，伍佑伦等在湖北某铜铁矿充填体的不同高度分别安装了水平方向与垂直方向的压力盒，实现了矿柱的应力变化监测；2009 年，付东波等在晋城某煤矿综采工作面超前 30 m 范围内的两侧实体煤中，布置不同深度（≤15.0 m）的钻孔应力传感器，实时监测采动影响条件下工作面前方煤岩体的应力变化；2010 年，丁正兴、姜福兴等针对钻孔应力计在监测煤岩相对应力中存在的初始压力设置不合理、管线长度差异和煤岩体刚度不匹配等问题，进行了提高钻孔应力计精度的试验研究，有效地提高了煤岩应力监测的精度。

应用传感器监测及配套数据传输技术，煤体应力监测技术通过实时在线的应力监测系统，监测工作面前方采动应力场的变化规律，找到高应力区及其变化趋势，实现冲击地压危险区和危险程度的实时监测预警和预报。煤体应力监测技术已被广泛应用于矿山煤岩体应力监测领域，是《煤矿安全规程》《防治煤矿冲击地压细则》等法规要求的冲击地压局部监测方法之一。目前冲击地压矿井常用的应力在线监测系统型号有 KJ550、KJ615、KJ743、KJ21 和 KJ24 等。

以 KJ550 为例（图 1-2），应力在线监测系统的主要功能和特点有以下几点：

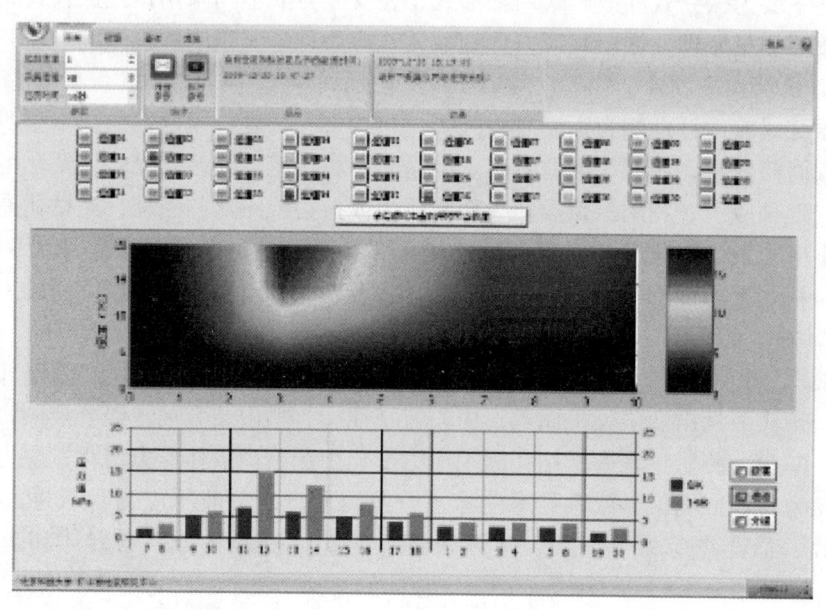

图 1-2　KJ550 应力在线监测系统界面展示

（1）能通过实时监测工作面前方和巷道周围的煤体和岩体应力（包括煤层和顶底板），实现冲击地压危险区和危险程度的实时监测预报预警。

（2）能通过提前设定的预警值，自动进行冲击地压危险区的三级预警、预报，根据不同的危险程度采取相对应的治理和解危措施。

（3）能够实时监测、显示工作面前方的应力动态云图。

（4）具有远程控制及数据分析和远程维护功能，通过远程的数据处理，预警中心对监测数据进行实时分析、处理,并对预警区域提出相应的处理措施和建议。

(5) 支持局域网、客户端、Web 模式,实现监测数据的共享。

在此基础上,为方便掘进巷道的监测点移组和系统维护,基于无线传输方式的应力在线监测系统,如 KJ615、KJ21、KJ743 等,也在冲击地压矿井得到广泛应用。

三、矿压监测与覆岩运动监测技术

矿压监测技术在矿山开采应用早期主要是通过井下工人手动处理监测数据,包括量取巷道帮部、顶底板位移量,读取记录单体支架上的压力表读数等,该方法记录方式烦琐、读数精度低。随着科学技术的进步,矿压监测技术朝着读数记录自动化、精准化的方向发展迅速。

1. 机械表直读式

我国矿山应力监测在早期阶段使用的是矿山抗震压力表进行压力监测,将压力表对各种矿压监测设备的压力部位进行连接,通过人工读取压力表读数进行矿山采动压力大小的记录及判断,机械式矿用压力表形态及构成如图 1-3 所示。

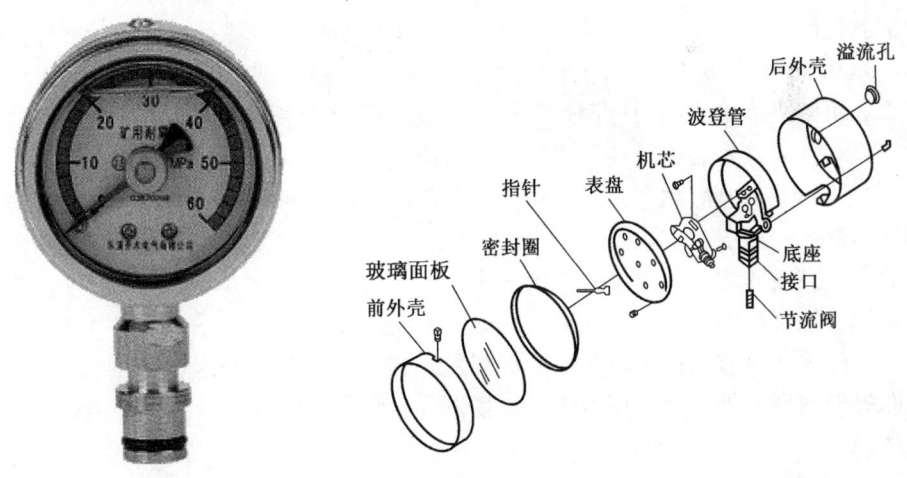

图 1-3 机械式矿用压力表外形及结构图

应用机械式压力表进行矿山应力监测的优点在于,机械式压力表体积小、重量轻、便携带、便操作,方便接入各种矿压监测设备,读取设备压力值。

2. 自动采集式

采集式压力监测技术是将各个监测点的压力数据通过数据采集器进行数据收集，矿压采集数据内容一般有：激光测距仪读数、锚杆索传感器读数、顶板离层仪读数，以及液压支架或支柱传感器读数。数据采集器及其工作原理如图1-4所示。

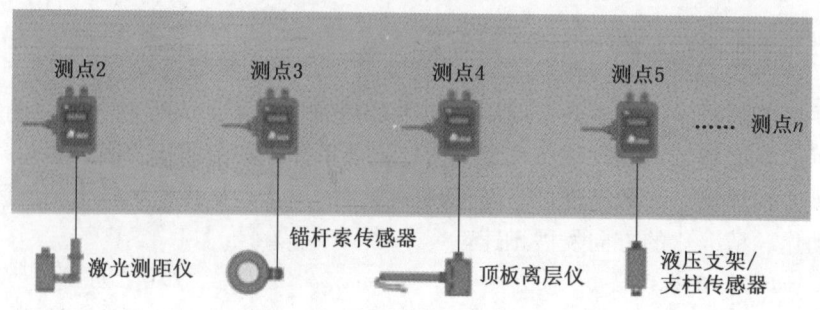

图1-4 数据采集器及其工作原理

采集式监测技术根据不同传感器反馈得到的数据，对采集仪上的显示读数进行数据统计整理，相对于机械表矿压监测方法，采集式数据收集方法提高了数据收集的精度，且数据收集的种类变多，丰富了矿山压力监测过程数据的多样性。

3. 在线式

为了解决采集式应力监测过程中的大量数据的记录及处理问题，在矿山监测数据采集方面，发展出了在线式的应力监测模式。

在线式矿压监测预警系统能够实现工作面及巷道的锚杆索应力、顶板围岩变形、深部围岩离层、支柱工作阻力、支架工作阻力、支架活柱缩量等多种矿压参量的实时在线监测，并可结合矿山压力理论对数据进行分析，实现矿压灾害的监控预警。综合矿山压力监测预警系统如图1-5所示。

在线式压力监测预警系统除对现场数据进行集成监测以及数据曲线、柱状、云图等形式展示外，系统还能实现现场设备异常状态提醒、设备数据异常自检等功能。

4. 云平台

由于信息化的不断发展进步，矿山应力数据云平台更符合现代矿井大数据、大容量的监测需求，通过建设云平台动态应力监测系统，实现了矿山大数据的整理、分析、收集，将分析结果服务于矿山安全，并及时反馈安全等级的良性循环。矿山动态监测系统操作界面如图1-6所示。

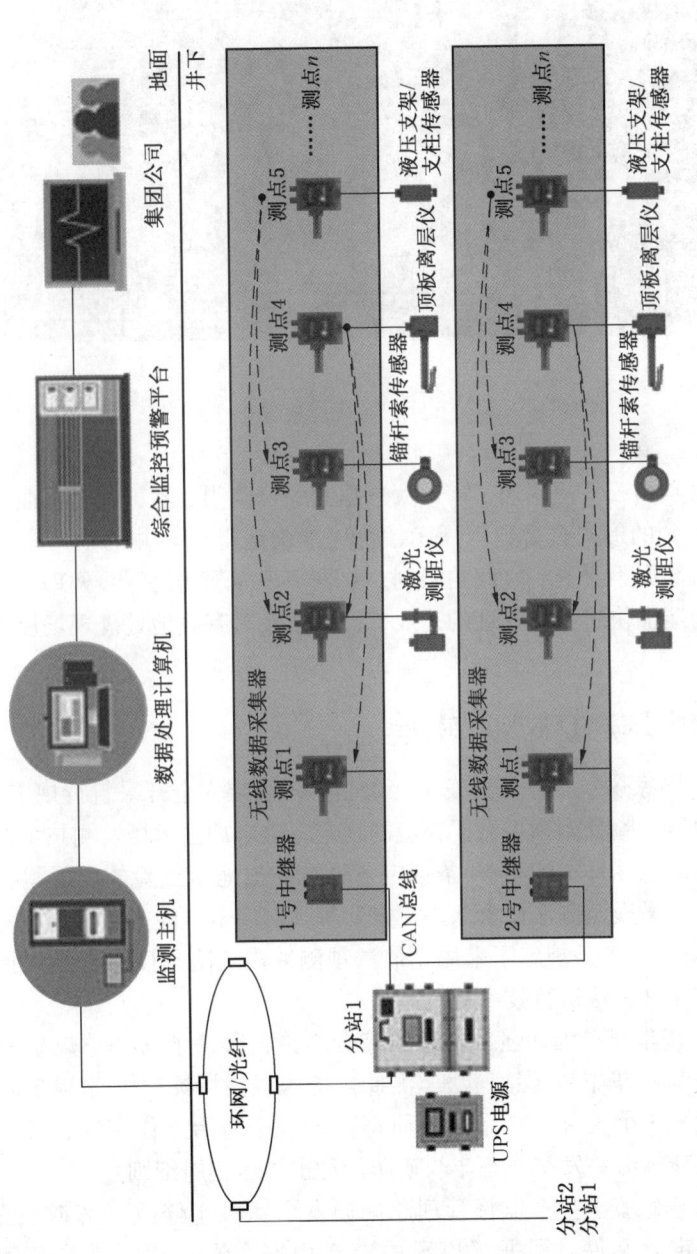

图1-5 综合矿山压力监测预警系统

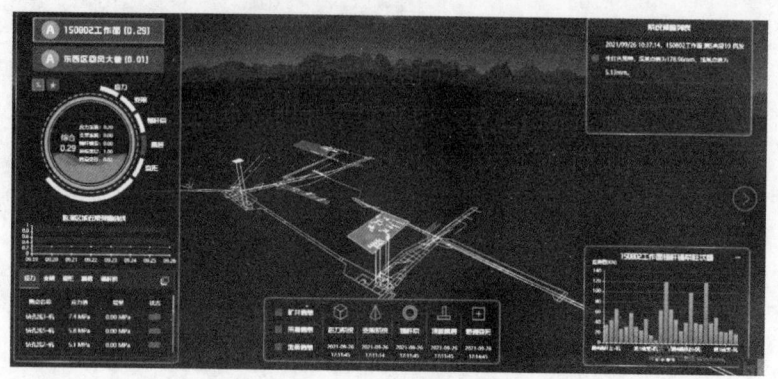

图1-6 矿山动态监测系统操作界面

矿山应力监测云平台实现了矿山大数据的综合监测处理，通过将曲线、图表等以"一张图"的形式进行数据展示，快速准确地得出矿井的生产安全是否达标。矿山压力数据不再受到空间的限制，数据实现与现场的同步处理。云平台依托的云计算功能加快了数据处理的速度，做到了及时有效地处理现场反馈的大量数据。

四、冲击地压监测技术规范与标准

1987年，国家煤炭工业部颁发了《冲击地压煤层安全开采暂行规定》文件，文件对冲击地压危险预测预报做了相应的规定，也对冲击地压监测技术提出了初步规范与标准。该文件中的第40条规定了具有冲击地压危险的煤层需要采用钻屑法、地音法、微震监测法、含水率测定法等预测冲击危险方法时，应对其确定冲击危险指标；第41条规定了采用钻屑法预测冲击危险程度时，必须指定监测地点，严格按照钻屑法试行技术规范进行。

2002年，华丰煤矿为加强冲击地压综合防治，印发了《华丰煤矿防治冲击地压岗位责任制》《华丰煤矿钻屑法监测冲击地压预报指标》《华丰煤矿防治冲击地压实施细则》3个文件，在企业层面将冲击地压防治工作落实、细化。2007年华丰煤矿重新修编并发布《华丰煤矿防治冲击地压实施细则》。

2010年，国家安全生产监督管理总局颁发了《关于修改〈煤矿安全规程〉部分条款的决定》文件，根据《煤炭法》《矿山安全法》和《煤矿安全监察条例》等规程，对井巷掘进和支护做了相应的要求。文件中规定煤巷必须进行顶板离层监测，并用记录牌板显示。对喷体必须做厚度和强度检查，并有检查和试验记录。在井下做锚固力试验时，必须有安全措施。

2016年10月1日，国家安全生产监督管理总局颁发《煤矿安全规程》文件，根据《煤炭法》《矿山安全法》《安全生产法》《职业病防治法》《煤矿安全监察条例》和《安全生产许可证条例》等规程，对冲击危险性预测提出相应要求。该文件中第二百三十五条规定：必须建立区域与局部相结合的冲击地压危险性监测制度；第二百三十六条规定：冲击地压危险区域必须进行日常监测。

2018年5月8日，国家煤矿安全监察局发布《防治煤矿冲击地压细则》文件，根据文件第三章冲击危险性预测、监测、效果检验的规定，对冲击地压监测技术中的微震监测法、钻屑法、应力监测法提出相应的规范与要求。细则中第四十七条规定：采用微震监测法进行区域监测时，微震监测系统的监测与布置应当覆盖矿井采掘区域，对微震信号进行远距离、实时、动态监测，并确定微震发生的时间、能量（震级）及三维空间坐标等参数。第四十八条规定：采用钻屑法进行局部监测时，钻孔参数应当根据实际条件确定。记录每米钻进时的煤粉量，达到或超过临界指标时，判定为有冲击地压危险；记录钻进时的动力效应，如声响、卡钻、吸钻、钻孔冲击等现象，作为判断冲击地压危险的参考指标。第四十九条规定：采用应力监测法进行局部监测时，应当根据冲击危险性评价结果，确定应力传感器埋设深度、测点间距、埋设时间、监测范围、冲击地压危险判别指标等参数，实现远距离、实时、动态监测。

2019年5月13日，国家煤矿安全监察局印发的《加强煤矿冲击地压防治工作的通知》（煤安监技装〔2019〕21号）文件中，根据《煤矿安全规程》《防治煤矿冲击地压细则》等规章标准要求，进一步加强冲击地压监测技术的相关标准。在冲击地压矿井巷道支护方面，规定煤层埋藏深度超过800 m的厚煤层沿底托顶煤掘进的巷道遇顶板破碎、淋水、过断层、过采空区、高应力区时，应当采用锚杆锚索和可缩支架（包括可缩性棚式支架、单体液压支柱和顶梁、液压支架等，下同）复合支护形式加强支护，并进行顶板位移监测，防止冲击地压与巷道冒顶复合灾害事故发生；在冲击危险性监测预警制度方面，规定冲击地压矿井必须建立冲击危险性监测、实时预警、调度处置和处理结果反馈制度，配备专业技术人员负责监测与预警工作，每日对冲击地压危险区域的监测数据、生产条件等进行综合分析研判，预报冲击危险程度，编制防冲监测分析日报，报经煤矿防冲负责人、总工程师、矿长签字，并及时告知相关单位（部门）和人员；企业方面应严格按照防冲要求组织生产。冲击地压矿井应当建立生产组织通知单制度，生产组织通知单由煤矿防冲部门根据各采掘工作面的防冲要求及冲击危险性监测研判结果编制，明确规定掘进巷道和采煤工作面最大日进尺、班进尺、平均日进尺和班进尺，并报煤矿防冲负责人和主要负责人审批，严禁超通知单能力组织生产。

2020年3月13日，在国家煤矿安全监察局印发的《煤矿冲击地压防治监管监察指导手册（试行）》文件中，依据《防治煤矿冲击地压细则》和《冲击地压测定、监测与防治方法》系列国家标准要求，对冲击地压监测技术提出更加规范的规定与要求。

第二章 围岩震动

第一节 区域微震监测技术

一、区域微震监测原理

(一) 监测对象

按照《防治煤矿冲击地压细则》《煤矿冲击地压防治监管监察指导手册(试行)》《关于加强煤矿冲击地压源头治理的通知》(发改能源〔2019〕764号)、《关于加强煤矿冲击地压防治工作的通知》(煤安监技装〔2019〕21号)等要求,冲击地压矿井必须建立区域与局部相结合的冲击危险性监测制度,区域监测应当覆盖矿井采掘区域,局部监测应当覆盖冲击地压危险区,区域监测可采用微震监测法等;采用微震监测法进行区域监测时,微震监测系统的监测与布置应当覆盖矿井采掘区域,对微震信号进行远距离、实时、动态监测,并确定微震发生的时间、能量(震级)及三维空间坐标等参数。

从岩石的破裂角度阐述微震监测原理,根据脆性岩石破裂过程的应力应变曲线(图2-1),可将其分为压密阶段(OA)、弹性变形阶段(AC)、裂纹稳定扩展阶段(CD)、裂纹非稳定扩展阶段(DE)和破坏失稳阶段。其中,裂纹稳定扩展阶段、裂纹非稳定扩展阶段前期的破裂信号以中高频段、低能量特征为主,通常采用局部微震监测系统进行监测,最能直接反映岩石的破裂过程及前兆信息;裂纹非稳定扩展阶段后期、破坏失稳阶段的破裂信号以中低频、高能量特征为主,通常采用区域微震监测系统进行监测,反映的是岩石的破裂结果。

区域微震监测系统监测范围覆盖采区、矿井,甚至整个矿区,反映的是矿井范围内岩体较大规模失稳的结果。区域微震系统以接收低频、大能量事件为主,监测频段一般为1~150 Hz,记录事件的能量在10^2 J以上。区域微震监测系统通过布设在全矿井范围内的微震传感器,对全矿井内的微震事件进行监测分析,采集站采用地面安装、实时在线监测的方式,满足整个矿井的长期监测需求。区域微震监测具有事件数量较少、能量高、分布广等特点,在数据处理过程中,需要对每一个微震事件进行详细的定位分析和能量计算,基于区域微震监测结果可分

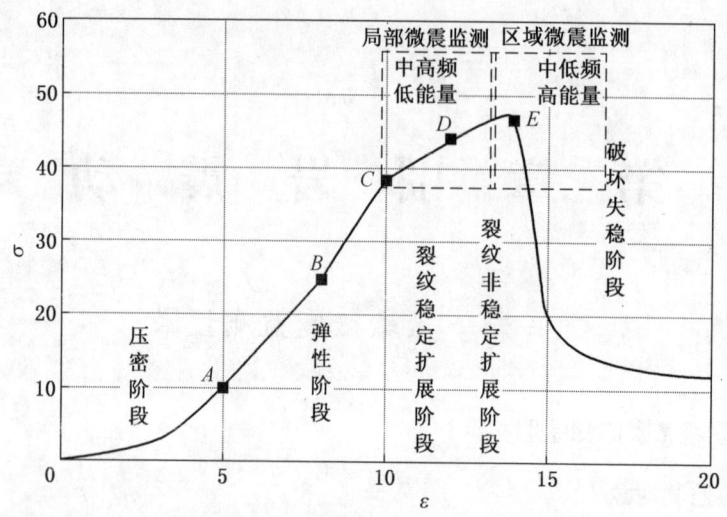

图 2-1 岩石应力应变曲线与微震监测范围对照图

析采动影响下顶板关键岩层的破断规律、大型构造的活化规律等，进而实现对全矿井和局部监测区域冲击危险的评价和预警。

（二）监测指标

1. 波形指标

工程实践活动中煤岩体受力发生破坏，产生的微震信号被微震监测系统的若干个微震传感器记录下来，记录到的信息主要包括P波到时、P波到时差、波形振幅、波形持续时间、主频等指标，时域波形如图2-2所示。

P波到时是P波到达微震传感器的时间，距震源越近的微震传感器到时越早；P波到时差是P波到达不同位置微震传感器的时间差；波形振幅是反映震动信号强度的指标，微震事件的能量级别越高，波形振幅越大；波形持续时间是反映震动信号强度的指标，微震事件的能量级别越高，持续时间越长；主频是反映震动信号频域特征的指标，微震事件的能量级别越高，主频越低。

2. 区域微震监测主要分析指标

震源位置和释放能量属于微震监测基础指标，是在波形指标的基础上结合速度模型、微震传感器位置等条件通过计算得到；

微震频度：单位时间内发生的微震事件次数；

微震总能量：单位时间内的微震事件能量总和；

震源集中程度值：描述震源集中程度的指标，认为震源分布越集中或存在线性关系时，发生强矿震的可能性就越大；

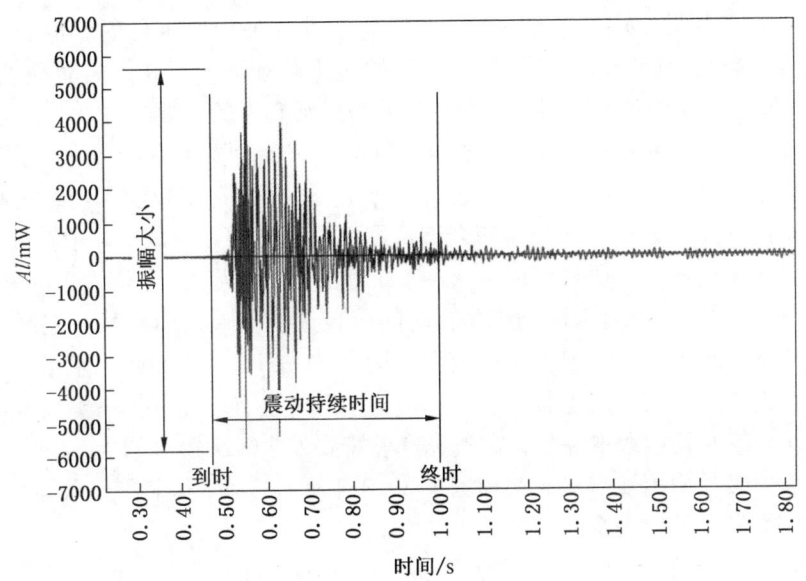

图 2-2 时域波形特征图

大能量事件：单一微震事件能量值大于设定阈值的微震事件。

3. 扩展指标的种类及含义

在地震学上广泛采用统计学理论对一定时间和空间内的事件进行分析，从而得到微震事件伴随时间和空间的演变规律。微震活动性的统计学参数主要包括：体变势、视应力、能量指数、视体积、b 值、η 值、M_m 值等。

微震体变势：微震体变势 P 表示震源区内有微震伴生的弹性变形区的岩体体积的改变量，它与形状无关。微震体变势是一个标量，定义为震源非弹性区的体积和体应变增量的乘积。

视应力：视应力 Q_A 定义为辐射微震能量 E 与微震体变势 P 之比；表示震源单位非弹性应变区岩体的辐射微震能。

能量指数：一个微震事件的能量指数是该事件所产生的实测辐射能量 E 与区域内所有事件的平均能量 $\overline{E}(P)$ 之比。平均能量可由该区域的实测平均能量和微震体变势 P 关系求得。能量指数越大表示事件发生时震源的驱动应力越大。

视体积：震源体积可以用 $V = P/\Delta\varepsilon$ 估计，表示震源非弹性变形区岩体的体积。

b 值：b 值主要代表着介质内部应力水平的高低，介质应力值越高，在岩石断裂面的边界上处于高水平的应力点所占的比重越大，b 值越小。岩石试块的声发射试验研究表明，b 值的变化直接与应力条件有关，加压初期 b 值表现为上升，亚临界裂纹扩展阶段转为下降，成核阶段下降加剧，反映了岩石破裂加剧。因此，b 值可作为一项研究岩石破裂、诱发地震活动性的重要指标。

η 值：在震级－频度关系中，震级与频度的对数为线性关系，地震学家宇津德治提出了震级－频度修正式，并定义了 η 值，η 值实际上反映了震级－频度关系式的偏离程度，如果实际资料完全满足震级－频度关系式时，η 值为2；若较大能量微震事件较多，曲线表现为上凸，η 值小于2；反之，η 值大于2。

M_m 值：缺震是指地震活动规律在时间分布上的反映，如果某一地区一定时间内平均最大震级低于该地区长期最大平均震级，那么这个地区在未来一段时间内就应该发生一些较大的地震来补缺，即这个区域就有可能发生一些较大地震来补足这个长期平均震级的缺额，缺震意味着将要发生较大震级的地震，这就是缺震的基本含义。采用缺震法成功预测了2010年5月27日发生在千秋煤矿21141工作面应力异常带的一次冲击事件。

$A(b)$ 值：b 值反映了一组事件样本中的大小事件的比例，但不能代表活动的总量；a 值表示了0级以上事件的频次，a 值高可能是由于小事件增多引起，并不能表示活动增强。为将震级和频次合理地进行综合分析，提出使用 $A(b)$ 值作为描述各区域地震活动性的定量参数，该参数考虑了一个区域的地震活动性、震级和频次各方面的因素，可以直接定量地反映地震活动的"增强"或"平静"。$A(b)$ 值的本质是一个震动事件集合的折合震级，同时它与该集合的 b 值有关，b 值越小，$A(b)$ 值越大，反之亦然。

$P(b)$ 值：$P(b)$ 值为小震动态参数，可综合表示频度 N 和平均震级的综合效应。

4. 基于区域微震指标的危险判别方法

区域微震系统进行危险判别时，所选取的指标主要包括微震频度、微震总能量、微震能量最大值等，其中微震频度和微震总能量为主要判别指标，微震能量最大值等为辅助判别指标。

区域微震系统进行危险判别时，所采用的方法主要包括绝对值法、趋势法及综合判别法。

（1）绝对值法。当微震频度、微震总能量或微震能量最大值达到或超过设定的临界指标时，说明冲击地压危险增大。

（2）趋势法。当微震频次和微震总能量连续增大，微震频次和微震总能量发生异常变化，微震事件向局部区域积聚等趋势变化时，说明冲击地压危险增大。

(3) 综合判别法。冲击地压区域微震监测方法为区域性监测手段，主要起到趋势性判别的作用，对局部区域冲击地压危险的判别，应结合局部监测结果如局部微震、采动应力、钻屑、电磁辐射、地音和矿压等进行综合判别。

（三）区域微震监测关键技术

区域微震监测系统应用的关键在于震源定位和能量计算的可靠性和准确性，而震源定位的精度主要受以下几种关键因素制约：台网布设、P波到时读入的准确性、背景噪声控制、求解震源算法和速度模型搭建等。

1. 区域微震台网优化

微震台网布设优化问题最初来源于地震台网优化布设，Sato 和 Skoko (1965) 提出了蒙特卡洛算法进行地震台网监测能力的数值计算研究，并绘制监测区域震源参数的误差等值线；在矿山微震监测领域，国内学者巩思园（2010）基于D值优化准则建立台网布设优化及评价系统、高永涛（2013）引入监测区域重要性因子和台网布设可行性因子重新构建了台网优化的目标函数。

由微震定位原理可知，微震定位误差的形成主要是在求解定位方程时，相关参数（到时、波速等）确定的不准确等因素引起的。对于某一监测台网，由于方程组的条件问题，即使初始参数的误差很小，最终求解的误差仍然可能很大。微震监测台网的优化布置就是为了形成好的定位方程组求解条件。

1）区域微震台网布设原则

（1）微震传感器位置应考虑垂直方向的立体布置，应能满足立体空间范围和定位误差要求，在条件允许的情况下可考虑布设井－地联合微震系统（图2－3）。

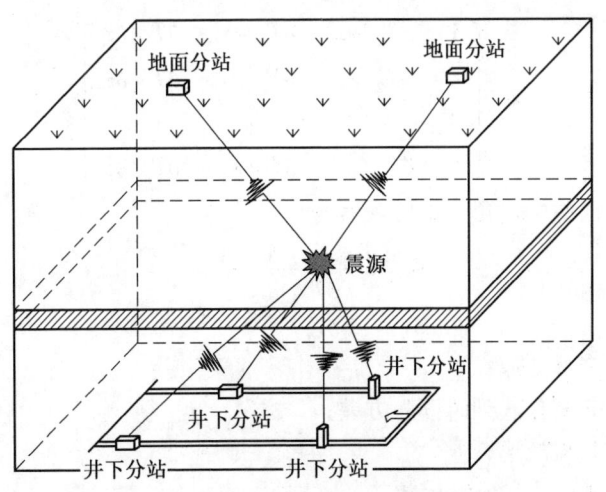

图 2－3　井－地联合微震系统布设示意图

(2) 避开围岩破碎、构造发育、渗水、较强震动干扰、较强电磁干扰等区域，保证安装基础稳定可靠。

(3) 危险区域周边应尽量在空间上被候选点均匀包围，并避免近似形成一条直线或一个平面，并具有足够和适当的空间密度。

(4) 候选点应远离大型电器和机械设备的干扰，为减少波的衰减，探头尽量安装在底板为岩石的巷道内。

(5) 既要满足目前开采区域的重点监测，又要兼顾考虑未来一定时期内的开采活动。

(6) 台网候选点场地环境噪声水平测试应按 GB/T 1953.1—2004 的规定进行，在场地噪声水平无法满足要求的位置采用深孔安装来实现预期效果。

2) 区域微震台网优化理论基础

当前多数台网优化研究所基于的理论基础是 Kijko（1977）提出的 D 值最优设计理论，D 值理论认为震源参数协方差矩阵行列式大小正比于误差椭球体体积，行列式越小，椭球体体积越小，震源参数分布越集中，参数估计就越准确。

协方差矩阵 $C_\theta(X)$ 可用于评价台网布置方案的优劣，其几何意义由置信椭球体描述，$C_\theta(X)$ 的特征值为椭球体主轴的长度。对于台网布置方案 X，各主轴长度之积越小，椭球体体积越小，定位越准确。由 D 值优化准则可知，椭球体体积与 $\sqrt{\det[C_\theta(X)]}$ 成正比，协方差矩阵 $C_\theta(X)$ 的行列式越小，椭球体体积越小。考虑随机误差中 P 波波速和 P 波首次读入误差的影响，协方差矩阵可以写成：

$$C_\theta(X) = (A^T W A)^{-1}$$

其中，

$$A = \begin{bmatrix} 1 & \partial T_1/\partial x_0 & \partial T_1/\partial y_0 & \partial T_1/\partial z_0 \\ 1 & \partial T_2/\partial x_0 & \partial T_2/\partial y_0 & \partial T_2/\partial z_0 \\ \vdots & \vdots & \vdots & \vdots \\ 1 & \partial T_n/\partial x_0 & \partial T_n/\partial y_0 & \partial T_n/\partial z_0 \end{bmatrix}$$

对角矩阵 W 中的对角元素可表示为

$$W_{i,i} = \frac{1}{\left(\dfrac{\partial T_i}{\partial V_p}\right)^2 \sigma_{V_p}^2 + \sigma_t^2}$$

式中 σ_{V_p} ——P 波波速；

σ_t ——P 波首次到时读入方差；

V_p ——P 波波速；

T_i ——第 i 个台站到震源的传播时间。

以上 D 值优化准则仅适用于矿震集中在相对较小的区域时，而煤矿实际情况更加复杂，由于矿井开采和掘进工作面不止一个，矿震活动危险区域较多，某点上的最优布设方案 X^* 被多个区域组成的整体区域上的最优方案 ΩX^* 所替代。假设在某点 $H_j(X_{0j}, Y_{0j}, Z_{0j})$ 上发生矿震的概率为 $P(H_j)$，同样可表述为该点的重要性，则 $\min \sqrt{\det[C_\theta(X)]}$ 可以由整个区域 Ω_H 中目标函数所替代：

$$\min \int p(H) \sqrt{\det[C_\theta(X)]} \mathrm{d}H$$

离散形式为

$$\min \sum_{j=1}^{ne} p(H_j) \det(A^T W A)^{-1}$$

式中　ne——冲击危险区域内需要计算的震源点数量。

在计算偏微分矩阵 A 时，需要代入震源位置 H_j 和台网布设方案 X。在分析各区域内发生冲击地压灾害的基础上，综合考虑区域内地质和采矿因素，采用综合指数法确定 $p(H_j)$，实际应用中多假设各区域内矿震发生概率相同。

3）区域微震台网布设流程

区域微震台网布设由3个模块组成，分别为求解模型数据准备模块、遗传算法求解模块和台网布设方案能力评价模块（图2-4）；首先根据现场与冲击矿压

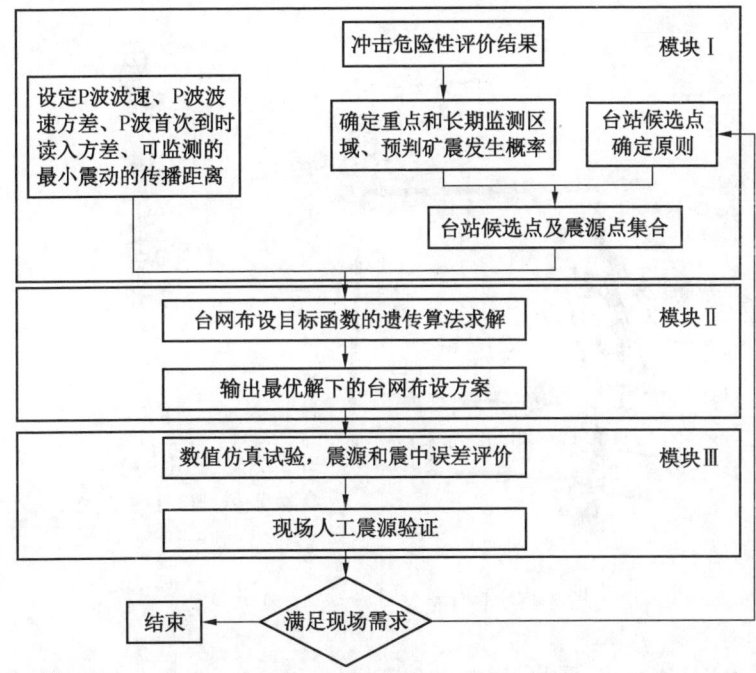

图2-4　区域微震台网布设流程

危险相关的开采技术因素和地质因素,设定 P 波波速、波速方差等相关参数,确定候选点和震源点集合;当候选点较少时,通过枚举法找出最优方案,候选点较多时,采用遗传算法对台网优化布设方案目标函数进行求解;定位能力评价模块是对优化方案采用数值仿真技术进行震中和震源误差评价,并结合现场实测验证优化后的台网布设方案是否满足要求。

4) 区域微震台网优化案例

某两相邻矿井边界附近的工作面布置如图 2-5 所示,需建设微震监测系统同时对两个矿井的采掘区域进行监测,初步制定了两井田内各自布设和两井田间协同布设两种方案,为进一步提高系统的监测预警能力,按照上述流程对台网布设方案进行评价和优化。其中跃进井田内布置 9 个测点,常村井田内布置 11 个测点,根据原则选取部分位置作为候选点,最终构建了候选点集合。利用遗传算法求解时,当种群个体进化至 50 代时即已收敛至最优解,模型中 P 波期望速度取 5100 m/s,波速方差都为 100 m/s,P 波首次到时读入时间方差为 0.005 s,$\alpha = 2$。根据以上参数设置和模型,求解得到的最优布设方案如图 2-5 所示,即跃进井田内 23 采区轨道下山 2 个测点,23092 工作面 6 个测点,常村井田 21 采区下山 5 个测点,21162 工作面 6 个测点。

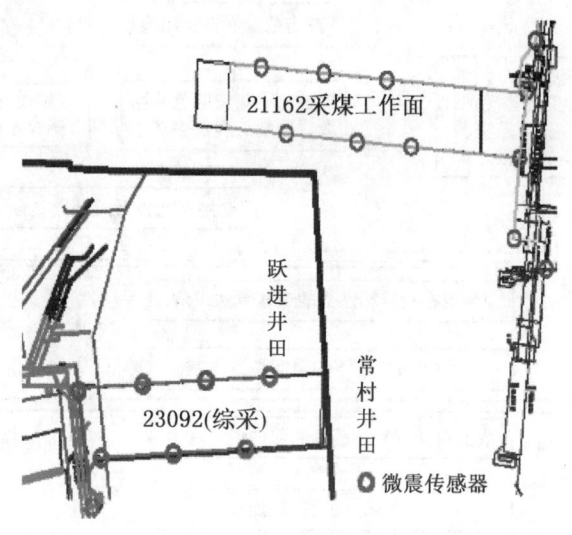

图 2-5 区域微震台网最优布设方案图

基于数值仿真技术,对台网布设方案优化后的定位能力进行分析可知,两矿井联合布设下的微震系统不仅在两井田采掘区域具有较高的定位精度,并且在井田边界区域定位精度较优化前单井田内各自布设时大幅提高。

2. 区域微震噪声控制

微震传感器在接收震动信号时会混有其他噪声信号,例如行车、行人、施工、机器设备运转等造成的振动信号,这些信号混入有用信号中后,一方面造成 P 波初次到时提取困难,另一方面也造成能量计算结果不准确。常用的降噪方法包括:控制观测场地的环境地噪声、采用低通滤波器滤除高频噪声和优化震动信号降噪方法。

1) 控制观测场地的环境地噪声

观测场地的环境地噪声是台站安装位置处背景地噪声和其他干扰地噪声的总和。环境地噪声水平可分为五级,即:

Ⅰ级环境地噪声水平:$Enl < 3.16 \times 10^{-8}$ m/s;

Ⅱ级环境地噪声水平:3.16×10^{-8} m/s $\leqslant Enl < 1.00 \times 10^{-7}$ m/s;

Ⅲ级环境地噪声水平:1.00×10^{-7} m/s $\leqslant Enl < 3.16 \times 10^{-7}$ m/s;

Ⅳ级环境地噪声水平:3.16×10^{-7} m/s $\leqslant Enl < 1.00 \times 10^{-6}$ m/s;

Ⅴ级环境地噪声水平:1.00×10^{-6} m/s $\leqslant Enl < 3.16 \times 10^{-6}$ m/s。

区域微震监测系统地面台站的环境地噪声应小于 3.16×10^{-7} m/s,即控制在Ⅲ级环境地噪声水平以下;井下台站受限于空间,其环境地噪声水平要明显高于地面,即井下台站的环境地噪声应小于 1×10^{-6} m/s,即控制在Ⅳ级环境地噪声水平以下。

2) 低通滤波器滤除高频噪声

巴特沃兹滤波器为低通数字滤波器,即记录信号中的低频信号可以通过,高频信号则被滤除。由于微震信号与环境地噪声的频带有区别,所以通过此技术可以有效地滤除信号中的高频部分。基于 MATLAB 环境,巴特沃兹低通滤波器只需要输入两个参数即可完成,即截止频率和滤波器阶数。截止频率为通过信号频率段的上限,高于截止频率的信号会得到有效的减少,而滤波器阶数则起到控制高频成分衰减幅度的作用,阶数越高,衰减幅度越大。

3) 优化震动信号降噪方法

当前应用于压制微震信号中随机噪声的方法主要包括:傅里叶变换(FFT)、短时傅里叶变换、小波变换(WT)等。

(1) 傅里叶变换方法。傅里叶变换表示信号的频率特征是通过用频谱和能量来进行描述,信号在对应频率处的振幅和相位能被揭示出来。基于傅里叶变换提出了维纳滤波、卡尔曼滤波以及自适应滤波等多种滤波方法,其中前两者需要明确信号和噪声的相关统计特征,在实际应用中难以满足,后者的原理是利用前一时刻滤波器的参数作为当前时刻参数,根据跟踪信号的不同特征,以最小均方误差作为性能优化滤波的标准。

（2）短时傅里叶变换方法。短时傅里叶变换，也称为"开窗傅里叶变换"。它的实质是通过一个窗口函数，将信号分割成多个小的时间段，来确定信号在该时间段内的频率。但对于窗口傅里叶变换而言，采用的处理办法是加窗技术对信号截取，再对每段信号做 FFT 变换，然后不断地平移窗函数中心的位置，就可以得到信号的局部区域的瞬时频率。

（3）小波变换方法。小波变换具有低熵性、多分辨率特性、去相关性和选基灵活性，它可以使信号变换后的熵降低，非常好地刻画信号的非平稳特性，如边缘、尖峰、断点等。可取出信号的相关性，且噪声在小波变换后有白化趋势，所以比时域更利于除噪。

阈值除噪方法是一种实现简单、效果较好的小波除噪方法。阈值除噪方法的思想就是对小波分解后的各层系数中模大于和小于某阈值的系数分别处理，然后对处理完的小波系数再进行反变换，重构出经过除噪后的信号。MATLAB 中实现了信号的阈值除噪，主要包括阈值获取和阈值除噪两方面。针对矿震信号，除噪的基本步骤主要分三步：第一步是矿震信号的小波分解，第二步是小波分解高频系数的阈值量化，第三步是矿震信号的小波重构。图 2-6 所示为对选取的两组矿震信号的小波除噪及微弱信号提取实例。

从图 2-6 的除噪实例来看，原始信号中的背景噪声几乎被消除，从而在除噪后信号中形成一条近似直线。对于噪声比较大的（图 2-6a）信号（由地面台站记录），经除噪后，P 波首次到时较除噪前更容易辨认，对提高标记准确度起到了非常好的辅助作用。在图 2-6b 中，原始信号的尾部存在一个较小的微弱信

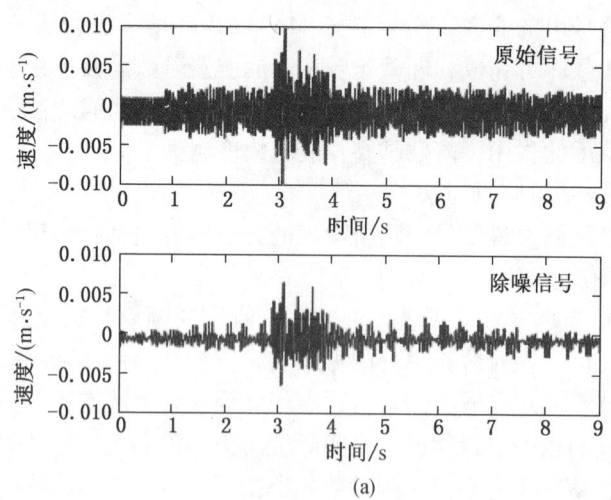

(a)

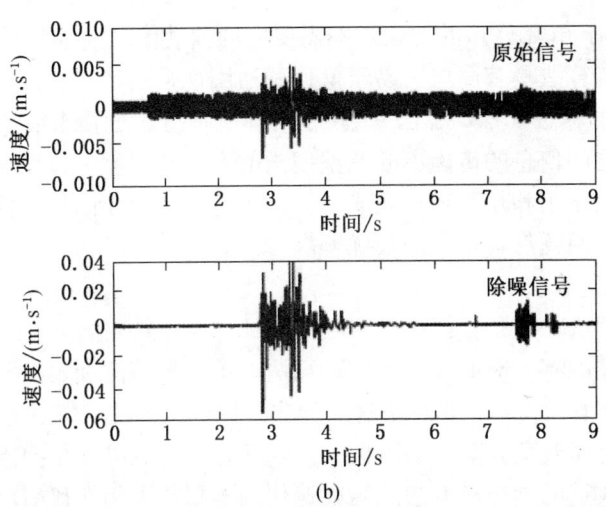

图 2-6 小波分析的微弱信号提取及除噪效果

号,未滤波前信号很难辨认,经小波滤波提取后,微弱信号非常清楚。

3. 区域微震震源定位求解方法

微震震源定位是指利用采集到的震动波信息,通过特定的震源定位算法,反演微震事件的空间位置和发震时刻。微震定位算法一直是微震科学中的一个重要课题,国内外学者在不断改进或提出新的定位算法,期望得到更高的微震定位精度。目前微震定位算法主要分为全局优化算法和局部优化算法。

1) 全局优化算法

全局优化算法又称现代启发式算法,是一种具有全局优化性能、通用性强且适合于并行处理的算法。这种算法理论上可以在一定时间内找到最优解或近似最优解,属智能优化算法之一。常用的全局优化算法有模拟退火算法、遗传算法、粒子群算法等。

(1) 模拟退火算法。模拟退火算法是将物理过程与组合优化相结合的一种随机迭代寻优算法,是一种非导数优化算法。它从某一较高初始温度开始,利用概率特性与抽样策略在解空间中进行随机搜索,随着温度不断下降重复抽样,最终得到全局最优解。

(2) 遗传算法。遗传算法采用简单的编码技术来表示各种复杂的参数,并通过对一组编码进行简单的遗传操作和优胜劣汰的自然选择来指导搜索方向。由于它采用种群的方式组织寻优,这使得它可以同时搜索解空间的多个区域。优胜劣汰的自然选择和简单的遗传操作使得遗传算法具有不受其搜索空间限制性条件

（如可微、连续、单峰等）的约束及不需要它的辅助信息（如导数）的特点。这些特点使得遗传算法具有简单、易于操作和通用性强的特点。

（3）粒子群算法（PSO算法）。粒子群算法在搜索过程中粒子根据自己的飞行历程和群体之间信息的传递不断调整搜索的方向和速度，该搜索过程主要是依靠粒子间的相互作用和相互影响完成的。粒子群算法操作简单，使用方便，且对于多极值非线性问题易解得全局最优解。

2）局部优化算法

局部优化算法一般是根据求解问题的特征在某个特定区间找到最优解的一类有效算法，典型的有 Powell（鲍威尔）算法、单纯形算法和聚类分析法等。

（1）Powell 算法。Powell 算法是一种非线性定位方法，能够很好地解决在求目标函数极小值时避免其陷入局部极小点的问题，它可以直接搜索目标函数的极小值，是一种改进的共轭梯度法。结束迭代的准则是采用迭代前后两次目标函数的差值达到预定的限差或迭代前后两点的欧式距离满足限值。Powell 算法不要计算导数，对初值的要求低，一般只用到时最早的台站位置作为初始值，它在台网的自动快速测报中有一定的优势。

（2）单纯形算法。单纯形算法是搜索效率较高的局部优化算法，是求解非线性函数的无约束问题的一种经验方法，适用范围比较广的微震源定位方法，计算速度高，计算方法通俗易懂，简单易施，而且对目标函数的要求不高。但是该方法受迭代初值选取的影响比较大，初始坐标点选择得更合理，目标函数计算效率更高，得到的定位结果更准确。此外单纯形法还容易陷入局部收敛，其全局搜索、收敛的能力较差。

全局优化算法和局部优化算法均有其不可逆的优点及缺点，在实际应用中通常两种或多种算法联合定位，例如先利用全局优化算法缩小搜索范围，然后通过局部优化算法局部精确寻优，达到定位速度更快，精度更高的目的。

二、监测设备

1. 设备构成

区域微震监测系统（以 SOS 微震监测系统为例）硬件部分主要由微震信号采集站、微震信号记录存储仪、分析仪、防雷栅、UPS 备用电源、授时 GPS、微震传感器、矿用信号传输线缆以及本安型矿用接线盒等组成（图 2-7）。

微震传感器：拾取震动信号并将震动信号转换成电流信号，再通过矿用传输电缆传输至地面微震信号采集站。

微震信号采集站：将采集的电流信号转换成电压信号，并通过模-数转换器将微震信号转换成数字信号；通过矿用传输电缆给井下微震传感器供电。

第二章 围岩震动　25

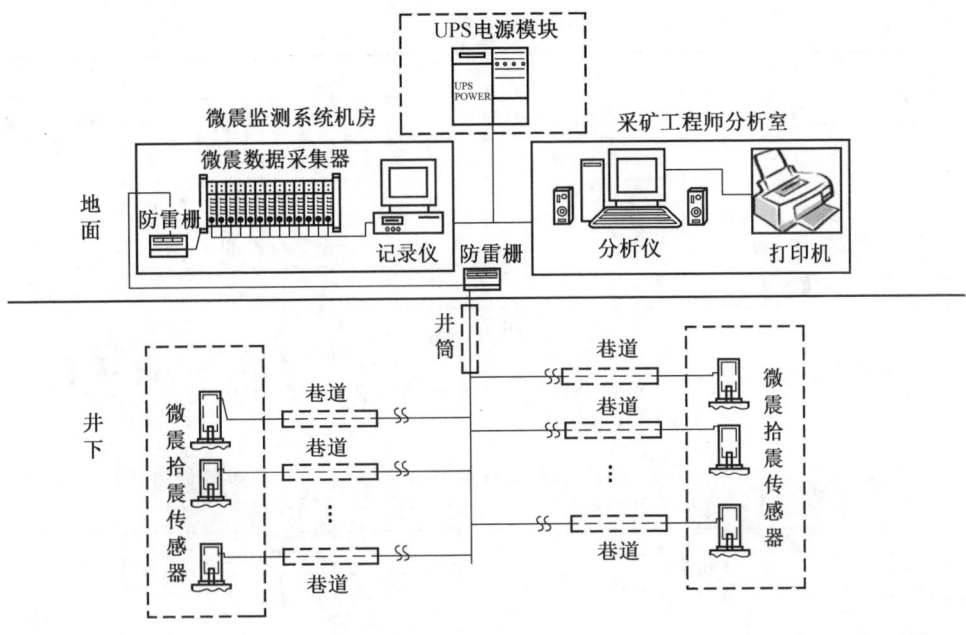

图2-7　区域微震系统硬件部分组成

微震信号记录存储仪：将微震信号采集站采集的微震信号转换成模拟信号；保存并记录微震信号。

分析仪：对采集的微震信号进行分析处理。

软件部分主要由用于波形标记的"SEISGRAM"软件、用于定位和能量计算的"MULTILOK"软件、用于震源定位的"Sesimic 3DView"三维可视化软件、用于矿井微震监测分析的"PLOT"软件、用于报表制作的"surfer"软件和用于网络传输的"MicroseismicSystem"远程软件等组成。

2. 关键技术参数

不同生产厂家元器件略有不同，目前各冲击地压矿井常用的两种系统的元器件参数见表2-1。

表2-1　区域微震系统各项技术参数

参　数	系　统　A	系　统　B
传输通道个数	16通道（标准）可拓展	16通道（标准）可拓展
微震传感器安装方式	安装在锚杆上	安装在锚杆上、放置于专门的水泥基台上

表 2-1（续）

参　数	系　统　A	系　统　B
微震传感器灵敏度	50~15000 mA·s/m	25 V/(m/s)、110 V/(m/s)
频带宽度	0.1~600 Hz	0~150 Hz
信号传输形式	电流型	数字式、二进制
记录和处理的动态范围	≤110 dB	≤110 dB
信号线电压等级	直流≤42 V	直流≤35 V
信号传输距离	矿井电话线回路电阻≤880 Ω 时，传输距离≤10 km；传输导线间电阻≥1 MΩ，传输线与地间的绝缘电阻≥2 MΩ	系统配备的监测探头最远距离可达 10 km
定位精确度	合理布置传感器后 ±20 m(XY)，±50 m(Z)	合理布置传感器后 ±20 m(XY)，±50 m(Z)
采样频率	500 Hz	500 Hz
震源定位的最小震动能量	100 J	100 J
系统井下部分安全等级	IP 54	IP 54
系统井下部分防爆等级	EExiaI（可用于任何瓦斯条件下）	EExiaI（可用于任何瓦斯条件下）
吊挂要求	信号电缆吊挂时要与动力电缆保持至少 300 mm 的安全距离	信号电缆吊挂时要与动力电缆保持至少 300 mm 的安全距离

三、技术应用

（一）安装技术

1. 区域微震系统的安装流程

区域微震监测系统安装可分为 6 个阶段，分别为编制方案、现场踩点、机房组建、系统安装、系统调试和人员培训。

（1）编制方案。编制方案包括台网布设方案和现场安装方案，前者涵盖确定微震传感器位置、确定系统线缆敷设路线、台网优化分析、核算线缆及接线盒用量、确定系统配置；后者涵盖施工组织、配件加工、技术措施、安全措施等。

（2）现场踩点。现场踩点包括确定微震传感器现场安装环境、确定系统线缆敷设路线、现场标记微震传感器安装位置并编号等。

（3）机房组建。机房组建包括机房选址、微震信号采集站安装及线路连接、记录存储仪和分析仪安装及线路连接、机柜组装并安装接地极、相应软件安装并注册、UPS 电源组装、防雷栅安装、网络共享设置等。

（4）系统安装。系统安装包括微震传感器安装锚杆施工、保护罩及浇筑模具加工、线缆敷设、线路连接、基础浇筑及保护装置安装等。

（5）系统调试。系统调试包括确定采集站和记录存储仪所需相关参数、确定微震传感器的三维坐标、施工标定炮校正系统波速并编制效验报告、绘制定位软件底图、合理确定定位软件坐标范围、调整定位软件相关参数等。

（6）人员培训。人员培训包括系统简介、软件操作、报表制作、系统维护、故障处理等。

2. 系统安装过程中的注意事项

（1）机房选择。房间面积要求 10 m^2 以上，室内恒温 25 ℃，房间内留有接地线和 220 V 交流电源接口，房间周围没有大型变压设备。

（2）地面台站观测室建设。按照 GB 50223—2008 中重点设防类（乙类）建筑确定抗震设防标准建设观测室，抗震设计符合 GB 50011—2010 中的有关规定，防雷按 GB 50057—2010 第三类防雷建筑物设防，观测室墙壁、顶壁和地面应采取防潮和防尘措施，有渗水现象的应采取抗渗措施，观测室配置不间断电源。

（3）地面台站台基制作。台基长×宽宜为 1.0 m×0.8 m，高度宜为 0.3~0.6 m，制作过程中不采用爆破，台面的四边应与地理子午线平行或垂直，不应与其他建筑物相连；台基四周设隔震槽，隔震槽宽度为 0.1~0.2 m，深度为 0.2~0.3 m，槽底及四周采取防潮措施，有渗水现象时采取抗渗措施；台基采用强度等级不低于 C30 的素混凝土，一次性浇筑，振捣密实，台面平整，中心标有地理子午线。

（4）井下台站台基制作。台基应深入底板岩层中，其他要求与地面台基相同。

（5）微震传感器安装锚杆施工。在监测点设计位置施工锚杆，锚杆上部端头要进入顶/底板岩层内 0.5 m，若单根锚杆不能满足长度要求，可以采用两根锚杆刚性连接的方式，锚杆要求全长锚固，垂直安装偏离度应小于 10°。

（6）信号传输线缆应尽量避开电磁干扰较强的区域（比如变电设备、泵房、绞车房和高压电缆等）；信号传输线缆和动力电缆线布置在同一侧时，要求与动力电缆的间距不小于 300 mm。

（7）在机柜中固定设备，记录存储仪与采集站之间保证 40~50 cm 的垂直间距。

（二）维护技术

1. 地面硬件设施维护

（1）微震信号采集站、微震信号记录存储仪、分析仪均属长时间连续工作设备，仪器内部温度较高，机房内应保证良好的通风。

（2）微震信号记录仪和分析仪建议每3个月重新启动1次。

（3）机房和地面台站观测室内做好定期除尘工作。

2. 井下相关硬件设施维护

（1）加强井下通信线缆和微震传感器的巡回检查工作。

（2）淋水和潮湿的巷道，信号线缆接线盒必须进行防水保护。

（3）移组微震传感器时，必须保护好微震传感器的外部连接线，禁止扯拽外部连接线携带微震传感器。

（4）微震监测系统应保证24 h不间断运行，当矿井电网停电后，备用电源应能保持系统正常工作时间不低于2 h，建议两年更换1次UPS蓄电池。

3. 软件系统维护

（1）微震信号记录存储仪、分析仪与外网连接，拷贝数据建议使用专用U盘，以免病毒入侵电脑系统，影响微震监测分析工作。

（2）禁止带电插拔所有计算机配件及外设，包括键盘、鼠标、显示器、打印机、采集站与微震信号记录存储仪之间连线等。

（3）建议对记录存储仪数据和相关文件夹进行定期备份，防止数据丢失。

（三）精度标定技术

1. 遵循原则

通过标定炮进行区域微震监测系统精度校核时需遵循以下原则：

（1）能够接收到标定炮震动信息的微震传感器应不少于4个；

（2）标定炮位置应位于台网包围圈内；

（3）标定炮必须单孔爆破，且要使用同一型号、同一批次的瞬发电雷管；

（4）建议装药量应不少于2 kg，矿井可根据自身工程经验合理选择装药量；

（5）必须测量标定炮三维坐标，记录起爆时间。

2. 案例分析

山东能源赵楼煤矿建立的区域微震监测系统共安装27个微震传感器，可实现全矿井所有采掘区域的震动监测。于2020年9月19日7时33分在5304轨道巷指定位置放标定炮，装药量17 kg，微震监测系统在7点33分成功记录到了震动，文件为"2020 – 09 – 19 07.33.05 735. W"，其中16号、7号、9号、11号、18号、17号、19号、20号、21号、22号、2号微震传感器都记录到了震动信号，对3号、9号、11号、18号通道进行P波首次到时标记，标记情况如图2 – 8所示。

P波首次到时标记结束后，采用定位软件进行微震事件的定位，定位结果如图2 – 9所示，标定炮实际位置与系统求解位置对比见表2 – 2。

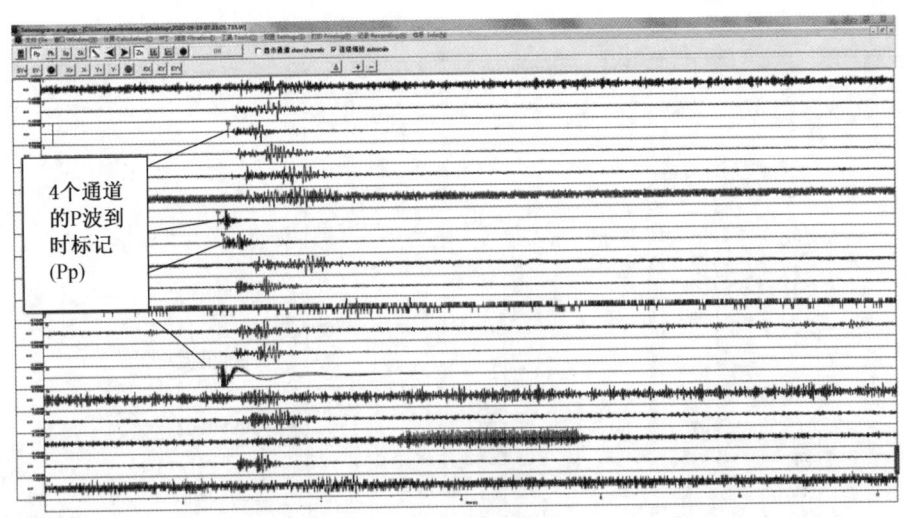

图2-8 标定炮波形图及P波到时提取

表2-2 标定结果误差分析表　　　　　　　　　　　　　　m

项 目	X坐标	Y坐标	Z坐标
标定炮实际位置	20400354.39	3917068.96	-796.2
系统求解位置	20400350.24	3916997.96	-806.92
震源定位误差		11.2	
震源标高误差		10.7	

(四) 数据处理技术

1. 波形数据分析处理的原则

(1) 从接收波形上对震源位置进行初判,最先接收到震动信号的传感器一定距离震源最近。

(2) 波形通道选择,为了减少定位误差选择最先接收到波形比较清晰的6~8个通道进行标记定位(如果只有4个通道接收到就标记4个通道)。

(3) 严禁改变通道的到时关系(不能出现先接收的通道初始点的标记位置比后接收到的通道初始点的标记位置还靠后的情况)。

(4) 如果波形相对较难定位,可以通过适当增或减通道进行定位。

(5) 定位误差相对较大(水平方向或者垂直方向)的震源,采用微调P波

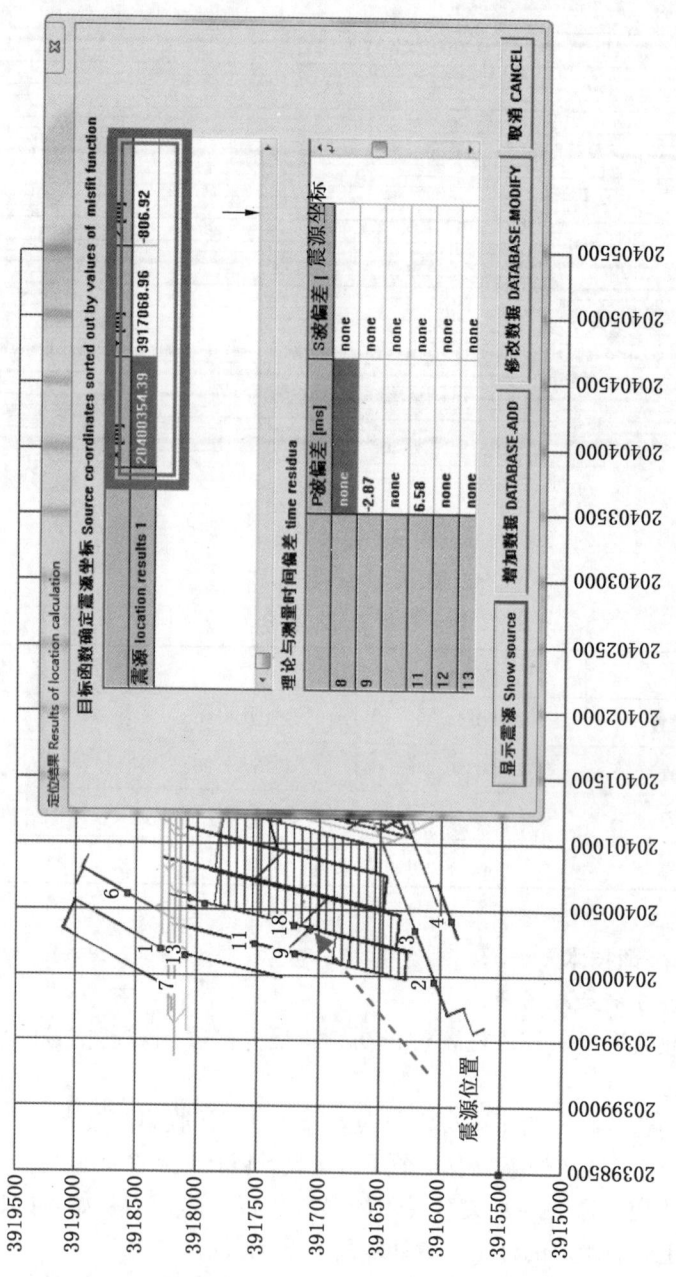

图 2-9 定位软件中标定炮定位结果

到时进行修正。

2. 波形数据分析处理的流程

以 SOS 微震系统为例，对区域微震系统的波形数据分析处理流程进行说明，相关操作流程见表 2-3。

表 2-3 波形数据分析处理流程表

序号	步骤	图标	快捷键	详述
1	打开软件	、		双击桌面快捷方式图标 、 或到路径 C:\\SOS 下双击图标 、 打开软件
2	打开波形	文件 File 打开震动图文件	F2	在 Seisgram 软件中依次点【文件 File】→【打开震动图文件 Open Seisgram】，点击上次分析的最末一个波形文件打开（或直接双击打开），若已经设置了文件目录，可直接按 F2 快捷键打开文件夹
3	翻页找到需要分析的波形	+	Ctrl + N	向后翻页找到需要分析的波形。（向后翻页点工具栏 或快捷键 Ctrl + N；向前翻页点工具栏 或快捷键 Ctrl + P；删除文件点工具栏 或快捷键 Ctrl + Del）
		−	Ctrl + P	
		Δ	Ctrl + Del	
4	P 波到时标记	Pp		点工具栏 Pp ，对到时靠前且波形清晰的通道进行 P 波到时标记。（波形选取不少于 4 个，波形清晰尽量多选取几个通道；波形横向扩展点工具栏 Ctrl + +，横向收缩 Ctrl + −，纵向窗口扩展）
		X+	Ctrl + +	
		X-	Ctrl + −	
		Y+	+	
		Y-	−	
		SY+	Shift + +	
		SY-	Shift + −	

表 2-3（续）

序号	步骤	图标	快捷键	详述
5	保存标记	文件 File 保存标记	Ctrl + S	保存标记，将标记的 P 波到时传递给 Multilok，以便定位计算
6	切换 Multilok	任务栏	Alt + Tab	切换到 Multilok 软件
7	定位计算	定位 Location(L) 定位 Locate(L)	F2	计算震源坐标
8	评价定位结果			显示震源，确定震源平面位置（一般发生在采掘工作面和受采掘扰动的煤柱、断层附近），判断 Z 坐标是否合理（误差 ±50 m），P 波到时偏差绝对值不超过 20，解是否唯一。偏差为负向右调，偏差为正向左调，标记清晰不用调。多解增加通道数，无解依次调节 P 波标记
9	校正 P 波到时			反复进行调整，定位计算直到得到满意的定位结果
10	切换 Seisgram	任务栏	Alt + Tab	切换到 Seisgram 软件
11	定位后计算标记	计算 Calculation(C) 定位后计算标记	Alt + C L	计算 P 波截止时间，S 波到时和截止时间，若最大幅值波在 Sk 之后，则调整 Sk 至最大幅值波形之后
12	保存标记	文件 File 保存标记	Ctrl + S	保存标记，将 4 个时间标记传递给 Multilok，以便计算震动能量
13	切换 Multilok	任务栏	Alt + Tab	切换到 Multilok 软件
14	能量计算	能量 Energy(E) 自动以积分计算	Shift + F8	计算震动能量大小
15	判断能量计算结果			判断各个通道能量差别不能超过 2 个数量级，若能量相差太大，则取消离震源最近的台站对应通道的 Pk、Sk，使该通道不参与能量计算
16	添加数据			添加必要的位置和备注信息后保存数据，若是重新调整定位结果，则点修改数据将修改结果存入数据库

3. 判断是否为大能量事件的波形数据特征

（1）接收通道数量。在矿区范围相对较大的情况下，接收通道数量越多、波形越清晰，对应的矿震事件能量就越大；反之，对应的矿震事件能量就越小。

(2) 波形持续时间。大能量事件波形持续时间相对较长,小能量矿震事件波形持续时间相对较短。

(3) 幅值。大能量事件波形幅值相对较大(大能量事件的幅值一般大于 10^{-4} m/s),小能量事件幅值相对较小。

(4) 主频。大能量事件的主频一般为 0~20 Hz。

第二节 局部微震监测技术

一、局部微震监测原理

(一) 监测对象

区域微震监测技术主要监测区域范围内(矿井、采区)煤岩体震动的相关信息,而局部微震监测技术主要监测局部范围内(采煤工作面、掘进工作面)的煤岩体震动信息。局部微震监测对象主要是能量较小的中高频事件,通常为煤岩体裂隙扩张或产生局部破坏的现象。煤岩体破坏、失稳总是经历一个量变到质变的过程,微震信号中蕴含煤岩体内应力释放的前兆信息,通过对监测区域内微震频次、能量、时空分布特点的监测与分析,找到微震活动规律,以此来判断监测区域的煤岩体受力状态和破坏程度。

采煤工作面常采用局部微震监测技术(又称"高精度微震")进行监测,覆盖范围为数百米,主要用于监测采掘工作面及周围煤岩体破裂产生的微震信号。系统选用高灵敏度、宽频带的微震传感器,采用密集台网布置方式,监测区域的传感器数量多、间距小,微震监测结果具有事件数量多、震动信息丰富的特点,微震事件蕴含岩石失稳的前兆信息,可反映岩石破裂的过程。

(二) 监测指标

1. 局部微震监测指标分类

(1) 根据定位确定预警指标有平面覆盖距离和剖面覆盖距离。它们是两个反映事件的空间分布特征的指标。

(2) 根据微震事件的能量和频次确定的预警指标有:①每日单一微震事件最大能量 E_{max};②每日微震事件总能量 ΣE;③每日单位进尺微震事件能量 $\Sigma_p E$;④每日微震事件($E > 1000$ J)总数 N;⑤每日微震事件($E > 1000$ J)平均能量 $AVG(E)$;⑥大能量事件百分比:前5%事件的能量占比。

上述6个指标反映的是围岩的活跃频度和强度。

(3) 根据微震能量的变化情况确定的预警指标是每日微震事件总能量增幅(e)。该指标反映的是微震事件在时域上的变化特征。其计算公式为

$$e = \frac{当日微震事件总能量 - 前日微震事件总能量}{当日微震事件总能量}$$

综上，对微震事件分别从空间、时间、强度3个维度的指标进行了量化提取，并认为这些指标可以反映围岩破裂失稳的过程，对分析围岩活动异常信息、工作面采动矿压显现规律有一定的指导作用，可以作为局部微震监测的预警评价指标。

2. 指标设置案例

以赵楼煤矿7301工作面局部微震预警指标选择、统计分析及预警值设置为例，介绍局部微震预警指标设置过程及应用方法。

1）预警指标选择

采用绝对值法与趋势法相结合的方法进行预警指标设置，确定将每日微震事件最大能量 E_{max}、每日微震事件总能量 ΣE、每日微震事件总能量增幅 e 作为冲击危险性评价指标。

2）预警值设置原则

局部微震预警值设置原则见表2-4。

表2-4 预警值设置原则

预警等级	设置原则
无危险	1. E_{max} 上限取 80% 范围 2. ΣE 上限取 80% 范围
弱冲击危险	1. E_{max} 下限取 80% 范围，上限取 90% 范围 2. ΣE 下限取 80% 范围，上限取 90% 范围 3. e 3 天内没有连续增加
中等冲击危险	1. E_{max} 下限取 90% 范围，上限取 95% 范围 2. ΣE 下限取 90% 范围，上限取 95% 范围 3. e 3 天内连续增加
强冲击危险	1. E_{max} 下限取 95% 范围 2. ΣE 下限取 95% 范围 3. e 3 天内连续增加，且第三天 $e > 50\%$

3）微震指标分析

2020年5月1日—7月31日，赵楼煤矿7301工作面局部微震系统共监测到有效事件38069个，累计释放总能量9248551 J，单日微震事件最大能量21544 J。经过对微震监测结果统计分析，并生成累计占比图，由图2-10～图2-12可知，

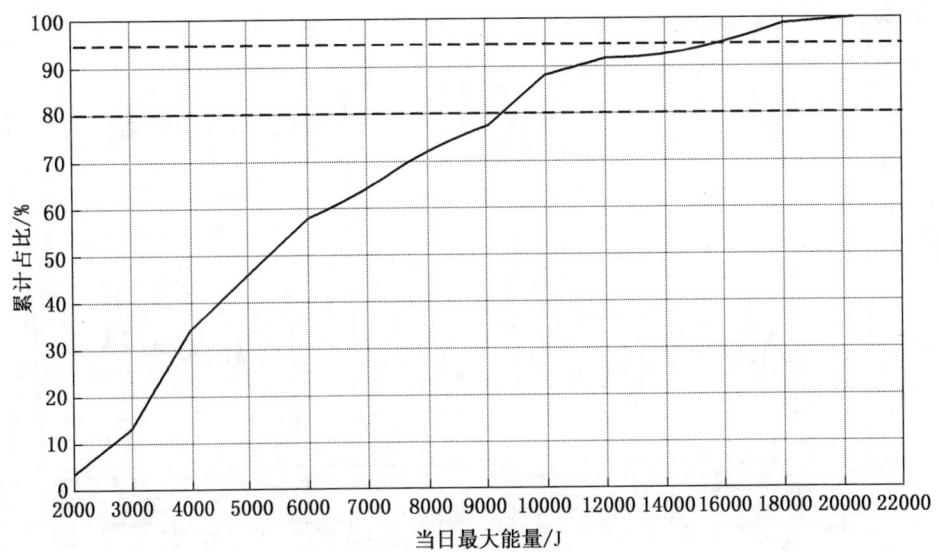

图 2-10　单个事件最大能量占比图

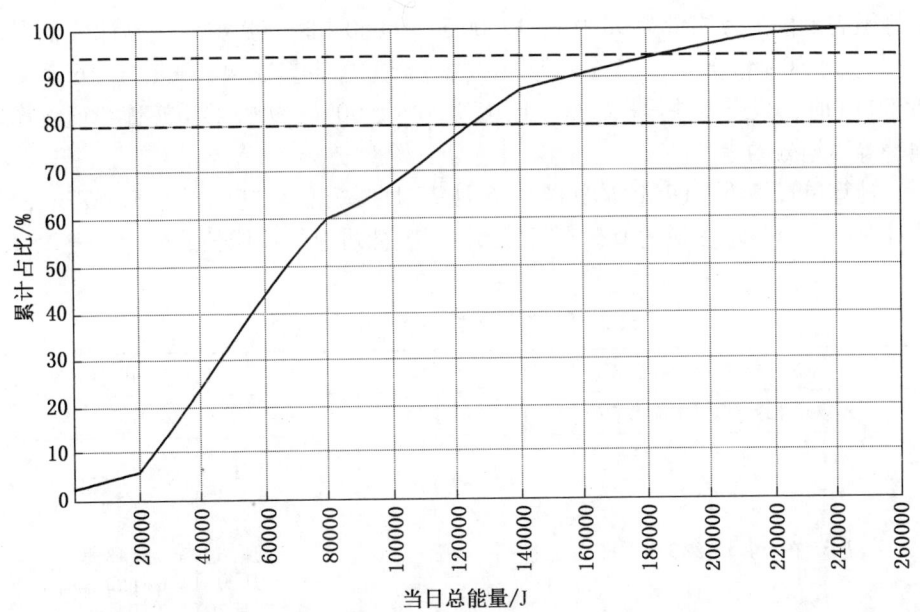

图 2-11　每日事件总能量占比图

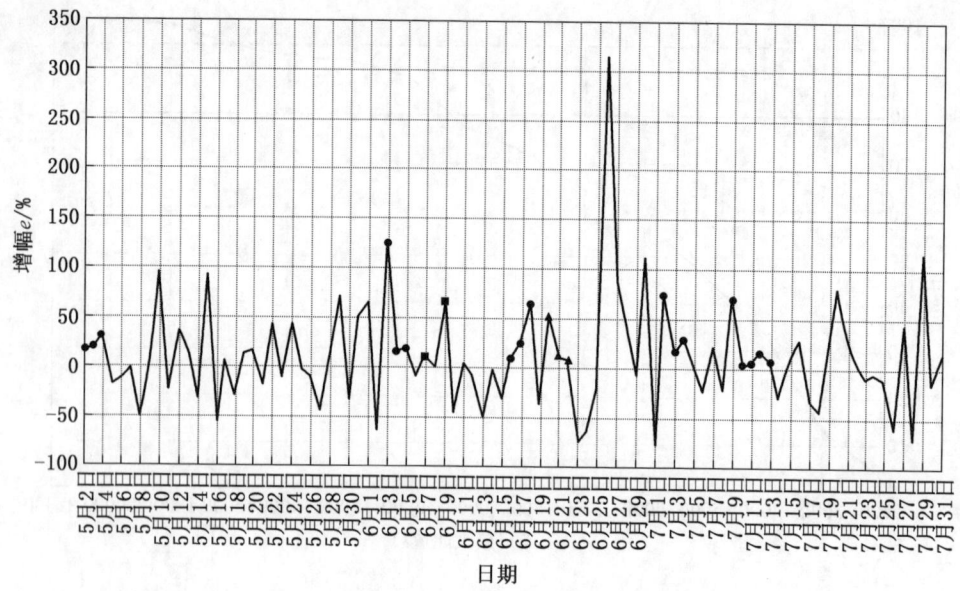

图 2-12 微震事件每日总能量增幅曲线图

单日微震事件最大能量为 9500 J、12000 J、16000 J 时，微震事件累计数量占比分别达到 80%、90%、95%；每日微震释放总能量为 130000 J、160000 J、180000 J 时，微震事件累积数量占比达到 80%、90%、95%；上述能量值将作为预警等级划分的参考。

计算单日微震总能量增幅可知，6 月 27 日微震总能量增幅为 313.73%，为统计时间内单日增幅最大值；连续 3 天及以上微震总能量增长的统计见表 2-5。

表 2-5 微震数据部分指标统计表

微震总能量变化情况	增幅	时间
微震总能量单日增幅最大值	313.73%	6月27日
是否存在增幅 e 连续 3 日增长	是	5月2日至5月4日；6月3日至6月5日；6月7日至6月9日；6月16日至6月18日；6月20日至6月22日；7月2日至7月4日；7月9日至7月13日
增幅 e 连续 3 日增长的最大增幅	66.06%	6月9日

4) 微震预警指标设置

以上述微震统计分析结果为基础,并结合 7301 工作面现场情况对预警值进行优化,设置 7301 工作面局部微震预警值见表 2-6。

表 2-6　7301 工作面微震预警指标

危险状态	判 别 条 件	防冲措施
无危险	1. $0 < E_{max} < 10000$ J 2. $0 < \sum E < 130000$ J 满足以上 2 个条件	无
弱危险	1. $10000 \text{ J} \leqslant E_{max} < 12000$ J 2. $130000 \text{ J} \leqslant \sum E < 160000$ J 3. $e3$ 天内没有连续增加 3 个条件中满足 2 个及以上	加强监测
中危险 (满足 1、2 中 一个条件即可)	1. ①$12000 \text{ J} \leqslant E_{max} < 16000$ J;②$160000 \text{ J} \leqslant \sum E < 180000$ J;③$e3$ 天内连续增加 3 个条件中满足 2 个及以上 2. ①$E_{max} \geqslant 16000$ J;②$\sum E \geqslant 180000$ J;③$e3$ 天内连续增加 3 个条件中满足 1 个及以上	限产
强危险	①$E_{max} \geqslant 16000$ J;②$\sum E \geqslant 180000$ J;③$e3$ 天内连续增加且第三天 $e > 50\%$ 3 个条件中满足 2 个及以上	停产

注:1. 表格中微震预警指标通过 2020 年 5 月 1 日—7 月 31 日数据统计分析取得,在微震监测系统运行过程中,需结合工作面现场实际情况和大量监测结果进行修正与优化。
2. 表格中微震指标值仅适用于赵楼煤矿 7301 工作面局部微震系统。

(三) 局部微震监测关键技术

1. 弱震信号传输技术

1) 微震信号弱震特征

地震发生的时间、地点和震级,是地震的三要素。地震震级表示地震的大小和等级,是地震发生时地球释放能量多少的一种标志。震级是根据地震仪所记录的地震波计算的。地震的大小通常用里氏震级来表示,地震释放出来的能量越大,震级越高。通常划分标准如下:

3 级以下的地震,如果震源不是很浅,人们一般不易觉察,称为微震或弱震。

3~4.5 级之间的地震,属于有感地震,人有感觉,但一般不会造成破坏。

4.5~6 级之间的地震,属于可造成破坏的地震,但破坏轻重还与震源深度、震中距等多种因素有关。

6 级以上的地震会造成不同程度的破坏,称为破坏性地震。

不同震级地震的具体表现见表2-7。

表2-7 不同震级地震的具体表现

地震级称	震级	表现
微震	<3	人体基本无感觉，只有仪器可以记录
小震	3.5	室内个别静止中人有感
小震	4	少数人有感
小震	4.5	活动中人亦有感，吊物摇晃，如重型车辆驶过
中小地震	5	睡觉的人会惊醒，架上物品掉落
中地震	5.5	树木摇晃，老朽和危、劣房屋轻微损害
中地震	6	房屋普遍掉土，墙裂，危房倾倒
中地震	6.5	房屋破裂、烟囱倒，一般建筑严重破坏
大地震	7	地裂，喷水、喷砂；水管撕裂；建筑物多数倒塌，破坏严重
大地震	7.5	地裂成渠，山崩滑坡；桥梁水坝损坏；铁轨轻弯；属毁坏性灾害
特大地震	8	很少建筑物能保存，铁轨扭曲；地下管道破坏；水灾泛滥；属毁坏性灾害
特大地震	≥8.5	全面破坏，地面起伏如波浪，大规模变形，属毁灭性灾害

煤矿开采产生围岩震动一般不超过3级，属于微震级别，绝大部分不能直接被人们感知。煤岩体微震活动产生的震动波，振动速度与幅度往往很小，导致微震传感器接收到震动信号后产生的感应电势同样极小，这即为微震信号的弱震性。因此，只有借助于微震传感器才能接收到微弱的震动信号。微震传感器种类繁多，其中使用最为广泛的是磁电式传感器。磁电式传感器又分为动圈式和磁阻式，由于动圈磁电传感器其性能可靠、价格低廉，而且输出信号对后续电路要求不高，电路设计简单，所以动圈磁电传感器应用最为广泛。

2）微震信号高保真传输技术

微震信号的高保真传输是局部微震系统的关键核心技术之一，它关系到微震信号的可靠性。要想了解微震信号的高保真传输技术，需要了解以下几个方面的问题：信号的概念及分类、各类信号的优缺点、如何将微弱的微震信号高保真地传输到服务器。

（1）信号的概念及分类。信号是表示消息的物理量，电信号可以通过其基本参数的变化来表示不同的消息。电信号主要分为模拟信号和数字信号，模拟信号是指信息参数在给定范围内表现为连续的信号，又可分为模拟电压信号和模拟电流信号两大类，其代表信息的特征量可以在任意瞬间呈现为任意数值的信号。

(2) 各类信号的优缺点。在理想情况下,模拟信号具有无穷大的分辨率,要达到相同的效果,模拟信号处理比数字信号处理更简单;但模拟信号同样具备自身的缺点,比如模拟电压信号传输距离过长时出现压降现象,导致信号的失真,尤其是信号较弱时,受外部环境的干扰较大。

数字信号则具有抗干扰能力强、无噪声积累等优点,适合长距离传输。如果数字信号需要放大,只需要简单再生。与此相反,模拟信号在长距离情况下需要逐级放大,并会放大电缆中的各种噪声。

(3) 微弱微震信号高保真地传输到服务器。传感器的电压输出幅度往往很小,均为微伏级,电压传输过程中的压降现象使原始信号严重失真。为保证信号传输的高保真性,需要对信号进行"电压-电流"转换并放大。对信号的放大,运算放大器是最好的选择,运算放大器具有阻抗高、增益大的特点。在微震信号放大的同时,也掺杂了一些高频干扰噪声,为了滤除高频噪声,需要利用低通滤波电路加以处理。通过放大电路和滤波电路把传感器输出的微弱的带有高频噪声的信号,传输到微震监测系统地下分站完成模数转换,最后将数字信号通过井下环网传输到地面服务器。既保证了信号的高保真性,又节约了成本和安装工作量。

2. 局部微震台网优化技术

相较于区域微震台网全域性布设的特点,局部微震传感器主要布置于工作面两巷道,其台网优化的原理基本与区域微震一致,下面通过一个案例对基于 D 值优化准则求取局部微震的最佳布设方案进行说明。水帘洞煤矿 3803 工作面待监测区域如图 2-13 所示,首先将待监测区域划分为 $100 \text{ m} \times 100 \text{ m}$ 的网格,网

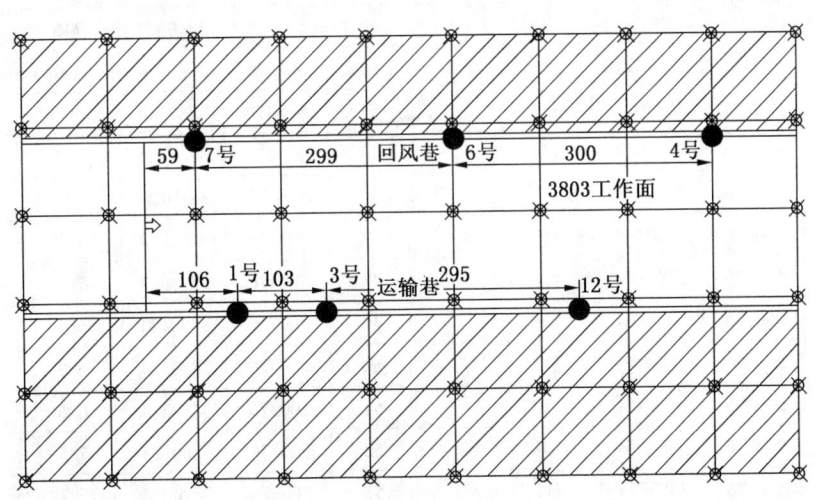

图 2-13 假定震源点平面示意图

格的顶点假定为震源点，待监测区域内共有60个假定震源点。假定震源点坐标及发生概率见表2-8。

表2-8 假定震源点坐标及发生概率表

震源点编号	震源点X坐标	震源点Y坐标	震源点Z坐标	发生概率	震源点编号	震源点X坐标	震源点Y坐标	震源点Z坐标	发生概率
1	499776	3880424	698	1	28	500176	3880124	730	1
2	499776	3880324	705	1	29	500176	3880024	737	1
3	499776	3880224	712	1	30	500176	3879924	744	1
4	499776	3880124	712	1	31	500276	3880424	706	1
5	499776	3880024	719	1	32	500276	3880324	713	1
6	499776	3879924	726	1	33	500276	3880224	720	1
7	499876	3880424	699	1	34	500276	3880124	731	1
8	499876	3880324	706	1	35	500276	3880024	738	1
9	499876	3880224	713	1	36	500276	3879924	745	1
10	499876	3880124	719	1	37	500376	3880424	698	1
11	499876	3880024	726	1	38	500376	3880324	705	1
12	499876	3879924	733	1	39	500376	3880224	712	1
13	499976	3880424	701	1	40	500376	3880124	732	1
14	499976	3880324	708	1	41	500376	3880024	739	1
15	499976	3880224	715	1	42	500376	3879924	746	1
16	499976	3880124	719	1	43	500476	3880424	690	1
17	499976	3880024	726	1	44	500476	3880324	697	1
18	499976	3879924	733	1	45	500476	3880224	704	1
19	500076	3880424	703	1	46	500476	3880124	734	1
20	500076	3880324	710	1	47	500476	3880024	741	1
21	500076	3880224	717	1	48	500476	3879924	748	1
22	500076	3880124	726	1	49	500576	3880424	682	1
23	500076	3880024	733	1	50	500576	3880324	689	1
24	500076	3879924	740	1	51	500576	3880224	696	1
25	500176	3880424	704	1	52	500576	3880124	735	1
26	500176	3880324	711	1	53	500576	3880024	742	1
27	500176	3880224	718	1	54	500576	3879924	749	1

表 2-8（续）

震源点编号	震源点X坐标	震源点Y坐标	震源点Z坐标	发生概率	震源点编号	震源点X坐标	震源点Y坐标	震源点Z坐标	发生概率
55	500676	3880424	674	1	58	500676	3880124	736	1
56	500676	3880324	681	1	59	500676	3880024	743	1
57	500676	3880224	688	1	60	500676	3879924	750	1

在工作面两巷道内布置可选的台站位置，台站间距 40 m，两条巷道内共有 38 个可选台站位置，具体信息见表 2-9。

表 2-9 可选台站位置表

台站编号	台站X坐标	台站Y坐标	台站Z坐标	台站编号	台站X坐标	台站Y坐标	台站Z坐标
1	499978	3880314	708	20	499983	3880121	719
2	500018	3880314	709	21	500023	3880121	722
3	500058	3880314	709	22	500063	3880121	724
4	500098	3880314	710	23	500103	3880121	727
5	500138	3880313	711	24	500143	3880120	729
6	500178	3880313	711	25	500183	3880120	730
7	500218	3880313	712	26	500223	3880120	730
8	500258	3880313	713	27	500263	3880120	731
9	500298	3880312	711	28	500303	3880119	731
10	500338	3880312	708	29	500343	3880119	732
11	500378	3880312	705	30	500383	3880119	732
12	500418	3880312	702	31	500423	3880119	733
13	500458	3880311	699	32	500463	3880118	734
14	500498	3880311	695	33	500503	3880118	734
15	500538	3880311	692	34	500543	3880118	735
16	500578	3880311	689	35	500583	3880118	735
17	500618	3880311	686	36	500623	3880117	736
18	500658	3880311	683	37	500663	3880117	736
19	500698	3880311	679	38	500703	3880117	737

其他参数如台站数目、P 波波速和遗传算法优化参数等见表 2-10。

表 2-10 其他参数配置表

参　　数	数　值	参　　数	数　值
台站数目	6	种群大小	50
P 波波速/(m·s^{-1})	4000	最大遗传代数	100
波速标准差/(m·s^{-1})	100	交叉概率	0.9
读入时间方差/s	0.005	变异概率	0.05
地震波传播距离/m	1300	代沟	0.9
惩罚系数	2		

使用遗传算法优化台网布设的目标函数变化如图 2-14 所示。

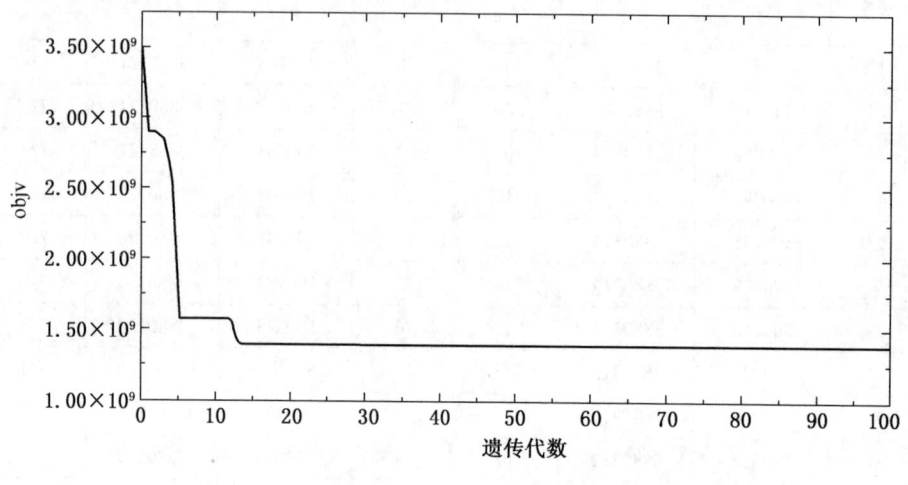

图 2-14　objv 变化曲线

经过遗传算法优化的最优台网见表 2-11，如图 2-15 所示。

表 2-11　最优台网布置表

台站编号	台站 X 坐标	台站 Y 坐标	台站 Z 坐标
1	499977.95	3880314	708
8	500257.95	3880313	712.69
19	500697.95	3880311	679.4

表2-11（续）

台站编号	台站 X 坐标	台站 Y 坐标	台站 Z 坐标
20	499983.04	3880121	718.8529
24	500143.04	3880120	729.1502
37	500663.04	3880117	736.2222

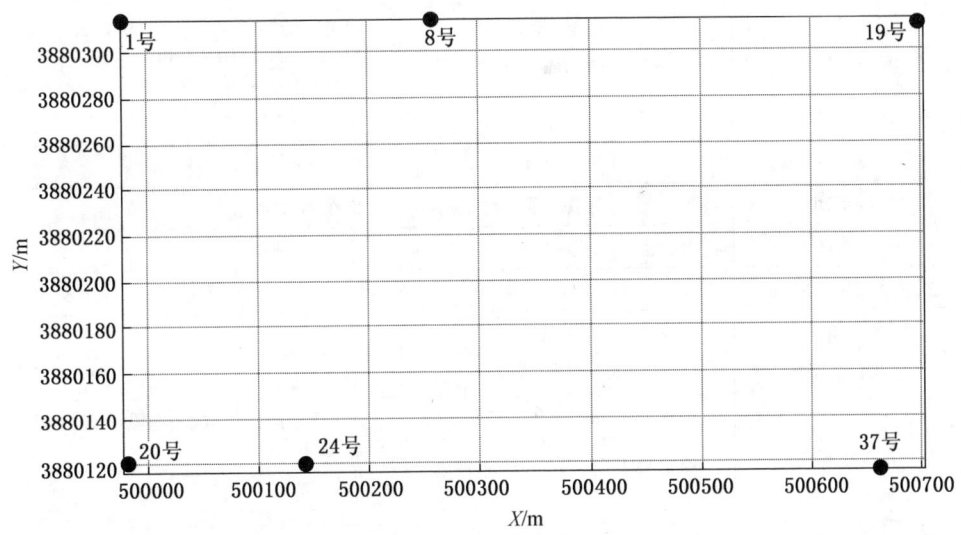

图2-15 最优台网布置示意图

二、监测设备

（一）设备构成

局部监测微震主要由井下监测主机、地面采集服务器、数据处理计算机、微震传感器等组成。

（1）井下监测主机主要为传感器供电、接收传感器信号，并将信号发送到地面采集服务器。

（2）地面采集服务器主要用于微震事件的采集、存储。

（3）数据处理计算机主要用于对微震事件数据进行处理分析、报表编写等工作。

（4）微震传感器用于接收震动信息，并转化为电信号，经通信电缆传输至井下监测主机。

（二）关键技术参数

局部微震系统技术参数见表2-12。

表2-12 局部微震系统技术参数

名称	KJ551	ESG
传输通道个数	24通道，可扩展	24通道，可扩展
检波器灵敏度	200 V/(m·s)	加速度传感器：灵敏度30 V/g，全角度型，50~5000 Hz±3 dB SGM传感器：灵敏度27.6 V/(m·s)，最低响应2 Hz
检波器频带宽度	1~1500 Hz	4.5~1500 Hz
信号传输形式	模拟信号	32位模数转换
非线性误差	各测点的同步时间误差小于10^{-6} s	—
记录和处理的动态范围	≤110 dB	100 dB
采样频率	最大10 kHz	10 kHz
信号传输距离	不小于60 km	
定位精确度	矿区分布式：10~50 m 采区集中式：±10 m(X,Y)、±8 m(Z)	井上下空间优化布置传感器±20 m(X,Y)、±50 m(Z)； 井下合理布置传感器后±20 m(X,Y)、±70 m(Z)
震源定位最小震动能量	10^0 J	—
系统井下部分安全等级	IP 54	30 m防水
系统井下部分防爆等级	矿用隔爆型，Exd[ib]I	—
供电方式	UPS不间断电源供电，输入电压AC660/127 V，输出电压DC24 V	信号电压≤DC24 V；电源供应DC12 V

三、技术应用

（一）安装维护技术

局部微震监测系统的安装和使用过程主要包括系统安装、传感器坐标测量、系统校核、系统维护等。

1. 系统安装

系统安装主要包括地面设备安装与井下设备安装。地面设备安装包括地面监测室布置、监控主机和数据处理主机安装、监测环网连接，同时在监控主机与数据处理主机上分别安装采集软件、数据处理软件。井下设备安装主要有监测主站（分站）安装、通信电缆敷设与连接、微震传感器安装等。设备安装完成后，需要进行系统运行调试，包括供电调试、线路连接调试、传感器运行检查、系统整体运行状态检查等。

局部微震监测系统的传感器安装于采掘工作面巷道，满足至少6个传感器对采煤工作面形成包围网络，中等以上冲击危险工作面传感器数量不少于8个，传感器间距为100~150 m。根据国标GB/T 25217.4—2019《冲击地压测定、监测与防治方法 第4部分：微震监测方法》的规定，"微震传感器位置应考虑垂直方向的立体布置，应能满足立体空间范围和定位误差的要求，避开围岩破碎、构造发育、渗水、较强振动干扰、较强电磁干扰等区域，安装基础稳定可靠"。因此微震传感器应该安装在围岩完整稳定、干扰较弱的位置，传感安装方式主要包括顶板锚杆安装、底板锚杆安装、顶板深孔安装、底板深孔安装。各种安装方式的适用条件见表2-13。

表2-13 微震传感器安装方式的适用条件

传感器安装方式	适 用 条 件
顶板锚杆安装	适用情况：监测重心为上覆岩层且安装巷道顶板锚杆能顺利打到稳定岩层内，适合采用顶板锚杆安装； 该安装方法的优点为便于安装维护、易回收循环利用、受干扰程度相对较小；缺点为对底板部分微弱信号的接收效果不佳，另外若所有检波器均采用锚杆安装，则垂向定位精度误差偏大
底板锚杆安装	适用情况：监测重心为底板岩层且安装巷道底板锚杆能顺利打到稳定岩层内，适合采用底板锚杆安装； 该安装方法的优点为便于安装维护、易回收循环利用；缺点为易受生产活动影响，特别是带式输送机等放置于地面的大型机电设备的干扰
顶板深孔安装	适用情况：适用于对垂向定位精度要求较高，或者顶煤较厚不适合采用顶板锚杆安装的情况； 该安装方法的优点为与围岩耦合度较高，受干扰程度较低，有利于提高垂向定位精度；缺点为不易安装维护，且不能回收循环利用
底板深孔安装	适用情况：适用于对垂向定位精度要求较高，或者底煤较厚不适合采用底板锚杆安装的情况； 该安装方法的优点为与围岩耦合度较高，能更好地接收底板岩层微弱震动信号，受干扰程度较低，有利于提高垂向定位精度；缺点为不易安装维护，且不能回收循环利用

1）顶板锚杆安装

在监测点设计位置安装直径20 mm、22 mm的锚杆，锚杆上部端头要进入顶板岩层内不低于0.5 m，若单根锚杆不能满足长度要求，可以采用两根锚杆连接的方式，锚杆要求全长锚固，并在端头安装托盘，保证锚杆与顶板连为一体。将检波器用万向头固定在锚杆上，保证检波器安装方向为竖直向下，如图2-16所示。沿空工作面或孤岛工作面的检波器安装，锚杆要打在实体帮一侧，不能打在巷道中间或者沿空一侧。

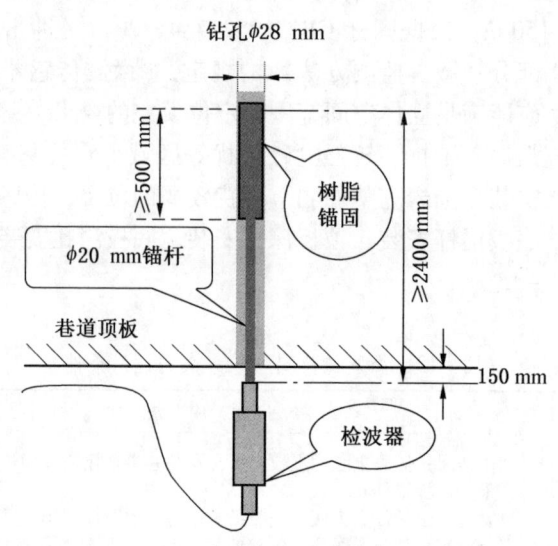

图2-16 顶板锚杆检波器安装方式示意图

2）底板锚杆安装

在安装位置安装直径20 mm、22 mm的锚杆，锚杆下部端头要进入底板岩层内0.5 m，若单根锚杆不能满足长度要求，可以采用两根锚杆连接的方式，要求全长锚固保证锚杆的稳固性，端头不需安装托盘，锚杆安装完成后要实施水泥台固定，尺寸（长×宽×高）为300 mm×300 mm×100 mm，将检波器用万向头固定在锚杆上，保证检波器安装方向为竖直方向，如图2-17所示。

3）顶板深孔安装

现场顶板打孔，尽量保证垂直，偏差角度小于±15°，孔深可根据现场安装要求确定，用安装杆将检波器及深孔安装装置推入孔底，用操作绳释放内部袋内水泥浆达到固定效果。电缆在顶板上绑扎固定好，从近煤壁位置，绑扎至适当位置接线。安装过程中孔内不能出水，安装时注意操作绳和检波器电缆不能缠绕，如图2-18所示。

第二章 围岩震动

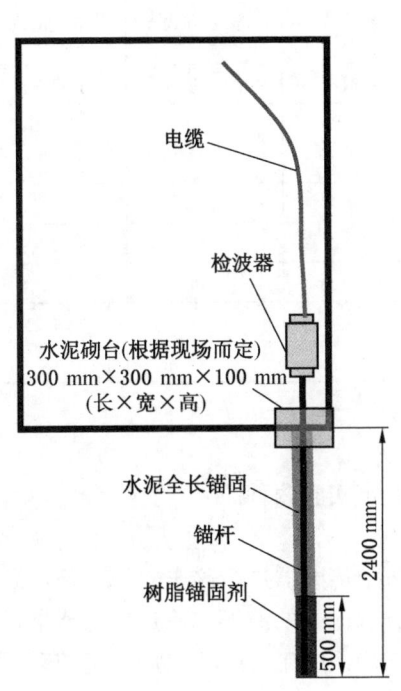
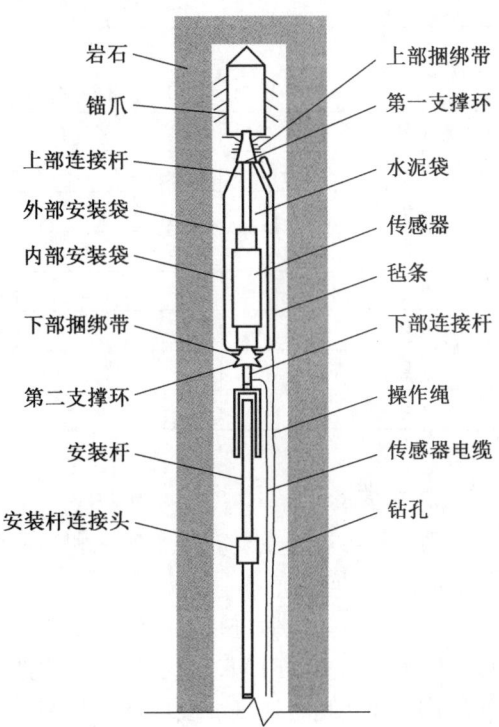

图 2-17　底板锚杆检波器安装示意图　　图 2-18　顶板深孔检波器安装示意图

4）底板深孔安装

现场底板打孔，尽量保证垂直，偏差角度小于 ±15°，孔深根据监测要求具体确定，将检波器放入孔内，然后注入水泥浆，要保证底部水泥浆灌实。电缆在底板上露出的位置需要做保护，从靠近煤壁的位置露出，以防线缆后期受到其他工作的影响，如图 2-19 所示。

2. 传感器坐标测量

微震传感器安装完成后，对每个传感器坐标进行精确测量，要求精确到小数点后两位，以保证后期定位的准确性，并将传感器坐标进行记录（表 2-14）。

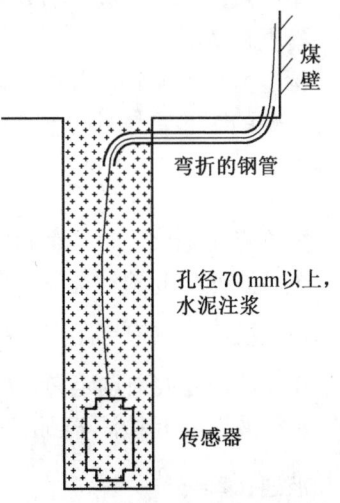

图 2-19　底板深孔安装方式示意图

表2-14 微震传感器坐标记录表

微震传感器	三维坐标			安装位置	安装方式	安装时间
	X	Y	Z			
1号				巷道	顶板/底板	测量时间
2号						
3号						
4号						
5号						
6号						
7号						
8号						

3. 系统校核

系统校核方法主要有敲击实验和标定炮标定实验两种。

1) 敲击实验

系统安装完成后进行敲击实验,依次对每个传感器进行敲击,记录敲击微震传感器编号与敲击时间,在数据分析软件中查看记录的波形,确定传感器是否正常工作、线路是否通畅、线序连接是否正确。待系统正常运行以后,定期采用敲击实验对传感器进行校核,并做好记录。

2) 标定实验

系统敲击实验完成后需要做标定炮标定实验,通常采取定点爆破方式进行波速和能量校核。

标定炮震动波到达各检波器的时间有一定的先后顺序,根据任意两个检波器到标定炮的距离差与时间差可以计算波速。即

$$V = \frac{S}{T} = \frac{\nabla S}{\nabla T}$$

放炮点实施放炮时(假设 B 检波器到时更早):

A 检波器与 B 检波器到时间差:$\nabla T = T_A - T_B$

A 检波器与放炮点距离:$L_1 = \sqrt{(X_A - X_1)^2 + (Y_A - Y_1)^2 + (Z_A - Z_1)^2}$

B 检波器与放炮点距离:$L_2 = \sqrt{(X_B - X_1)^2 + (Y_B - Y_1)^2 + (Z_B - Z_1)^2}$

A 检波器与 B 检波器到距离差:$\nabla S = L_1 - L_2$

波速:$V = \dfrac{\nabla S}{\nabla T}$

每个标定炮计算多个检波器的距离差与时间差,波速取平均值。

4. 系统维护

1）微震传感器移组

随着工作面掘进/推采，需对传感器进行移组。一般当传感器距离工作面 30 m 左右时进行移组，移组时需要记录该传感器线序，移组安装要求与初始安装要求一致，测量传感器的新坐标，并编制移组台账。

2）系统台账管理

矿井要建立冲击地压监测系统管理制度、建设系统管理与维护队伍，针对系统的安装、调试、校核和维护建立系统台账，并对系统运行过程中出现的故障、异常信息、处理方案等进行记录。

（二）数据处理技术

1. 局部微震数据计算处理流程

针对局部微震数据人工处理的局限性，提出了集波形识别、自动定位、误差评估、能量计算于一体的自动化综合处理算法，并建立了相应的数据处理流程。微震数据处理流程如图 2-20 所示，微震数据自动处理软件首先对微震信号进行自动波形识别，判断强微震信号、滤除干扰信号，随之对强微震信号进行到时判断，最先接收到震动信号的传感器一定距离震源最近，震动波到时最早，然后对强微震信号波形的起跳点进行自动拾取，实现自动定位与能量计算。

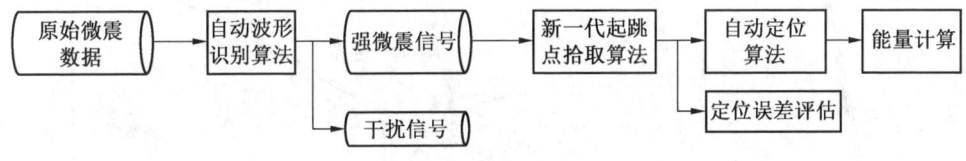

图 2-20 微震数据处理流程

2. 局部微震数据分析方法

微震数据分析方法主要有微震指标统计分析、震源空间分布分析、核密度云图分析、微震 CT 反演成像等。

1）微震指标统计分析

微震指标统计分析主要包括微震频次、总能量、单个事件最大能量等，并结合采掘工作面进尺、现场显现等进行统计分析，探索微震指标与采掘工作面进尺及现场显现之间的内在规律，进而，实现对冲击地压的监测预警。图 2-21 所示为赵楼煤矿 7301 工作面微震基本指标统计分析的示例性说明，工作面周期来压阶段微震活动逐渐增强，并且微震活动具有周期性，活动周期与周期来压时间相吻合。

2）微震空间分布分析

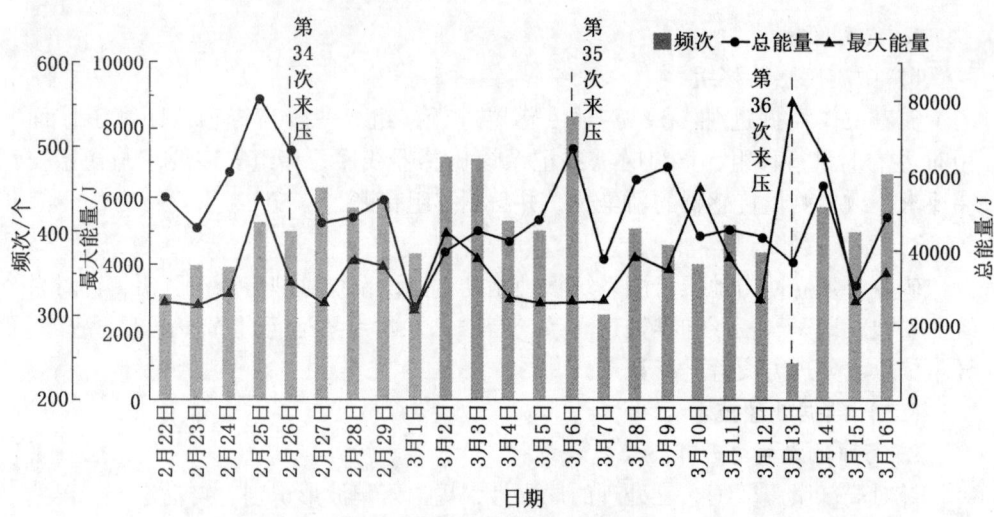

图2-21 赵楼煤矿7301工作面微震基本指标统计分析

根据高精度微震系统自动分析与定位技术,对震源进行空间投影,分析微震活动在三维空间的分布特征与规律。图2-22、图2-23所示为赵楼煤矿7301工

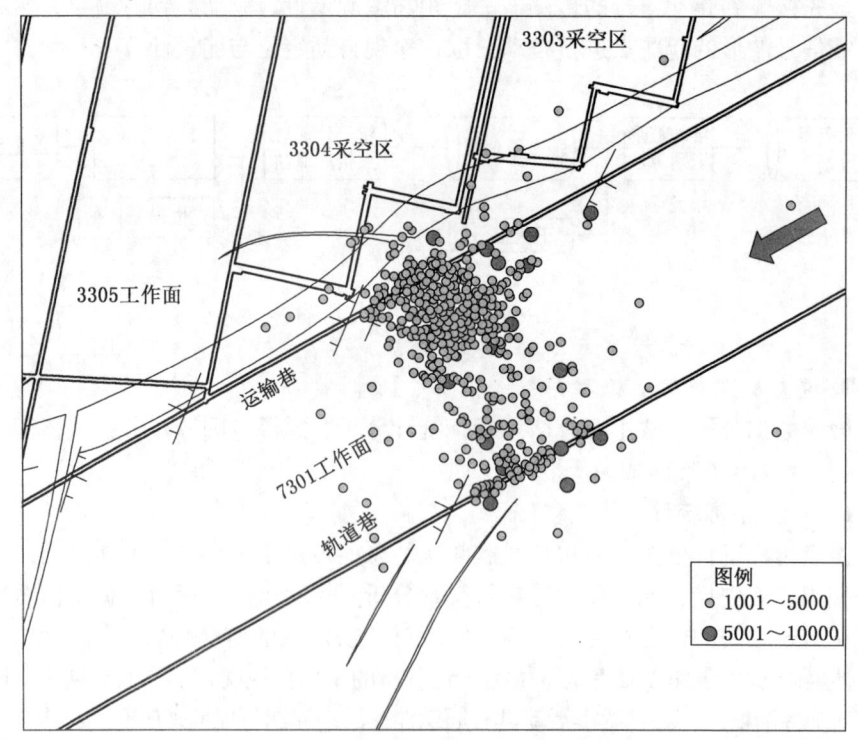

图2-22 微震事件平面分布

作面微震空间投影图。由图 2-22 可知，微震事件主要分布在工作面前方，受超前应力与侧向支承压力影响，运输巷侧微震数量高于轨道巷一侧。由图 2-23 可知，煤层顶板岩层破坏高度约 110 m，底板破坏深度约为 40 m。

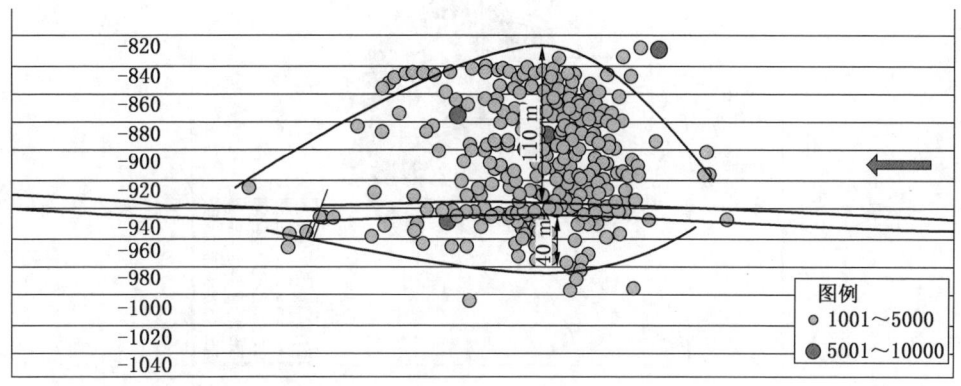

图 2-23　微震事件沿工作面走向分布图

3）核密度云图分析

频次密度云图表示微震事件的分布特点，"密度核"表示微震积聚，说明围岩震动活跃程度。能量密度云图表示微震能量释放的空间范围，"密度核"表示能量剧烈释放区域。图 2-24 所示为微震频次密度云图，随工作面回采推进，微震活动范围及"密度核"代表的震动活跃区发生变化。图 2-25 所示为微震能量释放主要区域的变化。

4）微震 CT 反演成像分析

被动 CT 反演成像技术以微震监测数据为基础，反演采掘空间中的波速场，其应用于冲击矿压预测的重要理论前提是纵波波速与应力的耦合关系，即理论得到的应力集中区对应于高纵波波速，而矿震则是应力集中的结果。高精度微震系统采用高灵敏度密集台网布置方式，采场内射线覆盖密度高，监测微震事件量大、反演周期短、震动信息丰富，CT 反演成像能够准确反映当前开采条件下的应力场分布特征。图 2-26 所示为微震 CT 反演波速图，图中圈定 2 个高波速区域和 1 个低波速区域，高波速区域分别为工作面前方超前应力影响区、边界煤柱区域；低波速区域为工作面前方正断层破碎区。

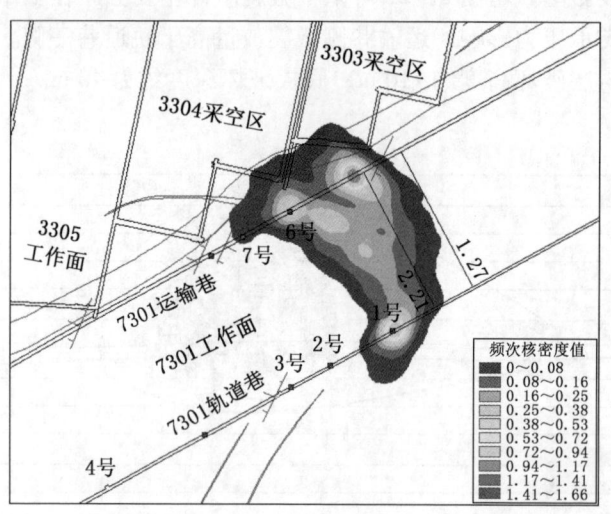

图 2-24 微震频次云图（2020年1月27日—2月21日）

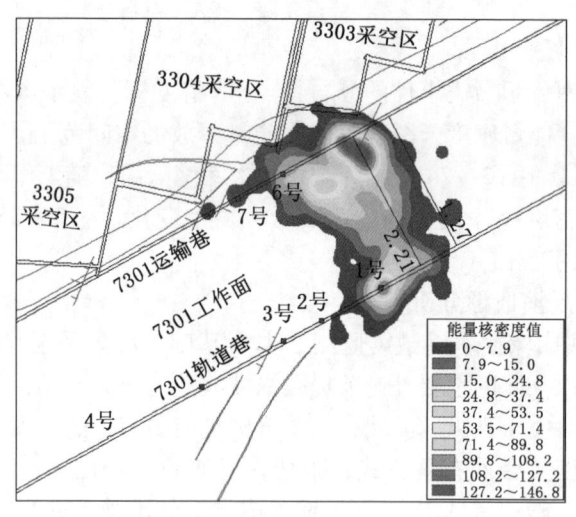

图 2-25 微震能量云图（2020年1月27日—2月21日）

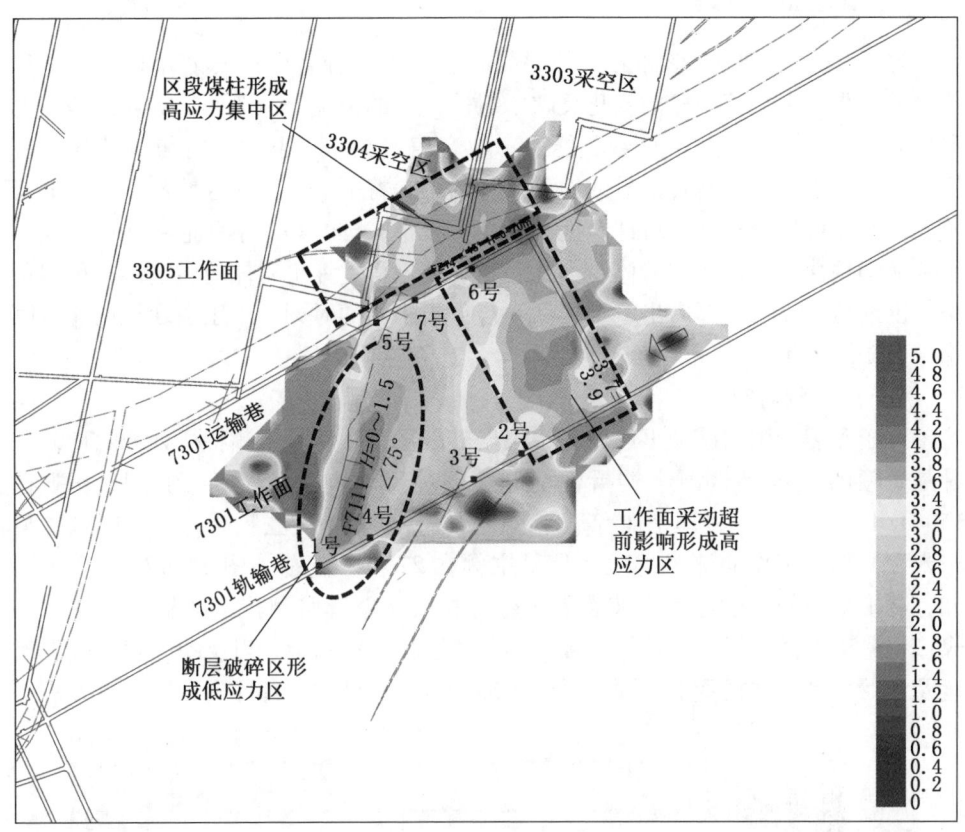

图 2-26 微震 CT 反演波速图

第三节 地音监测技术

经调研分析，掘进工作面冲击地压监测预警受微震监测台网布置方案优化困难、煤体应力变化相对较小和地质条件尚不明确等影响，导致现场采用的微震监测和煤体应力监测尚不能完全满足精细化监测预警需要。因此，相对于微震和应力监测技术而言，以小能量震动事件作为监测对象的地音监测技术作为掘进工作面冲击地压监测更为合适。

一、地音监测原理

岩石受力将产生变形和微破坏，同时会产生地音（即声发射）现象。地音信号的多少、大小等指标的变化反映了岩体受力的情况。一般而言，表征地音的参量有分级事件数、总事件数、能率、地音信号频率、事件延时与事件到时差等，它们分别反映了地音信号或地音事件的不同特征。对某一区域连续进行地音监测，并系统地分析地音事件频度、能率、频率、延时等一系列地音参量，找出地音活动规律，以此判断岩体受力状态和破坏进程，评价岩体的稳定性，预测预报冲击地压、煤与瓦斯突出、顶板活动与顶板来压的时刻、来压强度与位置，以指导煤矿安全生产。

（一）监测对象

对于破裂产生的震动事件而言，根据破裂尺寸和信号主频特征分为两种，一种是低频的微震事件，这类事件能量大，主频低（微震事件的主频一般在150 Hz 以下），另一种即是地音事件，该类事件能量小，主频高，如在山东省某千米深井掘进工作面测得的地音信号主频在 270 Hz 左右（图 2 - 27）。众所周知，冲击地压的发生与煤体破裂程度息息相关，地音监测技术就是通过捕捉采煤、掘进工作面煤体破裂信号，提取相关危险性监测指标，以反映围岩的破裂尺度及活跃程度，并提示下一预测周期的冲击危险程度的一种冲击地压监测方法。

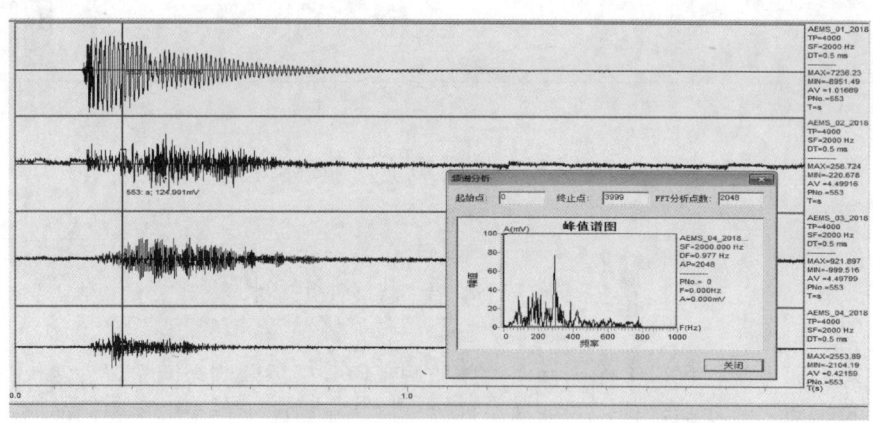

图 2 - 27　某矿井典型地音信号（主频 270 Hz）

（二）监测指标

1. 掘进工作面地音系统监测指标选择

地音监测系统在掘进工作面通常布置 3~6 个测点，按震动事件触发通道数量进行分类，可将震动事件分为单通道触发事件、二通道触发事件、三通道触发事件和四通道触发事件。为了提高震动事件统计的准确性，不选取易受干扰的小能量事件作为监测指标，而采用其中能量相对较大的二通、三通道和四通道触发事件数量作为监测指标来反映冲击地压的危险程度。在掘进速度一定的情况下，事件数量、能量的变化与现场构造（异常应力场）息息相关，而掘进工作面的冲击地压经常发生在构造处，因此以地音事件数量、能量相关的指标进行监测分析是合理的。

2. 地音监测预警指标

冲击地压必然经历一个量变到质变的过程。地音作为冲击地压萌芽到发生阶段的伴生产物，只要及时辨识出地音异常的前兆信息，就可以做到对冲击地压的提前预警，从而及时决策，降低损失程度和避免灾害发生。地音系统应该选择简单直观的指标进行监测预警，还应该设置不同危险程度（无、弱、中等、强）条件下的预警值。

以地音事件数 n（目标事件的频次）与掘进进尺 L、传感器的平均能量（文中描述的能量，均为振幅）A 作为指标计算基础。危险程度判别标准见表 2-15。

表 2-15 危险程度判别标准

危险等级	单日指数	连续两日指数	连续三日指数
无	$W_i < 1.2$		
弱	$1.2 \leq W_i < 1.6$		
中等	$1.6 \leq W_i < 2.0$	$1.2 \leq (W_{i-1} + W_i)/2 < 1.7$	
强	$W_i \geq 2.0$	$(W_{i-1} + W_i)/2 \geq 1.7$	$(W_{i-2} + W_{i-1} + W_i)/3 \geq 1.4$

异常指数（计算负值时取 1）公式为

$$w_i = \frac{D_i}{\sum_{i-1}^{i-10} D_k / 10} \qquad (2-1)$$

式中 D_i——当天指标值；

D_k——前 10 天相应日期指标值，$k = i-1, i-2, \cdots, i-10$。

其中

$$D_i = \frac{\sum_1^n \frac{\sum_1^j A_{\max}}{j}}{L} \qquad (2-2)$$

式中 A_{max}——目标事件相应通道的最大能量；
　　　　j——目标事件触发通道数量；
　　　　n——目标事件数量。

（三）技术要求、要点

1. 测点布置与移组

地音系统由传感器、监测分站、监测数据服务器、分析服务器等组成。一般布置3~6个测点，最前方测点距离迎头15 m，相邻测点的间距为40~60 m，最前方传感器与迎头距离超过55~75 m时进行移组，移组规则如图2-28所示。

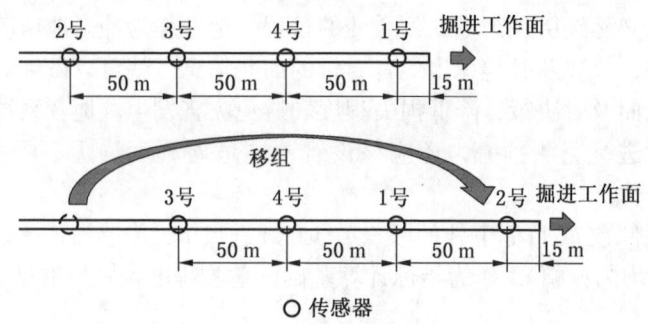

图2-28　地音测点移组

2. 背景噪声

背景噪声是指那些通过地音传感器采集的、按照常规的地音数据处理方法难以识别出有效信号的、常常作为干扰剔除或压制的地音数据。根据产生背景噪声的震源属性的不同，可分为随机性背景噪声和确定性背景噪声。在噪声源的位置、激发方式以及能量的大小范围等条件都不明确的情况下，地音传感器所接收到的噪声信号称之为随机性背景噪声。在噪声源的位置、激发方式、能量的大小范围等属性部分或全部已知的前提下，地音传感器所接收到的噪声信号称之为确定性背景噪声。

根据产生背景噪声的起因进行分类，可将噪声分为自然因素和人为因素两大类。自然噪声中，地壳运动是其主要来源，例如由于太阳系中的太阳和其他行星的引力作用于地球而产生的潮汐运动，地球内部各层间相互作用而产生的海陆升降运动，等等。人类采矿活动可以产生大量的背景噪声，如井下的钻探、采矿、机械振动，等等。地音系统采用抗干扰传感器，背景噪声较小，完全能够保证地音事件的正常接收与采集。

3. 地音事件一维定位

地音事件发生后，距离发生地点更近的传感器具有更早的到时和更大的振幅，因此统计了山东省某矿井掘进工作面不同位置震动事件振幅排序结果和到时排序结果，如图2-29、图2-30所示。结果显示，各移组周期（6月1日—6月12日、6月13日—6月22日、6月22日—6月30日、7月3日—7月8日）内，振幅排序表明发生在最前方传感器前方的震动事件占比为96%、85%、86%、94%。到时排序表明发生在最前方传感器前方的震动事件占比为93%、81%、93%、100%。对到时排序与振幅排序随时间的变化进行相关分析，得到相关系数为0.911，表明到时排序与振幅排序相关性较强，两者揭示的地音事件发生位置结果基本相同，表明定位结果可信度较高。

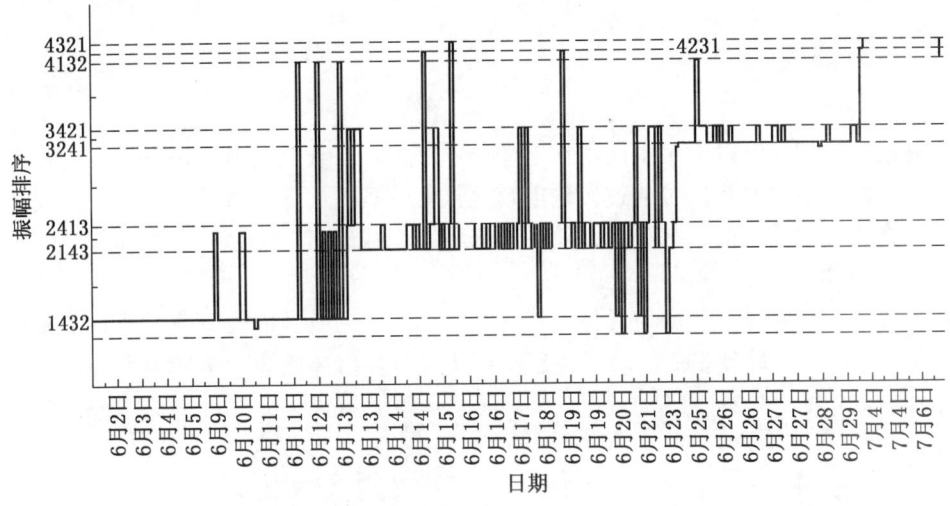

图2-29 振幅排序

在掘进工作面，地音系统测点布置受限，地音测点只能布置在一条直线上，无法展开台网，更无法做到精确的三维定位。目前只能根据振幅排序和到时排序做到粗略的一维定位，但一维定位的结果对于掘进工作面冲击地压监测预警指标的设置具有重要意义。

二、监测设备

（一）设备构成

地音监测系统与微震监测系统类似，主要分为便携式地音仪以及在线式地音

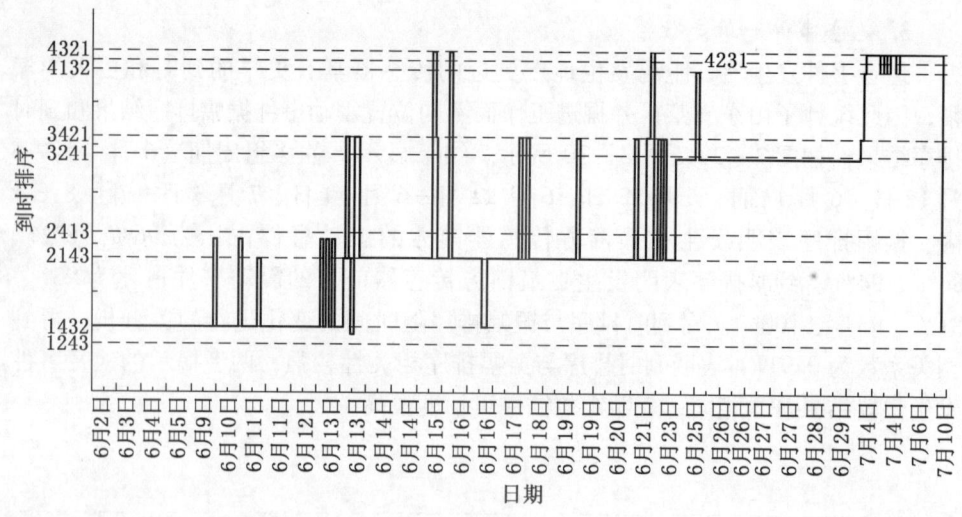

图2-30 到时排序

监测系统两种,可以满足不同条件下的监测环境。在线式地音监测系统需要敷设信号传输电缆,地音信号通过传输电缆直接传输到地面,时效性强;而便携式地音仪直接接收地音信号并存储,使用起来较在线式地音监测系统更加简单方便。

1. 便携式地音仪

便携式地音仪主要由地音传感器(图2-31a)、信号传输电缆、地音采集仪(图2-31b)三部分组成。地音传感器用于接收煤岩体破裂产生的震动波,并将

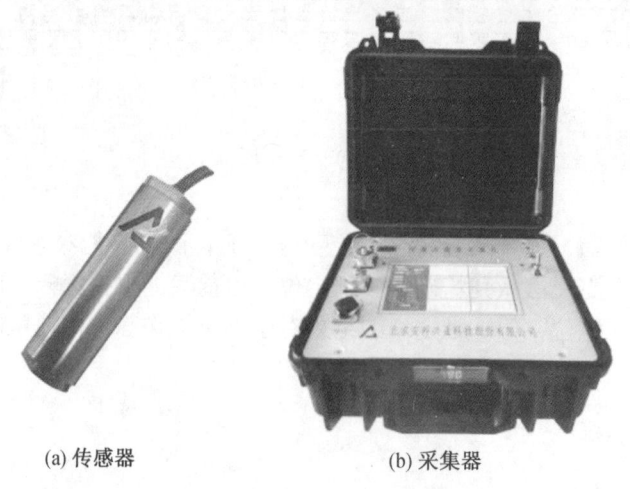

(a) 传感器　　　　　(b) 采集器

图2-31 便携式地音仪实物图

震动信号转化为电信号；信号传输电缆采用双绞屏蔽形式，有效隔绝外部电磁干扰，将传感器转化的电信号传输到采集器。地音采集器为便携式地音仪的核心部分，功能包括信号采集、存储及电力供给等。

便携式地音系统采用高速采集系统，体积小、重量轻，便于运输及存放，井下使用时无须外接高压电源，自带小型电池供电。与实时监测型系统相比，无须组建专用监测系统，大幅度精简了系统搭建工作；将监测数据存储在采集主机内，携带方便，适用性强，可适用于实验室、煤矿现场或具有临时震动信号采集需求的场景，在诸如高压水力致裂煤岩体的震动数据采集、短周期的井下煤炮采集、钻屑动力现象、桥梁稳定性及缺陷监测等领域有着广泛的应用。根据便携式地音仪存储的地音信号判断煤岩体的破坏情况，从而预警灾害性事故的发生。

2. 地音监测系统

地音监测系统是一种区别于微震监测系统的震动信号采集系统，其主要用于煤矿掘进工作面冲击地压监测，通过实时监测一定预测周期和采动范围内地音事件的发生数量和能量释放数据，分析监测区域内地音事件的发生规律，从而对下一时段内监测区域危险程度进行预测，实现采掘工作面的冲击地压监测和预警。

地音监测系统选用高灵敏度、宽频带的地音传感器，可以捕捉到采动区域煤体破裂震动事件，采用先进的光纤传输技术，满足大型矿井的信号传输要求，井下地音信号实时传输到地面监控主机后，通过区域范围内震动事件的频次变化和震动事件分布，实时为用户提供采掘工作面危险性预警信息。地音系统架构如图2-32所示。

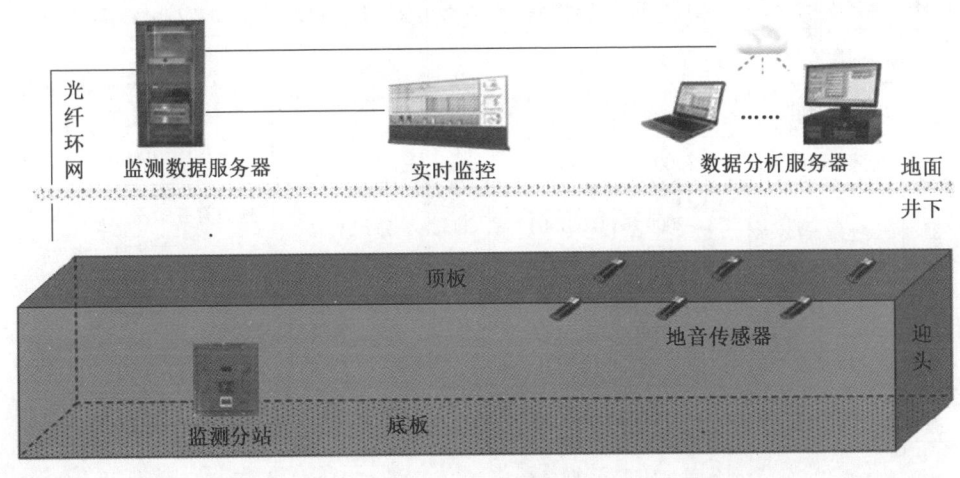

(a) 井下分站式

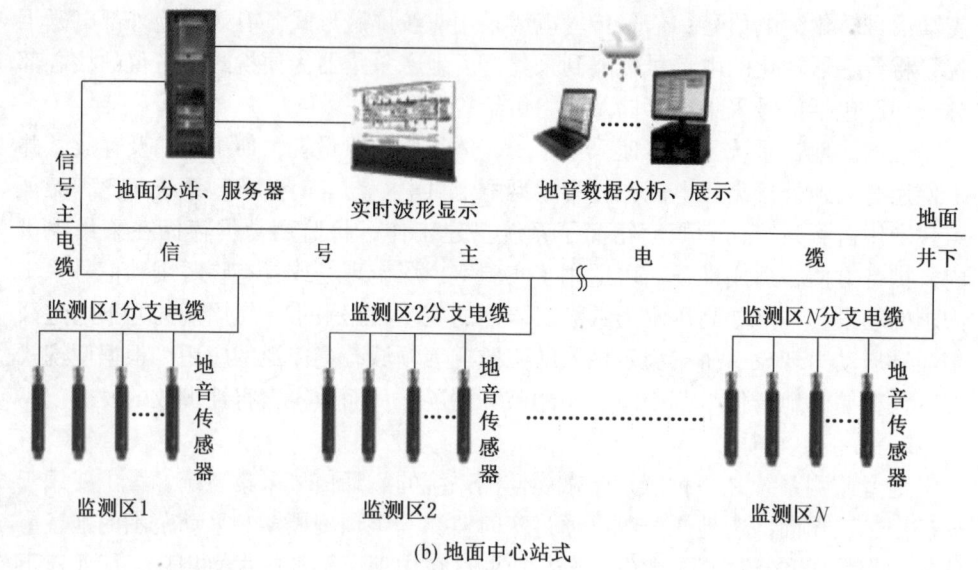

(b) 地面中心站式

图 2-32 地音系统架构

(二) 关键参数

地音监测系统关键技术参数见表 2-16。

表 2-16 地音监测系统关键技术参数

序号	主要技术指标	KJ1127 地音监测系统	序号	主要技术指标	KJ1127 地音监测系统
1	传输通道个数	12/24 通道	9	记录处理的动态范围	110 dB
2	安装方式	顶板锚杆			
3	传感器灵敏度	200 V/(m·s)	10	采样频率	最大 10000 Hz
4	传感器频带宽度	28~2000 Hz(GZC150)/60-1500 Hz(GZC60)	11	系统架构	地面服务器、井下分站+传感器
5	失真	≤0.3%	12	系统井下部分安全等级	IP 54
6	阻尼系数	0.6			
7	信号传输形式	信号电缆	13	软件设计	根据国内操作习惯设计,中文
8	非线性误差	各测点的同步时间误差小于 10^{-6} s	14	系统井下部分防爆等级	矿用隔爆型,Exd I

表 2-16（续）

序号	主要技术指标	KJ1127 地音监测系统	序号	主要技术指标	KJ1127 地音监测系统
15	执行标准	GB 3836.4—2000 爆炸性环境用防爆电气设备 GB/T 24260—2009 地震传感器	16	产品扩展	可实现与 KJ550、KJ551、KJ615 等产品融合为多参量综合监测体系

三、技术应用

（一）安装维护技术

1. 传感器安装位置选择

地音监测系统对掘进工作面的有效监测，需要建立在地音传感器测点布设的准确性和可靠性上。研究表明，地音事件的发生主要集中掘进迎头附近，若地音传感器相互之间的距离较远，则距离迎头较远的传感器无法对地音发生位置进行有效监测，传感器距离较近时，可能无法全部覆盖掘进巷道的冲击危险区域。

据不完全统计，工作面掘进期间 90% 以上的冲击破坏发生在迎头后方 100 m 范围内，迎头后方 100~200 m 范围内偶有发生。由此可知，掘进巷道需要监测的范围应不小于 200 m。根据长期的现场监测分析，确定地音综合监测系统在掘进面布置 3~6 个测点，最前方测点距离迎头 15 m，相邻测点的间距为 40~60 m。从测点布置的数量来看，地音综合监测系统完全可以覆盖冲击发生范围。但不同的矿区由于煤层赋存条件及煤岩体物理力学性质的不同，地音事件的发生位置存在一定差异，因此需要根据现场地音事件的分布位置适当调整地音测点布设距离。

地音测点布设时还应考虑现场扰动对传感器的影响。地音传感器属于高精密传感器，为保证数据的可靠性，应尽量减轻环境干扰。现场掘进机、锚杆锚索钻机、风动钻机、带式输送机等施工机械都将对传感器振动产生较大影响，因此条件允许的情况下，传感器应适当远离此类机械布置。

2. 传感器安装方式

根据国标 GB/T 25217.5—2019《冲击地压测定、监测与防治办法》第 5 部分：地音监测方法要求，地音传感器安装在不小于 $\phi 20$ mm 的帮锚杆露头位置，锚杆深入煤体内的长度不小于 2.0 m，锚固长度不小于锚杆长度的 80%，锚杆露出煤岩体的长度为 0.2 m，如图 2-33 所示。安装在锚杆露头处的地音传感器应用吸声材料（比如海绵、毛毡等）密封，应避免地音传感器与金属网等金属材料接触。

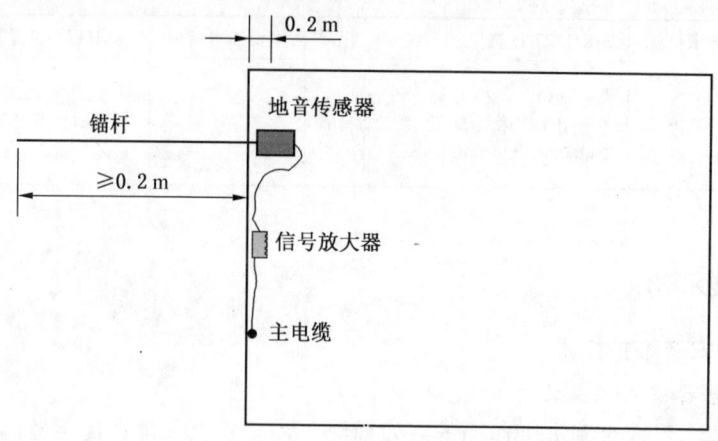

图 2-33 一般地音传感器安装示意图

除一般的地音传感器安装方法外,根据不同的现场条件,地音传感器还有外挂式顶板安装及埋入式帮部安装两种安装方式:外挂式顶板安装适合外部干扰小、推进速度相对较快的区域;埋入式帮部安装常用于监测区域机械等其他干扰较大、推进速度较慢的区域。

1) 外挂式顶板安装

地音传感器安装于顶板锚杆上,安装方式如图 2-34 所示,在地音监测系统传感器安装位置安装直径 20 mm、22 mm 的锚杆,要求锚杆在弹性区煤岩中长度不少于 0.5 m 并采用全长锚固方式,保证震动波顺利传递到地音传感器。沿空工作面或孤岛工作面的传感器安装,锚杆要打在实体帮一侧(距离实体帮 200~300 mm),不能打在巷道中间或者沿空一侧。传感器利用万向头固定在锚杆上,保证传感器安装方向为竖直向下,否则将影响传感器的频带宽度及数据准确性(万向头与锚杆和传感器的连接需要拧紧,确保万向头的稳固性)。

2) 埋入式帮部安装

埋入式帮部深孔传感器安装即是将地音传感器安装在预先施工的煤岩钻孔中,安装方式如图 2-35 所示。安装之前,在预先选定的传感器埋设地点施工煤岩钻孔并掏槽,孔深不小于 3 m(超过围岩破碎区),掏槽大小以传感器安装后全部位于煤体内为宜,钻孔倾角 0°。沿空工作面或孤岛工作面的传感器安装,锚杆要打在实体帮一侧,不宜施工在沿空一侧。

安装时,首先实施全长锚固,外部留有约 15 cm 的锚杆头,利用万向接头将锚杆与传感器拧紧,确保不出现晃动,保证应力波顺利传至传感器,利用万向连

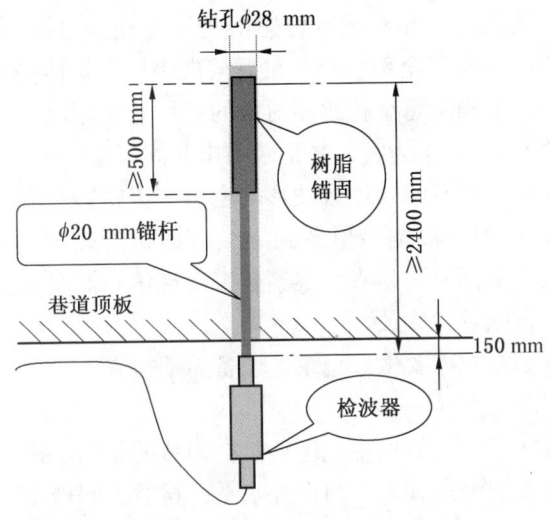

图 2-34　外挂式顶板地音传感器安装方式示意图

接头的特性使地音传感器水平。传感器安装完成后利用隔音材料充填掏槽,完成传感器的安装。

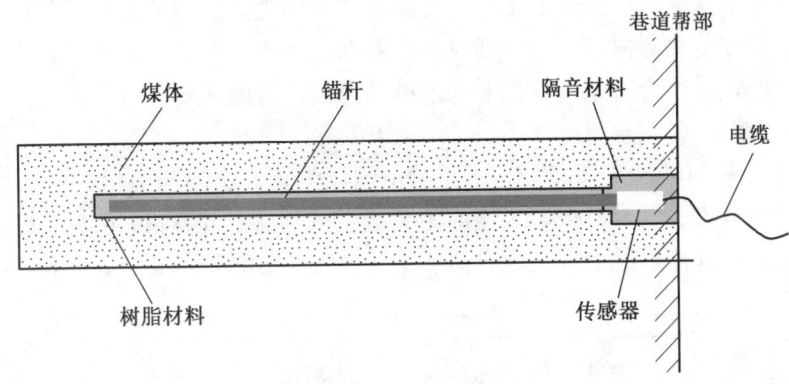

图 2-35　埋入式帮部地音传感器安装方式示意图

3. 定期标定及移组

1) 软件坐标复核

地音系统软件中数据处理需要输入每个地音传感器的坐标,但是现场工作人员可能由于疏忽大意或其他原因导致传感器坐标输入不正确,将极大地影响地音监测系统的使用。因此，需要对地音传感器坐标复核，建议一个监测区域（如一个掘进迎头）内的传感器全部移组一次后校准坐标。具体操作步骤如下：

第一步：前往井下确定每个传感器对应的编号及实际位置，对每个传感器进行连续敲击，次数以 2~3 次为宜，并记录敲击时间。

第二步：根据敲击的时间及地音波形确定每个传感器对应的编号及位置。

第三步：从 CAD 图中根据传感器到导线点的距离确定每个传感器的坐标，然后与软件中输入的坐标一一检查，观察是否出现传感器实际坐标与输入坐标的一致性，出现不一致则及时修改。

每次传感器坐标复核需要做好记录，以备后期检查。

2）传感器性能标定

动圈式震动传感器中切割磁感线运动是在弹簧的作用下进行的，弹簧的使用寿命或可靠度与一系列因素有关，与设计水平、材质、制造工艺水平及使用工况等也密切相关。预测或估算传感器弹簧的疲劳寿命较困难，尤其是精确计算则更为困难，预测弹簧寿命的方法大都是从实践中得出的，它考虑了疲劳损伤过程的积累，但未与弹簧裂纹、缺陷及尺寸大小的影响联系起来，有其局限性。因此，传感器性能标定目前最可靠的方法为实验室测定，通过在振动台上测试检验其敏感度、假频等参数是否符合要求。传感器有一定的使用年限，一般使用 3~5 年以后，受井下高温高湿条件的影响，传感器弹簧出现弹簧疲劳损伤，甚至弹簧疲劳断裂，导致传感器损坏。因此建议传感器在使用 3 年以后，每年对其进行实验室振动台标定，符合传感器性能要求的继续使用，否则需要进行更换。

3）移组

根据国标 GB/T 25217.5—2019《冲击地压测定、监测与防治办法》第 5 部分：地音监测方法要求，采煤工作面距离最近的传感器小于 30 m 时，应将地音传感器移到最远传感器前方，地音传感器间交替向前移动，如图 2-36 所示。

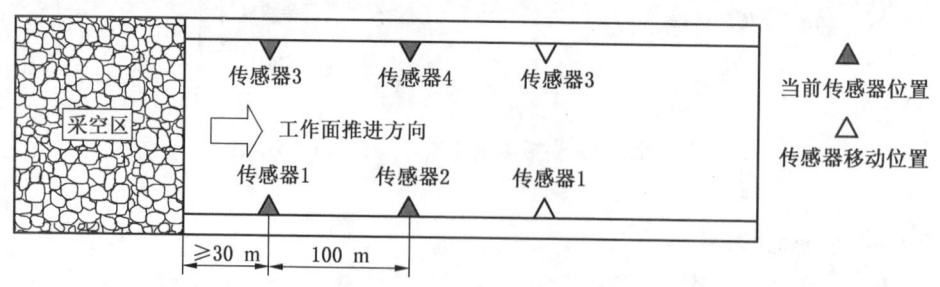

图 2-36 回采巷道地音传感器安装及移动示意图

掘进工作面迎头距离最近的地音传感器大于 120 m 时,将最远的地音传感器移到该传感器前方,地音传感器交替向前移动,如图 2-37 所示。

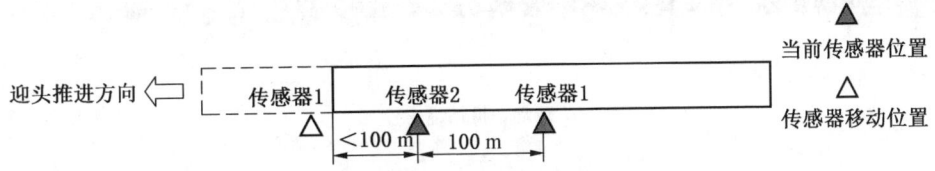

图 2-37 掘进巷道地因传感器安装及移动示意图

(二) 数据处理技术

地音系统接收到信号后,首先以长短时窗法判别各通道是否为震动事件,该方法可以保证大部分震动事件被识别。通常一个通道的传感器判定为震动事件,其不一定是正确的,且很可能为干扰事件 (图 2-38),但是 3 个通道及以上均

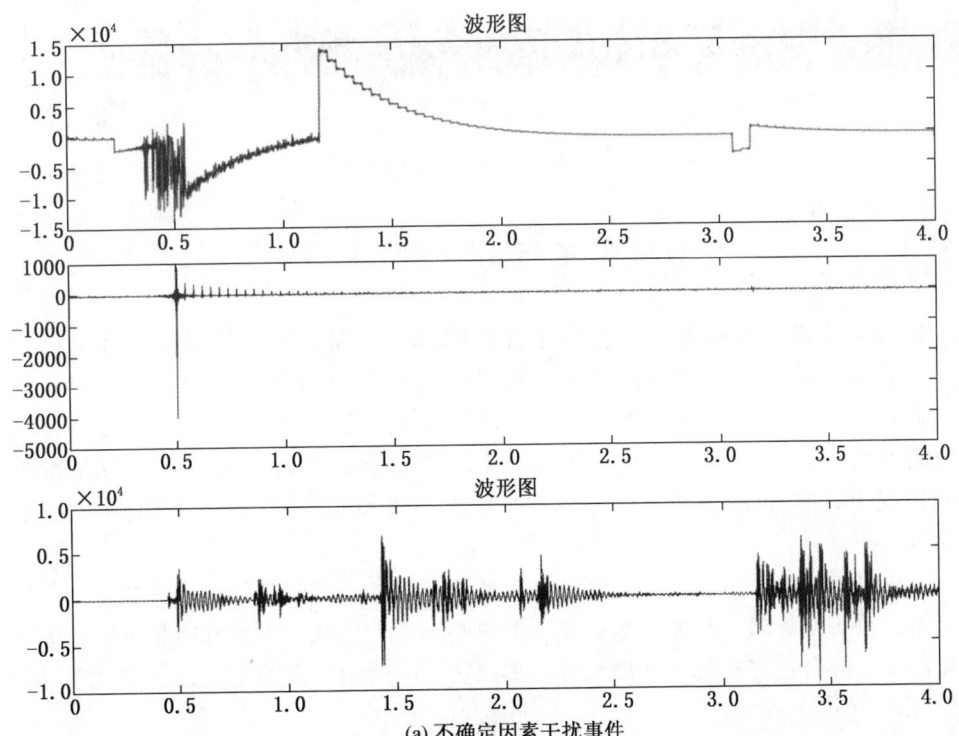

(a) 不确定因素干扰事件

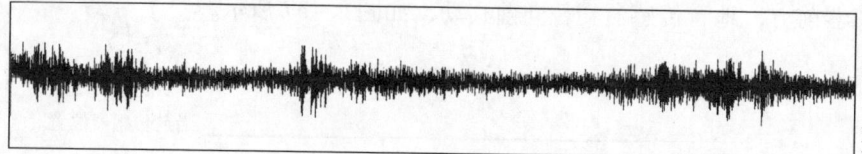

(b) 风动钻机钻进信号

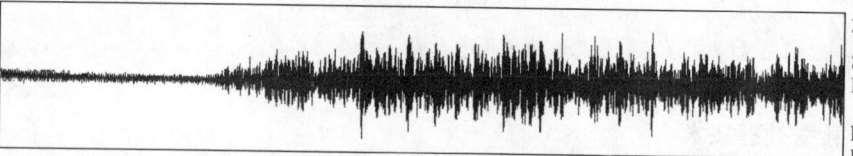

(c) 锚杆钻机压紧托盘信号

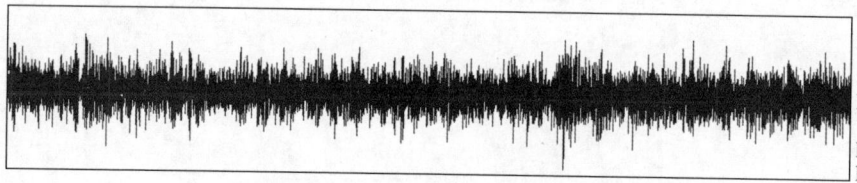

(d) 掘进机掘进干扰信号(幅值增大400 mV)

图2-38 不同干扰事件导致的事件存储

产生震动事件，并在振幅上存在事件衰减特征，在到时上符合由近及远的情形，各传感器信号主频规律性强，则可以判定为震动事件，因此，可以挑选三通道及以上触发的事件作为冲击危险性监测预警的指标进行统计分析，三通道及以上触发事件的变化趋势与总事件的变化趋势是一致的。在发生预警的情况下，再辅以其他手段（如钻屑法、随钻监测等）综合研判冲击危险性。

得到地音事件数据后，可形成地音监测日报，主要包括当日事件数量、平均能量、预警指标值、异常指数结果、监测指标变化曲线、频次和能量预警指标变化曲线、综合预警指标变化曲线等，如图2-39所示。危险等级设置"无""弱""中等""强"4个等级。

选择日期： 2020-06-30 ☒ ▦　　监测地点：101运输巷

当日事件数量	当日进尺	当日平均能量	当日预警指标值	预警指标前十天平均值	异常指数结果
70	7	0.15	720	600	1.2

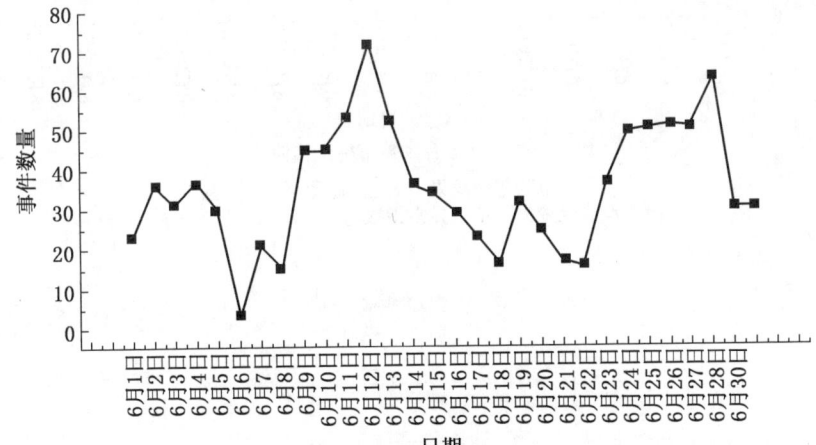

(a) 监测指标变化曲线

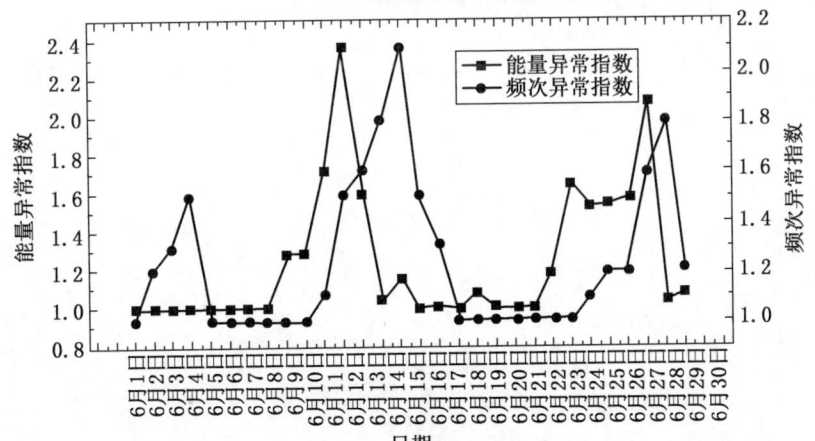

(b) 频次、能量预警指标变化曲线

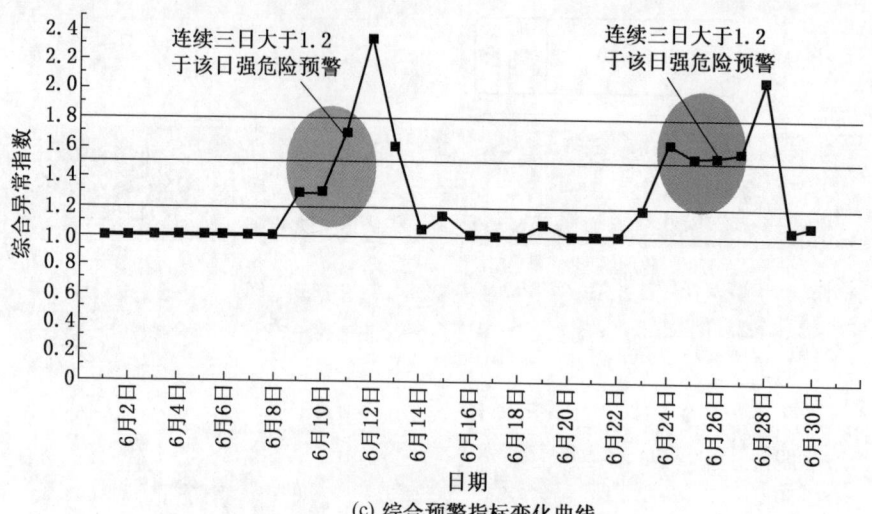

(c) 综合预警指标变化曲线

危险等级结果：无□ 弱☑ 中等□ 强□
危险等级判定依据：单日异常指数超过1.2/双日异常指数超过1.0

图 2-39 地音监测日报表

第三章 煤 体 应 力

第一节 煤体应力监测技术

一、煤体应力监测原理

(一) 监测对象

在煤矿开采过程中,受到采动应力的影响,煤岩体的受力平衡状态被打破,煤岩体在距离采煤工作面不同距离的位置会呈现出不同程度的应力变化,这种距采煤工作面不同位置的应力上升或者下降的过程,需要被及时地监测并统计出来。通过煤体应力监测设备,将众多煤岩体的测点监测数据进行系统的分析及处理,得出煤岩体内部应力随开采过程的变化规律,并以此为依据,指导井下安全开采进程,是煤体应力监测的主要任务。受推采影响的上覆岩层的运动状态及支承压力分布如图 3-1 所示。

(二) 监测指标

在确定了矿山开采过程中的应力监测对象后,需要对监测对象划定一个或多个监测指标,并明确指标内的层级划分,用以在实际生产中依据指标值,确定监测点的应力状态,并指导安全生产。

依照国标 GB/T 25217.4—2019 要求,将应力值及应力变化率作为冲击危险性的判别指标。

应力值:以监测点的应力值作为判断标准,单位为兆帕,符号 MPa。

应力变化率:对于某一监测点,经过 Δt 时间的应力变化率为

$$\Delta \sigma = \frac{\sigma_2 - \sigma_1}{\Delta t} \tag{3-1}$$

式中 σ_1——t_1 时刻的测点应力值,MPa;

σ_2——t_2 时刻的测点应力值,MPa;

Δt——时间间隔 $(t_2 - t_1)$,时间间隔通常为 12 h(可根据实际需要调整时间间隔)。

煤体应力监测预警临界指标初值标定包括应力值指标和应力变化率指标的

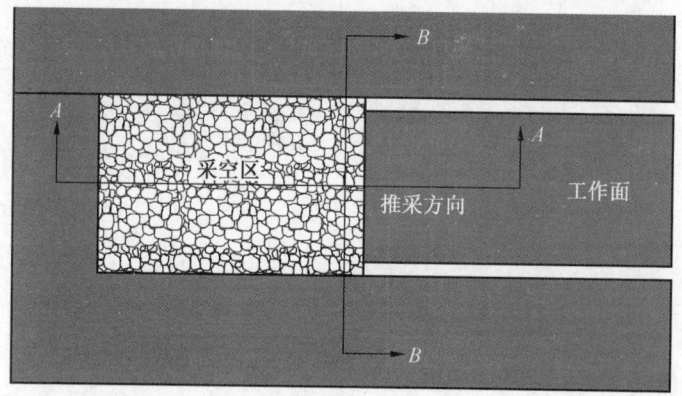

(a) 工作面推进俯视图

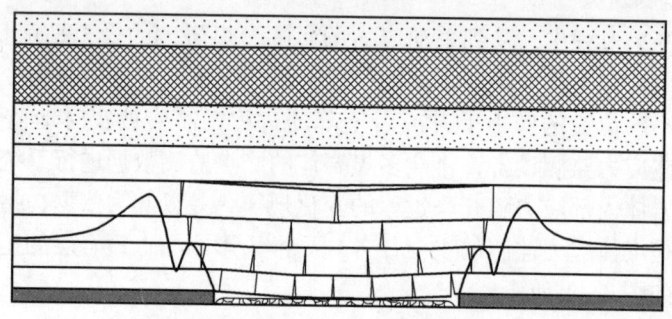

(b) 侧向支承压力及岩层断裂

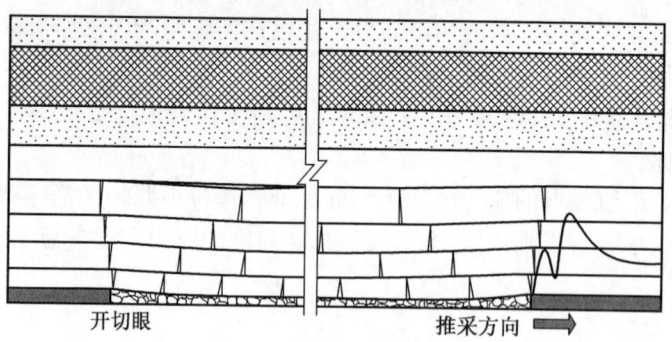

(c) 超前支承压力及岩层断裂

图 3-1 上覆岩层运动状态及超前支承压力分布

标定。

1. 应力值指标

由于煤矿开采地质条件复杂，开采方式多样，导致矿山应力监测的预警指标并不是一个定值，其预警临界值的标定方法有以下两种：①通过本矿井及邻近矿井条件相似区域的预警指标，进行类比标定的类比标定法；②通过钻屑法和当量钻屑法确定预警临界指标的综合标定法。

1）类比标定

类比标定需要综合本矿井及邻近矿井条件相似区域的临界预警值，依据相似地质条件类比判断，给出临界预警指标初值。全国部分冲击地压矿井的临界预警值设定见表3-1。

表3-1 全国部分冲击地压矿井临界预警值（可类比） MPa

矿井名称	浅孔		深孔	
	黄色预警值	红色预警值	黄色预警值	红色预警值
彭庄煤矿	8	10	10	12
梁宝寺煤矿	7.5	8.5	8	10
郓城煤矿	8	10	10	12
陈蛮庄煤矿	7.5	8.5	8	10
新河煤矿	8	10	10	12
新巨龙煤矿	6.5	8	掘进面单点监测	
	8	10	10	12
亭南煤业	8	13	9	15
下沟煤矿	8	10	10	12
水帘洞煤矿	8	10	10	12
雅店煤矿	8	10	10	12
招贤煤矿	8	10	10	12
恒大煤矿	8	10	10	12
红阳三矿	8	10	10	12
富力煤矿	10	12	没深孔	没深孔
峻德煤矿	8	10	10	12
九道岭煤矿	8	10	10	12
集贤煤矿	8	10	10	12
纳林河煤矿	10	12	12	14

表3-1（续） MPa

矿井名称	浅孔		深孔	
	黄色预警值	红色预警值	黄色预警值	红色预警值
营盘壕煤矿	8	10	10	12
石拉乌素煤矿	8	10	10	12
布尔台煤矿	10	13	12	15

在实际操作中，使用类比法设定预警临界值，并进行一段时间监测后，可再依据各个矿井工作面的实际情况，通过统计和矿压分析确定冲击危险性与监测数据的耦合关系，从而修订监测预警临界值。

2）综合标定

（1）钻屑法确定预警临界值。钻屑标定实施方法以山东阳城煤矿1304工作面、3303工作面和3304工作面钻屑统计为例。在1304工作面带式输送机运输巷道进行的钻屑法试验，共获得了12组钻粉量数据，其中1~6号钻孔位于工作面超前100 m范围之内，7~12号钻孔位于工作面超前100 m范围之外；在3304带式输送机运输巷中得到8组钻孔数据；在3303轨道巷中得到3组钻孔。将上述钻孔数据进行统计，钻孔规格为直径42 mm、深度为10 m，其中1304工作面带式输送机运输巷中得到的1~12号钻孔数据见表3-2。3304带式输送机运输巷以及3303轨道巷所得钻屑数据见表3-3中1~11号。

表3-2 1304工作面钻孔钻粉量数据汇总表

钻孔编号	深度/m					
	1	2	3	4	5	6
	钻屑量/kg					
1号	1.7	2.1	2.2	2.1	2.2	2.2
2号	1.8	2.1	2.1	2.2	2.1	2.2
3号	1.8	2.0	2.0	2.2	2.2	2.1
4号	1.8	2.5	2.3	2.8	1.9	2.5
5号	2.0	2.6	2.2	2.5	2.1	2.3
6号	2.0	2.0	2.2	2.4	1.7	3.1
7号	2.2	2.6	1.7	2.4	1.9	2.1
8号	2.8	2.3	3.2	2.1	1.8	2.1
9号	2.2	2.1	2.2	2.2	2.1	2.2

表 3-2（续）

钻孔编号	深度/m					
	1	2	3	4	5	6
	钻屑量/kg					
10 号	1.8	1.9	2.0	2.3	2.2	2.3
11 号	1.4	1.7	1.8	1.7	2.1	2.0
12 号	1.8	1.6	1.6	2.0	1.9	2.5

表 3-3 3303、3304 工作面钻孔钻粉量数据汇总表

钻孔编号	深度/m									
	1	2	3	4	5	6	7	8	9	10
	钻屑量/kg									
1 号	2.3	2.2	2.3	2.0	3.2	2.3	2.4	2.5	煤硬	
2 号	3.0	1.8	2.2	2.0	1.9	2.3	2.1	2.9	3.3	2.0
3 号	2.1	2.8	2.3	2.8	2.6	2.3	2.9	遇矸		
4 号	1.8	1.7	1.5	2.0	2.1	1.7	1.8	2.7	2.2	2.1
5 号	1.7	2.4	2.4	2.6	2.6	2.8	2.9	2.3	2.8	2.4
6 号	1.6	2.0	2.4	2.5	2.4	1.7	2.1	2.6	2.4	2.6
7 号	1.7	1.9	2.2	2.6	2.4	2.3	3.0	2.6	3.0	
8 号	1.3	1.8	1.8	1.4	1.6	1.8	1.4	2.5	2.4	2.6
9 号	3.1	2.4	2.4	1.9	2.0	1.9	2.0	2.6	遇矸	
10 号	3.2	2.2	2.3	2.4	2.5	2.4	2.4	2.0	3.1	2.5
11 号	1.7	1.8	1.9	1.9	2.3	2.5	2.8	遇矸		

对表 3-2、表 3-3 进行钻屑量分析，将两个表中的钻屑量分为四组，即分为 1304 距工作面 100 m 以内、1304 距工作面 100 m 以外、3303、3304 四组钻屑量。

对表 3-2、表 3-3 各组的钻屑量与钻孔深度做出散点图，分析各组数据及趋势的一致性，如图 3-2 所示，可以看出各组数据及其变化趋势的一致性较高。

取四组钻屑量数据的平均值并得到其拟合性线性关系，拟合关系如下：

$$y = 0.0534x + 1.9753 \qquad (3-2)$$

式中　y——钻屑量，单位 kg；

　　　x——孔深，单位 m。

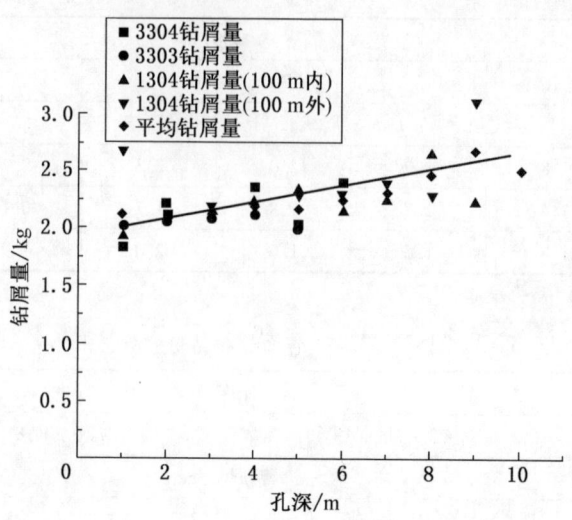

图3-2 各组实测钻屑量与钻孔深度平均值线性关系

阳城煤矿现可采煤层3煤,煤层平均厚度为7 m,属稳定的厚煤层,钻屑量指数取1.5(孔深<9 m)、1.8(孔深∈[9 m,10 m]),并取其每米钻屑量平均值乘以相对应的钻屑量指数就为该米的临界钻屑量,如图3-3所示。

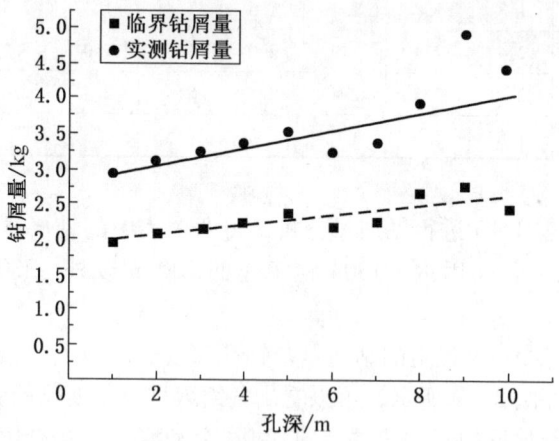

图3-3 临界钻屑量与钻孔深度平均值线性关系

当实测钻屑量大于临界值时,则该处预警冲击地压;当实测钻屑量临近临界值时,考虑钻屑量实际测量过程中存在人为干扰,应补充钻屑量测试钻孔数量,进而研判是否预警冲击地压。

(2) 应力监测系统监测规律。对 1304 工作面在 6 月 3 日—6 月 7 日带式输送机运输巷道和轨道巷道的应力监测数据进行整理,得到如图 3-4 所示的 8 m 浅孔测点和 14 m 深孔测点应力值随时间的变化过程。

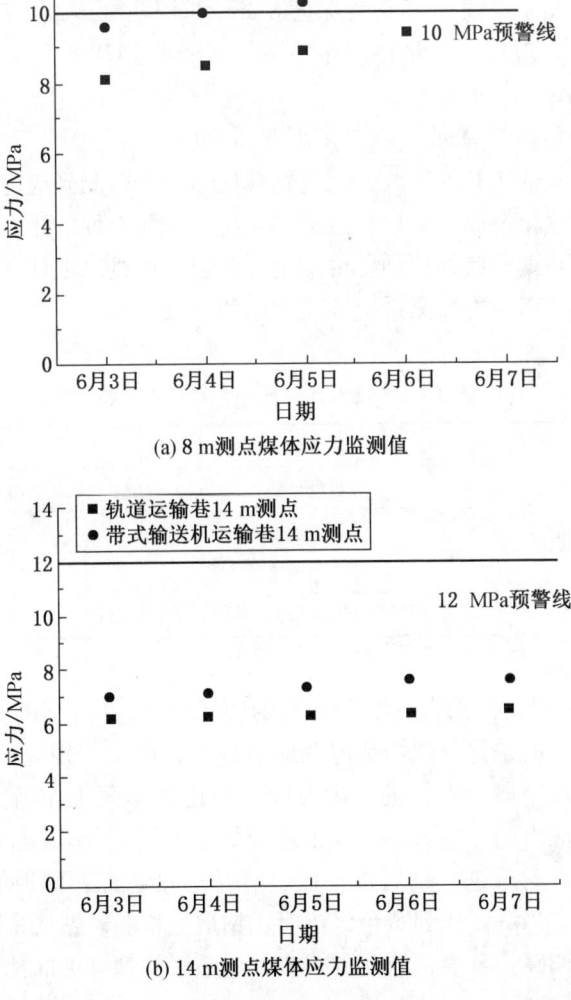

图 3-4　1304 工作面 8 m 浅孔测点和 14 m 深孔测点的应力值随时间的变化过程

对图3-4a中8 m测点的煤体应力值进行分析，可以看出，煤体应力主要分布在8~10 MPa之间，即围绕9 MPa波动。

对图3-4b中14 m测点的煤体应力进行分析，可以看出，煤体应力围绕7 MPa波动，经现场进行钻屑检验，11 m以浅并未出现动力现象，但是距煤壁11~12 m处动力现象较频繁，该位置是支承压力峰值区域。

(3) 预警阈值设定。根据图3-3临界钻屑量、实测钻屑量对比关系，可以得出一个关于钻屑量检验的危险系数 α，取值范围为 $\alpha \in [1.5, 2.0]$；对应力监测数据进行分析，监测的应力值分布在6~10 MPa之间，根据实际检测钻屑量和临界钻屑量之间关系，浅孔（安装深度8 m）与深孔（安装深度14 m）处 α 分别为1.64、1.79，应用"当量钻屑量原理"计算得到浅孔和深孔的临界预警值分别应为9.8 MPa、10.7 MPa。

根据"当量钻屑量原理"和"多因素耦合的冲击地压危险性确定方法"的设计原理，结合其他矿井的经验，通过钻孔应力计所监测到应力的大小，判断某一位置处的压力变化情况，对单个点或多个应力监测点处的压力值与设定阈值进行比较判断，达到黄色或红色预警值即进行预警。通过以上计算、现场测试以及工程类比，阳城煤矿应力监测系统预警初始值见表3-4。

表3-4　应力监测预警系统预警阈值

测点深度	预警级别	预警值
8 m 浅孔	黄色预警	10~13 MPa
	红色预警	>13 MPa
14 m 深孔	黄色预警	12~15 MPa
	红色预警	>15 MPa

(4) 预警临界指标修订。根据表3-4中预警临界指标的标定过程可以看出，预警阈值依据的是部分现场钻屑及应力数据，而由于现场实测数据量有限，预警阈值需要利用钻屑法进行进一步检验和修正（不同工作面需要分别修正），以得到钻屑量与应力的对应关系，修正过程如图3-5所示（当测点处于绿色正常状态时，在测点附近进行钻屑法检验，若钻屑量超标，则说明初始预警值偏高，调低预警值；当测点达到黄色警示时，钻屑法检验若钻屑量不超标，说明初始预警值偏低，调高预警值；依此方式多次调整以找到合理的预警值）。

2. 应力变化率指标

应力变化率指标的使用以济三煤矿16300工作面为例，16300工作面位于十

第三章 煤体应力

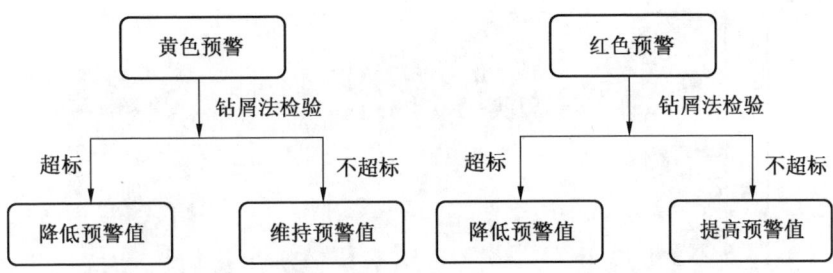

图 3-5 钻屑法对预警阈值的修正

六采区的东部，东以八里铺东断层及 KF76 断层为界，工作面西邻 16302 采空区，南邻 16301 采空区。16300 工作面开采区域平面图如图 3-6 所示。

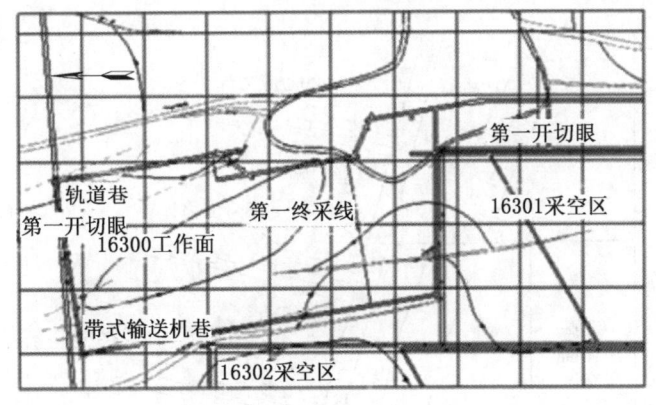

图 3-6 16300 工作面开采区域平面图

在测区范围内共布置 20 组钻孔应力计，从距离开切眼 55 m 处开始，安装第 1 组，每组布置 4 个，孔深分别为 5 m、10 m、15 m 和 20 m，组间距为 20 m，监测范围沿走向的长度为 400 m。钻孔应力计平面布置图如图 3-7 所示。

截至工作面推进到 128 m 时，通过监测数据分析，发现在 16302 开切眼附近的第 8 组、第 9 组、第 10 组应力计随着工作面开采范围的逐步扩大，29 号、33 号、39 号应力计应力变化比较明显，其对应位置如图 3-8 所示。

第 8 组 29 号钻孔应力计从 4 月 9 日至 5 月 16 日的应力实时变化情况如图 3-9a 所示。从图中看出，该区域第 8 组钻孔应力计 5 m 深度处的压力突然升

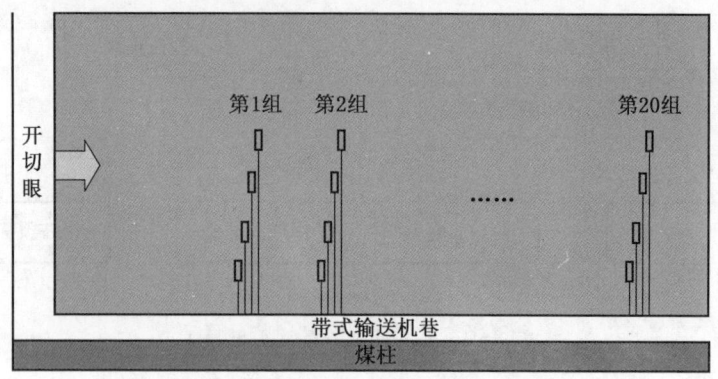

图 3-7 钻孔应力计平面布置图

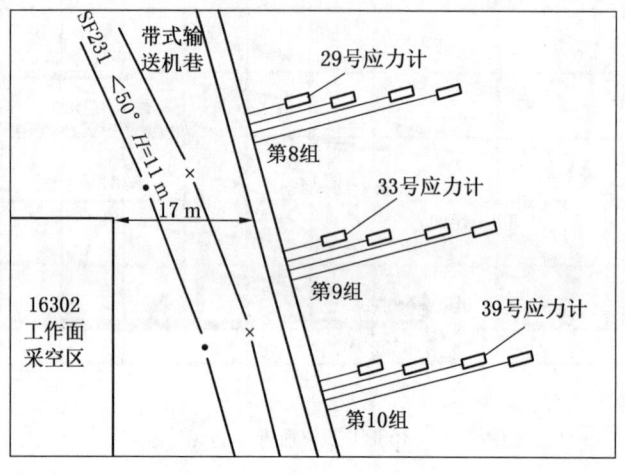

图 3-8 应力异常区域位置图

高,随后下降,4月24日再次上升,然后又逐渐下降,直到5月12日趋于稳定。4月9日该点距工作面煤壁距离约56 m,超前支承压力影响范围大于50 m,并且随着工作面逐步推进,应力值逐渐增加且增速明显,最大增速达2.5 MPa/天,增幅达2倍以上,表明距工作面15~60 m区域应力变化很快。

33号钻孔应力计从4月1日至4月27日的应力实时变化情况如图3-9b所示。监测结果表明,第9组钻孔应力计5 m深度处的压力自4月5日开始出现持续增加,但是增量不大,没有达到预警值,到 4 月 27 日急剧下降,发生冲击灾害的可能性较小。

39 号钻孔应力计从 4 月 1 日至 5 月 4 日的应力实时变化情况如图 3-9c 所示。第 10 组钻孔应力计 15 m 深度处的压力自 4 月 1 日开始持续增加,期间 4 月 13 日至 4 月 15 日、4 月 27 日至 4 月 28 日有小范围波动。从 4 月 28 日开始出现持续增加,最大增幅达 13 MPa,超过了预警值,因此,系统发出黄色预警。

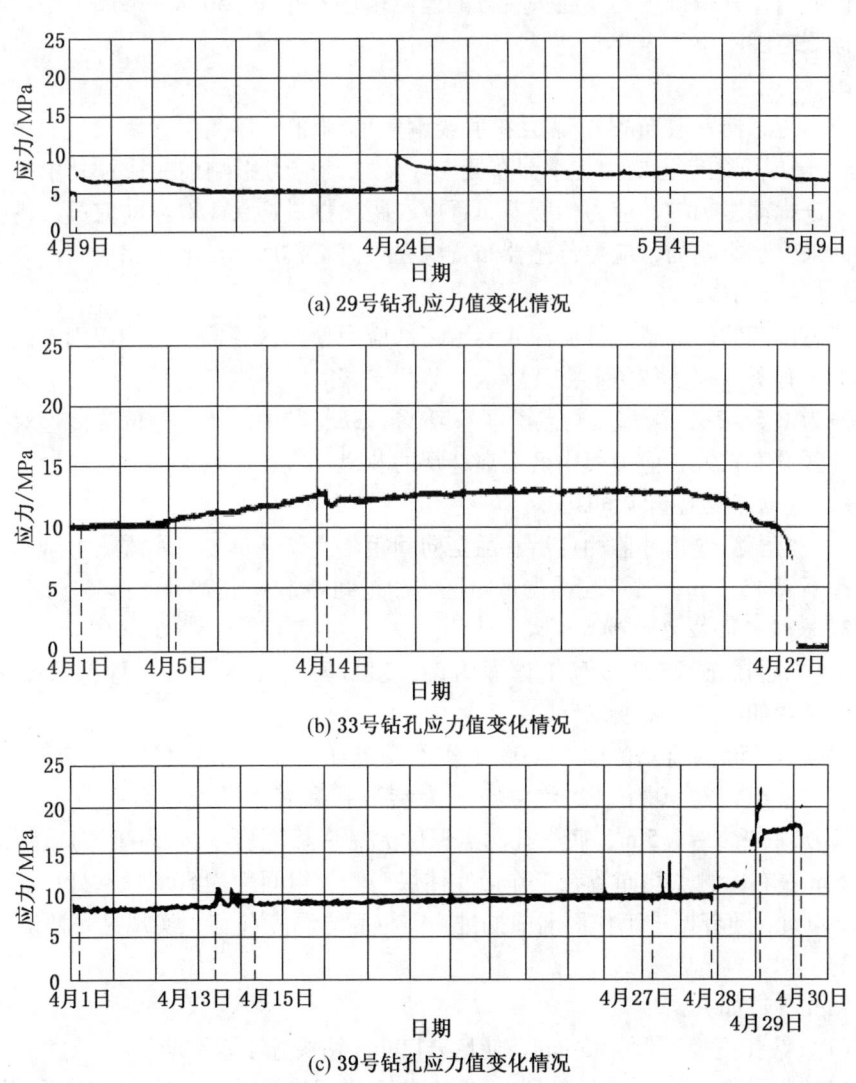

(a) 29 号钻孔应力值变化情况

(b) 33 号钻孔应力值变化情况

(c) 39 号钻孔应力值变化情况

图 3-9　钻孔应力计应力变化情况

(三) 技术要求

1. 常规应力测点布置方式

在国家标准 GB/T 25217.4—2019 中，对煤体应力监测过程测点的布置位置，以及安装的监测设备所负责的监测范围都有明确的规定。

1）监测范围

根据矿山冲击危险性的评价结果，将应力监测设备布置在巷道具有冲击危险性的区域内；其中掘进巷道迎头后方的监测范围不小于 150 m，采煤工作面超前巷道监测范围不小于 300 m。

2）测点的布置位置

应力传感器一般布置在煤层巷道或硐室的帮部，开孔位置距离底板 0.5 ~ 1.5 m。已成型的巷道应力传感器布置应在受采动应力影响前完成；其中，将受巷道掘进扰动影响的，应力传感器布置应在距离掘进迎头 150 m 前完成；将受工作面回采扰动影响的，应力传感器布置应在距离工作面 300 m 前完成。

3）测点布置深度

应力传感器的敏感元件应深入巷道帮部应力集中区，同一监测组内不同监测点深度应有所区别。如图 3-10 所示，监测点深度应不少于两种，浅部监测点深度一般为 $1.5 \sim 3h$，深部监测点深度一般大于 $3h$，其中 h 为巷道的高度。对于巷帮塑性区宽度较大、应力集中区远离巷帮的巷道，应适当增大监测点深度。

4）监测点及监测组间距

同一监测组内相邻监测点沿巷道走向间距不大于 2 m，相邻监测组沿巷道走向间距不大于 30 m，其中强冲击危险区监测组间距不大于 20 m。

2. 底煤钻孔应力计布置方式

以水帘洞煤矿 3803 孤岛工作面为例，3803 孤岛工作面最大埋深约 560 m。工作面位置如图 3-11 所示。

根据 KJ550 的监测范围，3803 工作面掘进期间上巷初步布置 20 个测点，2 个测点为一组，共 10 组。每组测点分为巷帮孔和底板孔，巷帮孔测点深度为 8 m，距离底板 1 ~ 1.5 m；底板孔测点深度为见底板泥岩（约 5 ~ 6 m），距离底板 0.5 m 左右。测点均布置在工作面实体煤一侧，组间距为 50 m，共计可监测区域为 500 m。随着掘进工作面向前掘进，需将后方测点前移，实现循环监测（图 3-12）。

钻孔参数如下：

（1）钻孔直径：42 ~ 45 mm，使用 ϕ42 mm 钻头施工。

（2）钻孔深度：巷帮孔深 8 m，距离巷道煤层底板为 1 ~ 1.5 m，平行煤层。底板孔见底板泥岩，距离巷道煤层底板约 0.5 m。

第三章 煤体应力

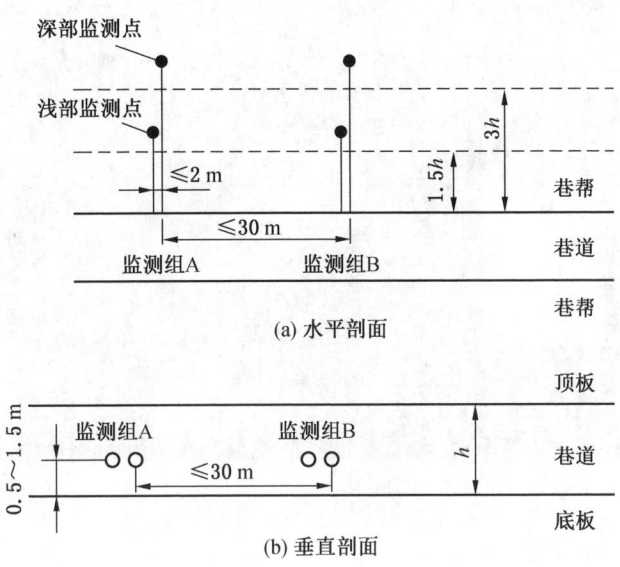

图 3-10 巷道帮部应力传感器布置图

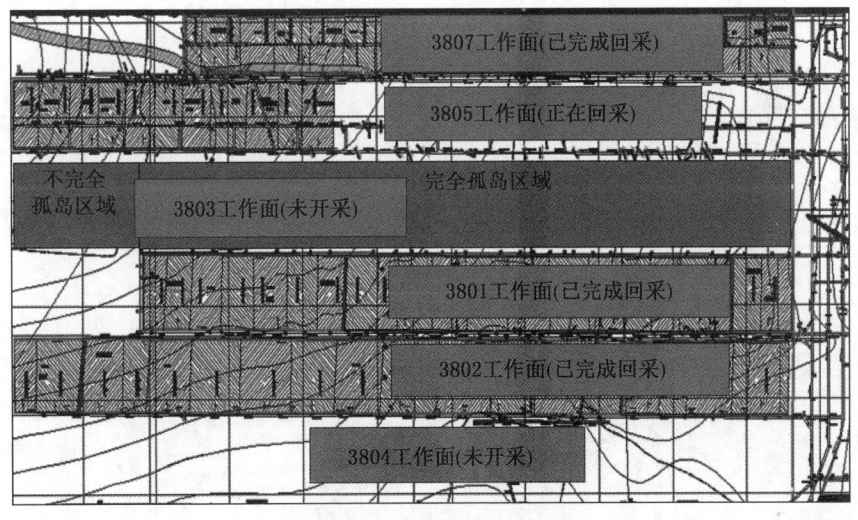

图 3-11 水帘洞 3 采区 3803 工作面位置示意图

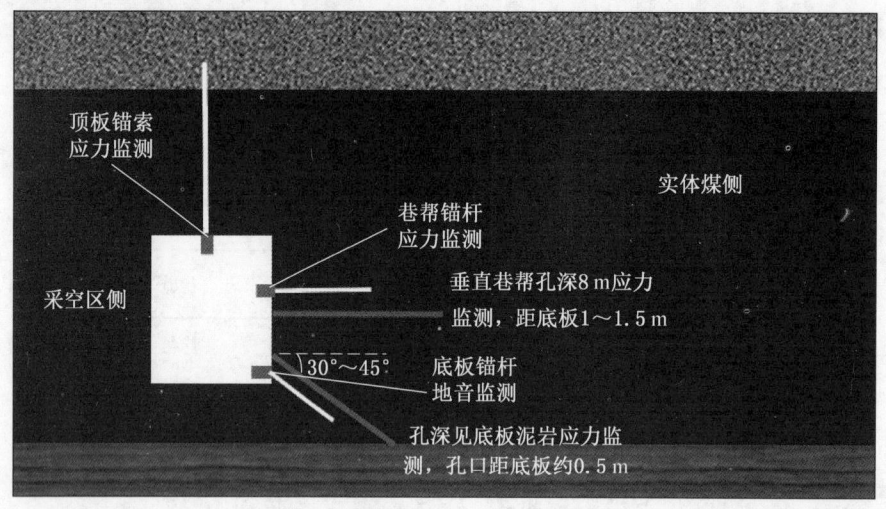

图3-12 底板孔应力监测布置示意图

(3) 钻孔布置间距：组间距为50 m。
(4) 钻孔布置角度：以水平0°角为基准，底板顺时针30°~45°倾斜钻孔。

二、监测设备

(一) 设备构成

1. 钻孔应力计

煤体应力监测设备主要指钻孔应力计与其配套的传感器设备，钻孔应力计的基本外形及部位结构如图3-13所示。它由上至下为上油枕、油囊、下油枕。通

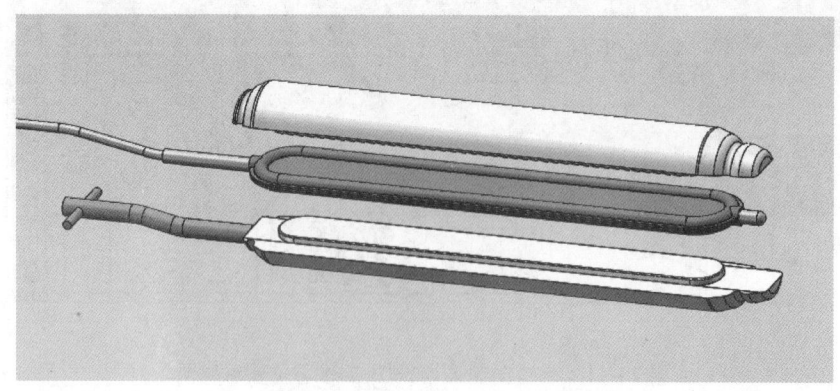

图3-13 钻孔应力计结构示意图

过将上下油枕所承受压力转化为液压枕内部的油压，实现钻孔应力计对测点位置应力变化值的实时监测。

在图 3-13 所示应力计的基础上，针对不同监测体物理力学性质和监测需要，不同材质、直径和形式的钻孔应力计也被相继研发，煤层钻孔应力计分类见表 3-5、钻孔应力计实物如图 3-14 所示。

表 3-5 煤层钻孔应力计分类

钻孔应力计名称	煤体应力强度/MPa	作　用
普通单向钻孔应力计	>15	监测煤体垂直或水平方向受力
普通双头单向钻孔应力计	>15	监测应力变化不敏感煤体垂直或水平方向受力
普通万向钻孔应力计	>15	监测煤体垂直和水平方向综合受力
软煤万向钻孔应力计	≤15	监测软煤或煤体破碎区竖直和水平方向综合受力
普通防腐塑封万向钻孔应力计	>15	长期监测具有腐蚀性煤体竖直和水平方向综合受力
普通双头防腐塑封单向钻孔应立计	>15	长期监测具有腐蚀性和应力变化不敏感煤体竖直或水平方向受力
软煤防腐塑封万向钻孔应立计	≤15	长期监测具有腐蚀性软煤煤体竖直和水平方向综合受力

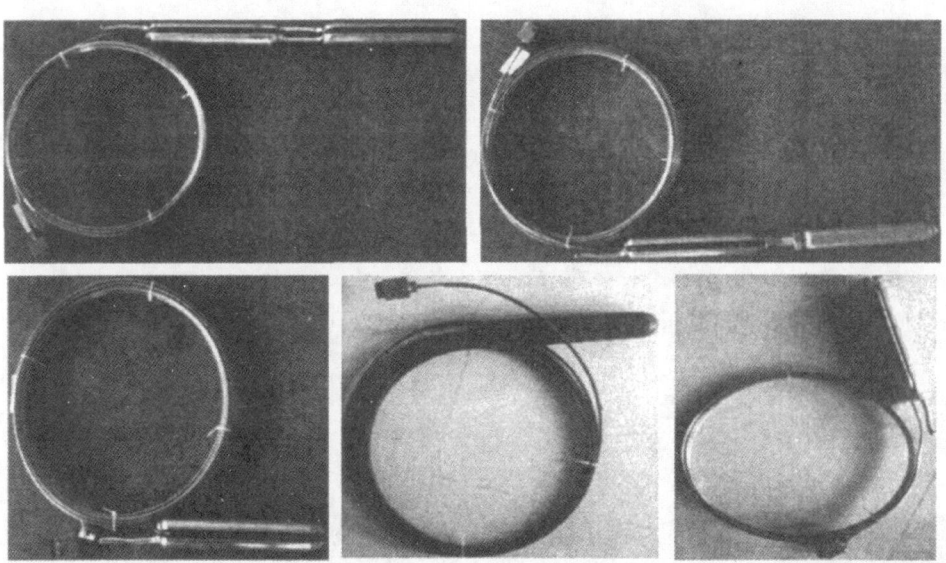

图 3-14　钻孔应力计实物

2. 压力变送器

矿山压力变化经由钻孔应力计的承压部位将压力转化为油囊内部的液压变化，油压再作用于传感器上，传感器将压力数据转化为应力数据，实现对矿山应力变化的实时监测，实物如图 3-15 所示。选用不同的传感器其压力与应力的转化方式各不相同。

图 3-15　压力变送器实物

1）钢弦式传感器

在地下工程测试中，常利用钢弦式应变计或压力盒作为测量元件，其基本原理是由钢弦内应力变化转变为钢弦振动频率的变化，钢弦式传感器钢弦应力与振动频率之间的关系如下：

$$F = \frac{1}{2L}\sqrt{\frac{\sigma}{\rho}} \tag{3-3}$$

式中　F——钢弦振动频率；

　　　L——钢弦长度；

　　　ρ——钢弦材料密度；

　　　σ——钢弦所受张拉应力。

由上式可以看出钢弦传感器的 L 与 ρ 是定值，所以频率 F 只受钢弦所受张拉应力 σ 影响，张拉应力又随外来压力 ρ 变化，所以可以建立钢弦频率与外来压力之间的函数关系如下：

$$F^2 - F_0^2 = KP \tag{3-4}$$

式中　F——压力盒受压后钢弦频率；

　　　F_0——压力盒未受压时钢弦频率；

　　　P——压力盒所受压力；

　　　K——标定系数，与压力盒构造有关。

2）贴片式传感器

贴片式应力传感器是通过电阻应变片测量待测物体上贴片部位的应变，来测量被测压力的大小。使用贴片式应力传感器要保证贴片部位的应力（应变）与被测力保持严格的对应关系，实际上就是保证贴片式应力传感器受力时，待测物体上的贴片部位要按照某一规律分布，且贴片部位的选择主要影响因素是待测物体受力条件的变化。贴片式传感器使用过程如图 3-16 所示。

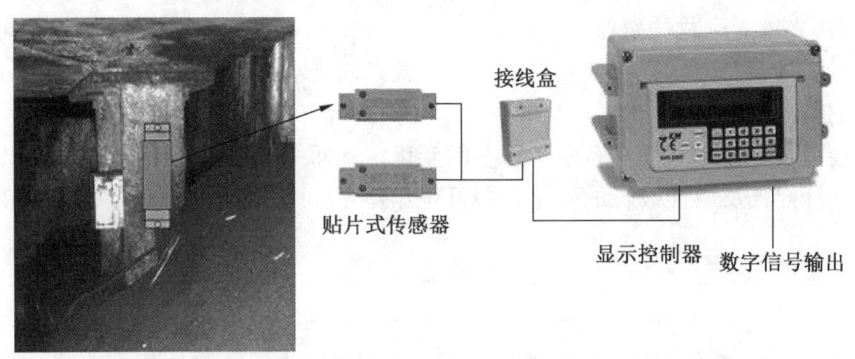

图 3-16　贴片式传感器使用过程

由于贴片式传感器受待测体受力条件变化的影响，所以贴片部位的选择应和待测体受力规律保持对应关系，由此减少由待测体应力变化而产生的测量误差。

3）溅射式传感器

溅射式传感器由不锈钢基座、压力敏感芯片、A/D 转换电路、放大电路、电连接器等五大部分组成。溅射式压力传感器的工作原理为：将压力转化为应变。利用离子束溅射技术在弹性膜片上分别淀积多层薄膜，采用干法刻蚀技术将 NiCr 膜刻蚀成电阻桥。当压力 P_1（P_2 为大气或真空）作用在弹性膜片上使膜片产生变形，电阻产生相应的变化，电桥输出与压力成比例的电信号。溅射式传感器使用原理如图 3-17 所示。

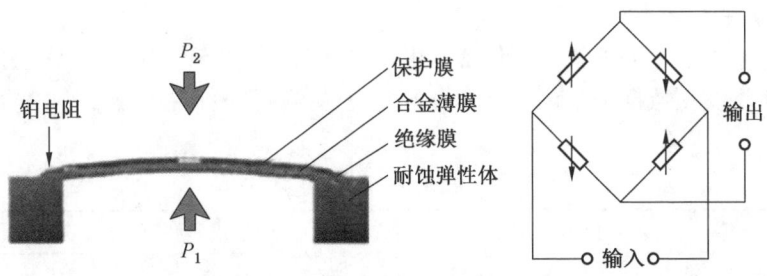

图 3-17　溅射式传感器使用原理

溅射式压力传感器最突出的特点是受温度影响小，在温度变化100℃时，零点漂移仅为0.5%，其温度性能远远高于其他类型的压力传感器。溅射式传感器收集数据精度高，且溅射工艺使电桥与膜片之间不存在任何胶粘剂，稳定性突出。

4）光纤光栅式传感器

光纤材料是应用光折变效应，用紫外激光向光纤纤芯内由侧面写入，形成折射率周期变化的光栅结构，当光纤光栅受到外界环境温度 T 或应变 ε 发生变化时，会引起光栅的周期和有效折射率的变化，从而引起反射光波长的偏移。因此监测光纤光栅反射光波长的变化，即可获知外界温度或应变信息（图3-18）。

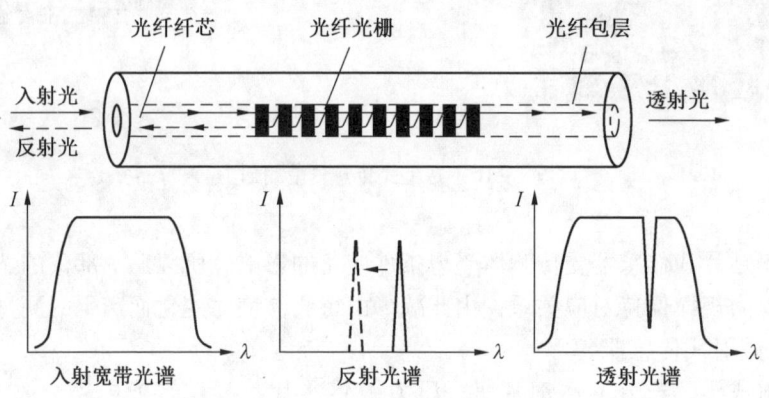

图3-18　光纤光栅传感的基本原理

光纤光栅式传感器能够克服传统电磁类传感器的应用局限性，具有本质安全防爆、耐腐蚀、防电磁干扰能力强、传输距离远、易实现压力的多点分布式测量和长期在线监测的优点。

（二）关键参数

煤体应力监测的相关设备包括矿用本安型钻孔应力计、矿用本安型压力变送器、矿用本安型数据采集仪。上述设备的关键参数见表3-6。

表3-6　煤层钻孔应力计分类

设　　备	型　号	具　体　参　数
矿用本安型钻孔应力计	YHY30（A）	1. 压力范围：0~30 MPa 2. 直径：38 mm 3. 监测方向：竖直或水平，可指定万向应力计 4. 油管长度：标准浅孔9 m，深孔15 m，其他长度可定制

表3-6（续）

设　备	型　号	具 体 参 数
矿用本安型压力变送器	GPD60(A)	1. 供电电压：3.6 V 2. 测量范围：0～30 MPa 3. 基本误差：≤0.5% FS（测量值上限误差） 4. 输出信号制式：电压信号：0.1～2.1 V 5. 外形尺寸：130 mm×ϕ33 mm
矿用本安型数据采集仪	YHC24(A)	1. 供电电压：24 V 2. 最大传输距离：≤3.5 km（CAN总线） 3. 通道数：2 4. 预警级别：红、黄、绿 5. 传输速率：10 K 6. 外形尺寸（mm×mm×mm）：153.5×136×68.9

三、技术应用

（一）安装维护技术

完成测点的布置位置选择后，需要对相应测点进行钻孔应力计安装工作。首先施工按照压力枕组件所要求的直径钻孔，钻孔深度应满足测量要求，清除孔内的碎渣，保持钻孔内部畅通。在钻孔时应注意，尽量钻直，避免蛇形孔，以使得安装能够顺利进行。

1. 安装前的准备工作

首先检查每台待安装的采集仪设备是否能正常工作，检查钻孔应力计相关安装配件完整。

2. 安装钻孔应力计

钻孔应力计是油囊与其两面的包裹体组成的组合体，把最前一节安装杆的插孔插入油囊下部油枕的定位销上，用手将安装杆和油管一起握住，把钻孔应力计连同油管慢慢送入孔中，边送边将盘卷着的油管伸直，安装杆逐节加长，节间用螺钉连接，钻孔应力计的安装方向和深度由安装杆上的标志和节数（每节1 m）标出。当安装方向和深度达到预划定要求时，保持安装杆和油管的位置不动，直至施加初始设定压力结束。其结构示意图如图3-19所示。

3. 施加初始压力

首先把注油管的快插接头插入手动泵的弯头内，插上"U"形卡，按动手动泵注油，直至把手动泵和注油管内的空气排出，并溢出油液（未排净空气会影

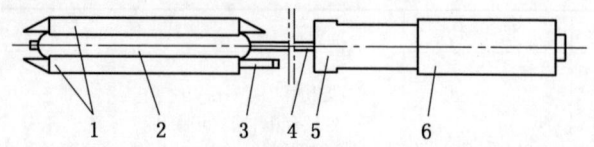

1—油枕；2—油囊；3—定位销；4—油管；5—四通阀；6—压力变送器

图 3-19 压力传感器结构示意图

响应力计的应力监测效果），将注油管缩紧到注油嘴上，松开密封栓，便可以通过油管向孔内的油囊注油，注油过程中，要慢慢按动手动泵，直到油囊膨胀。当油囊和油枕被挤压在钻孔中，并且压力表的读数稳定在设定的初始压力值时，保持 3 min 后，把密封栓拧紧（在整个注油的过程中，需注意避免空气进入应力计的油路中）。然后手动油泵卸载，注油管暂时不要从注油嘴上拧下，观察压力表的读数是否基本稳定。如发现压力下降明显，说明设定压力稳定的时间不够充分，或密封栓不够紧所导致。需要松开密封栓重新打压，重复第一次预压操作过程。当设定的压力稳定后，再拧紧密封栓，方可卸载手动泵和注油管，最后把注油嘴上的圆帽再拧紧。注油结束后，拔出安装杆，结束安装操作。注油时应力计完整结构示意图如图 3-20 所示。

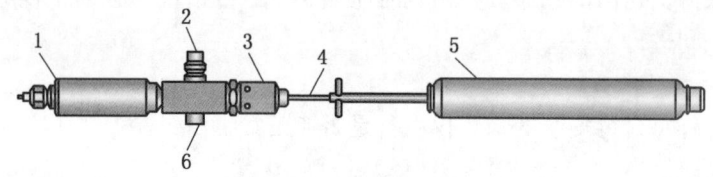

1—压力变送器；2—注油嘴；3—快插接头；4—油管；5—应力计；6—密封栓

图 3-20 注油时应力计完整结构示意图

一般情况下，如果被测的煤岩体的弹性模量较大，设定压力值应适当大一些，压力的稳定时间也要适当增长。

4. 初撑力设置

钻孔应力计作为矿山应力监测最为普遍的监测设备之一，其在安装过程中需要满足应力计膨胀要求，即膨胀体积要与钻孔孔壁围成面积相适应（应力计油枕外壁与钻孔孔壁贴紧）。为了保证应力计在一个特定范围的初始压力下能适应所有的钻孔尺寸，通过对应力计进行无约束的打压试验，得到应力计的膨胀尺寸极限值和极限膨胀尺寸对应的应力计应力值,应力计极限膨胀尺寸应大于钻孔尺寸,所以应力计只要达到极限膨胀尺寸应力值,就能满足初撑要求。

对应力计进行无约束逐级加载,记录每级加载时应力计的膨胀量(上下表面),实验曲线如图3-21所示,通过对5个应力计进行无约束的膨胀打压试验可以看出,油囊压力为2.5 MPa时,应力计上下外径超过50 mm,油囊压力超过5 MPa时,应力计膨胀至最大值约60 mm,而后随着应力的进一步上升,油囊外形基本维持稳定。

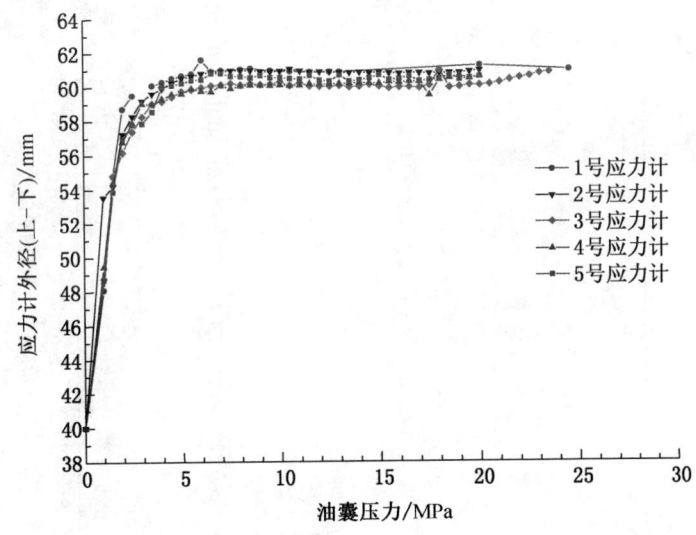

图3-21 应力计加压膨胀曲线

在现场施工过程中多采用φ42 mm麻花钻头开孔,开孔后由于孔径离散性较大,通常在φ44~φ54 mm之间,根据图3-21所示,油囊压力超过5 MPa时能够保证应力计充分膨胀,匹配各种可能的成孔孔径,所以初始压力值设置在5~6 MPa区间为宜。

(二) 数据处理技术

煤体应力监测系统会收集矿井生产过程中的应力监测数据,并在云平台内生成监控数据画面。通过在应力监测云平台上设定相应的工作面走向、倾向、倾角等参数,可以得到实时监测工作面,在此基础上对照现场实际测点布置坐标,进行云平台上的监测工作面应力测点布置,实际布置效果如图3-22所示。

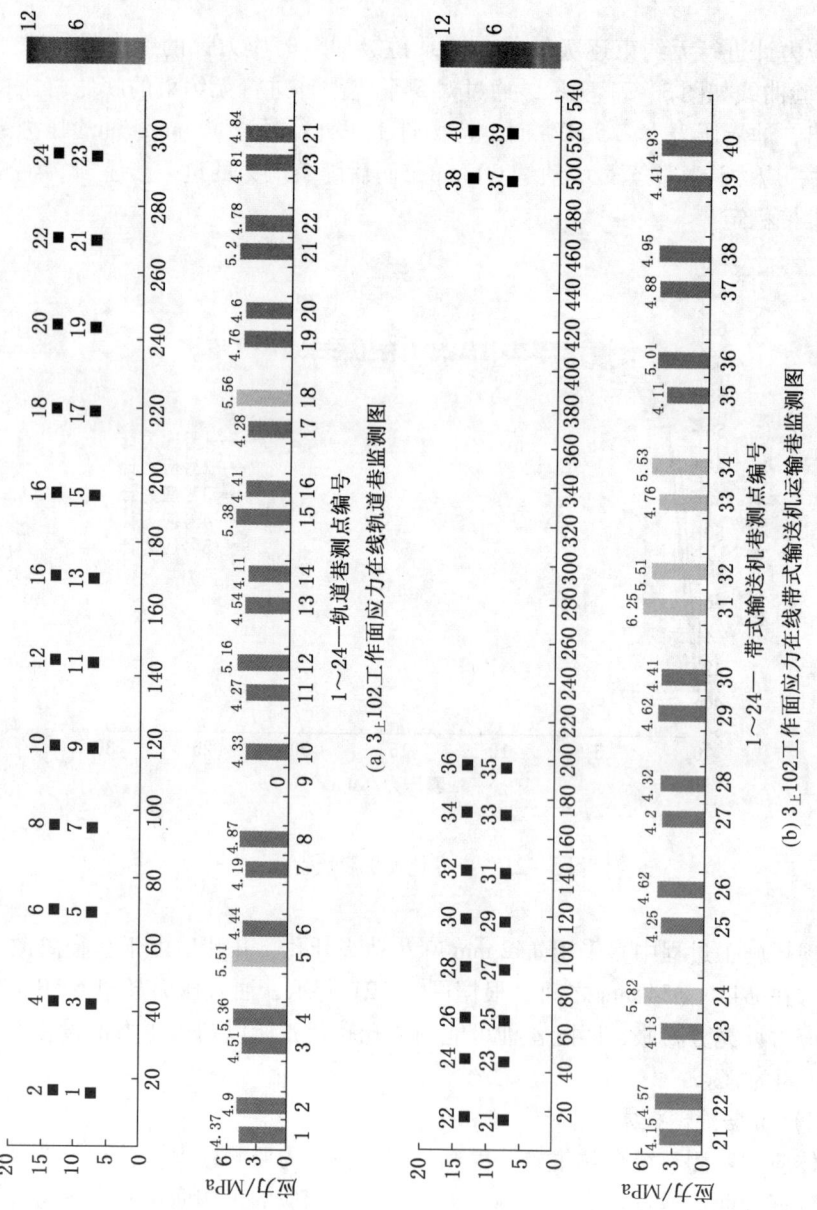

图 3-22 云平台测点数据监测

应力监测过程中,各个测点的应力值可在图 3-22 所示中的测点坐标系中实时调取,调取后可对应力值随时间变化的过程进行查看,需要查看不同时间区段的测点应力值时,调整云平台上的时间设置,即可切换对应时间段内的测点应力曲线。具体过程如图 3-23 所示。

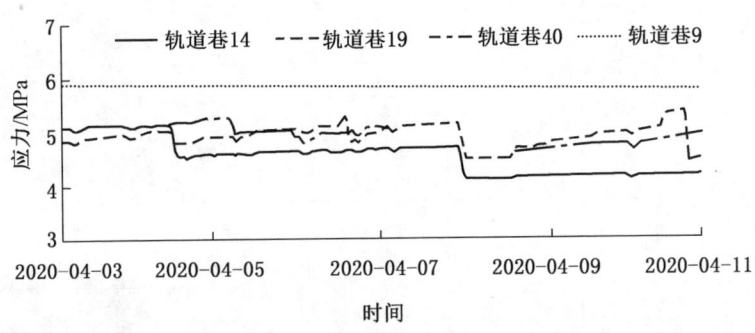

(a) 云平台内调出不同测点应力值变化过程

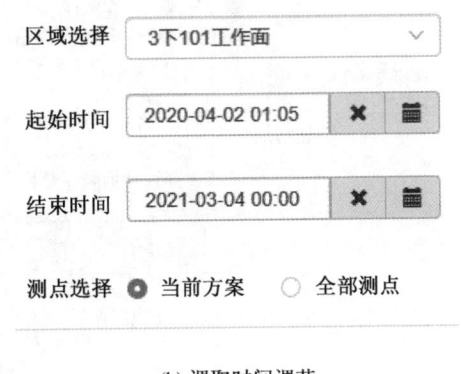

(b) 调取时间调节

图 3-23 云平台应力监测数据记录及查询过程

根据云平台上统计的每日应力监测数据,可以生成相应的日报表,用于分析监测区域应力变化与工作面采掘关系,进而判识应力监测的曲线是否正常以及是否出现预警。日报表云平台导出格式见表 3-7,如图 3-24 所示。根据日报表所示内容,可对每日应力监测的异常点进行分析,为解决突发性的应力变化进行指导。

表3-7 煤矿3下工作面冲击地压监测系统日报表（2020-04-08）

制作单位	汇报人	防冲办主任	防冲副总	总工程师	矿长

工作面参数

剩余长度/m	126.5	实测斜长度/m	166	平均采高/m	3.1

工作面推进度

本日进尺/m	轨道巷	0	带式输送机运输巷	0	平均	0
本月累计进尺/m	轨道巷	540.5	带式输送机运输巷	0	平均	-270.25
总进尺/m	轨道巷	0	带式输送机运输巷	422.8	平均	0

系统预报冲击地压准则

1. 不发生冲击地压准则 A：全绿色——所有测点均小于预警值 B：一组黄色＋过程判断——三天内无明显增加 C：一组红色＋过程判断——一天内无明显增加	2. 发生冲击地压 A：两组及以上红色预警——停产、卸压 B：两组及以上黄色预警＋钻屑量超限或动压明显——停产、卸压 C：一组红色预警＋过程判断——一天内明显增加且钻屑量超限或动压明显，局部冲击；变化小或下降，钻屑量不超限，不发生冲击

监测数据统计信息

巷道	测点编号	距工作面距离/m	孔深/m	初始压力/MPa	应力最大值/MPa	最大值时刻	昨日应力值/MPa	总变化量/MPa	日增量/MPa	预警状态
轨道巷	37	498	8	4	4.63	4月9日03:43:32	6.21	0.63	-1.58	绿色
	38	499	14	4	4.73	4月9日01:42:18	4.72	0.73	0.01	绿色
	39	522	8	4	5.16	4月8日22:59:59	5.33	1.16	-0.17	绿色
	40	523	14	4	5.18	4月8日16:28:13	5.13	1.18	0.05	绿色
带式输送机运输巷	1	510	8	4	4.94	4月8日20:30:41	6.15	0.94	-1.21	绿色
	2	511	14	4	5.25	4月9日02:53:26	5.84	1.25	-0.59	绿色
	3	535	8	4	4.92	4月8日15:21:05	5.26	0.92	-0.34	绿色
	4	536	14	4	4.96	4月8日11:31:38	5.61	0.96	-0.65	绿色

表3-7(续)

巷道	测点编号	距工作面距离/m	孔深/m	初始压力/MPa	应力最大值/MPa	最大值时刻	昨日应力值/MPa	总变化量/MPa	日增量/MPa	预警状态
3下103轨道巷	1	17	14	4	5.13	4月8日11:01:34	5.13	1.13	0	绿色
	2	18	8	4	5.3	4月9日00:55:12	5.33	1.3	-0.03	绿色
	3	41	14	4	5.71	4月8日14:31:59	5.77	1.71	-0.06	绿色
	4	42	8	4	4.69	4月8日11:47:39	5.16	0.69	-0.47	绿色
	5	81	14	4	5.21	4月8日14:28:59	5.23	1.21	-0.02	绿色
	6	82	8	4	4.62	4月8日21:16:47	4.62	0.62	0	绿色
	7	108	14	4	4.91	4月8日08:13:01	5	0.91	-0.09	绿色
	8	109	8	4	4.55	4月9日04:09:35	4.52	0.55	0.03	绿色
	9	133	14	4	5.87	4月8日23:37:03	5.89	1.87	-0.02	绿色
	10	134	8	4	4.84	4月9日03:26:30	4.81	0.84	0.03	绿色
	11	158	14	4	5.21	4月8日21:34:49	5.2	1.21	0.01	绿色
	12	159	8	4	5.46	4月8日11:55:40	5.4	1.46	0.06	绿色
	13	178	14	4	5.04	4月9日00:25:09	5.04	1.04	0	绿色
	14	179	8	4	4.55	4月8日06:35:49	4.62	0.55	-0.07	绿色
	15	200	14	4	4.36	4月8日21:24:48	4.41	0.36	-0.05	绿色
	16	201	8	4	4.55	4月8日06:35:49	6.42	0.55	-1.87	绿色

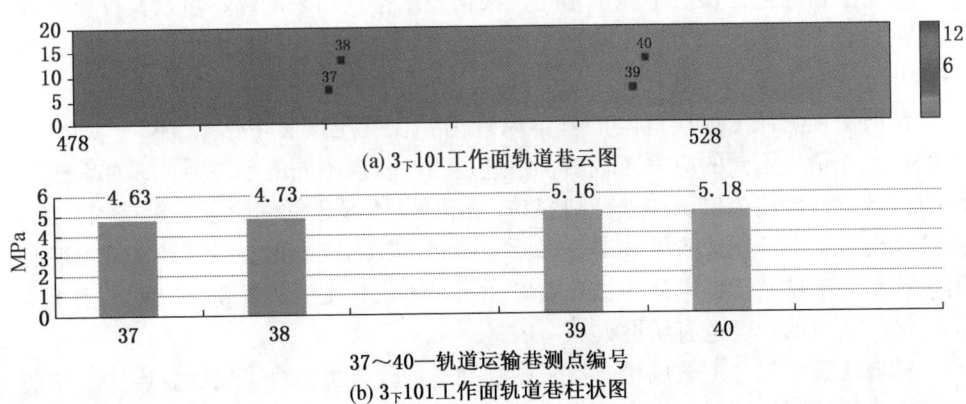

(a) 3下101工作面轨道巷云图

37~40—轨道运输巷测点编号

(b) 3下101工作面轨道巷柱状图

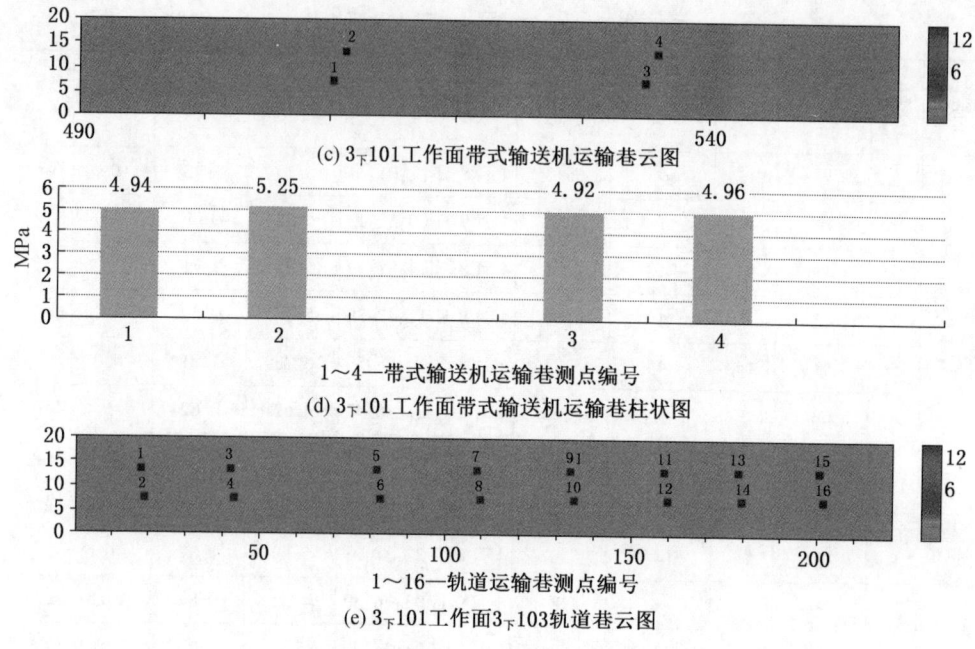

图 3-24 云平台应力监测日报表导出格式

第二节 钻屑法监测技术

一、监测原理

钻屑法是通过在煤层中施工钻孔,根据每米排放出来的煤粉量及其变化规律和钻进过程中有关的动力现象鉴别冲击危险的一种方法。经过大量的现场实践证明,此方法简单实用,直观性强,已是我国冲击灾害最基本的一种监测手段。

钻屑法预测冲击地压危险的基本原理为:在受压煤层中钻入 $\phi 42 \sim \phi 50$ mm 的钻孔,在钻入不同的应力区域内,钻进过程会呈现不同的动态特征,如钻进高应力区域时,可能会出现钻进特别容易,孔壁煤体部分也可能会突然挤入孔内,并且伴随振动、声响或者微冲击等现象,同时钻具的推进也会出现异常,可能会出现顶钻、卡钻甚至钻卡死等钻孔效应,同时单位长度上的煤粉排出量大于正常排粉量,钻屑的粒度也有所增大。

钻屑法不仅包含测试煤粉质量来预测冲击危险,也包含了钻屑温度法。钻屑温度法是通过测量钻屑温度来计算该处的应力值,作为确定冲击危险指标的依据之一，可克服传统钻屑法的不足。钻屑温度是指以恒定的速度推进单位长度钻孔时，测试温度的变化值（即钻孔前的初始温度与钻孔时测试温度的差值），钻屑温度包括 3 项测试指标，即钻头温度 T_t、钻孔温度 T_p 和煤屑温度 T_s。

钻屑法的本质是通过钻屑量建立与煤体应力之间的关联，通过称重钻屑或测量钻屑温度来量化监测区域的冲击地压危险。现场实际运用表明，在不同冲击地压危险区域实施钻屑法时，钻屑量有很大的差异，这与煤体应力相关，因此为建立钻屑量与煤体应力之间的定量关系，均假设钻屑前煤体为均质各向同性的弹性体，视为具有圆孔的无限大平面应变问题来进行处理，并采用摩尔－库仑准则，将其视为静水压力状态的轴对称问题。20 世纪 60 年代，国外专家学者考虑钻孔周围出现的非弹性变形区发生松胀变形，引入了松散系数。根据塑性区体积不变条件求出钻孔内壁径向位移，由于弹性变形产生的位移相对较小，可忽略不计，从而得出钻屑量，最后得到总钻屑量与煤体应力的关系式。该方法依据弹塑性理论，未再进行任何假设，理论上较为严密，但并未考虑到扩容的影响，因此需要考虑煤在强度极限后的软化性质（即强度随应变增加而降低的性质）。

考虑煤的应变软化方程：

$$\sigma = E\varepsilon \quad (\varepsilon < \varepsilon_c) \tag{3-5}$$

$$\sigma = \sigma_c \left(\frac{\varepsilon}{\varepsilon_c}\right)^m \quad (\varepsilon > \varepsilon_c) \tag{3-6}$$

式中 σ_c、ε_c——煤的单轴抗压强度和相应的应变；

σ、ε——非弹性变形区的应力和应变。

仍然采用摩尔－库仑准则为屈服条件进行弹塑性分析，其平衡方程为

$$\frac{d\sigma_r}{dr} + \frac{\sigma_r - \sigma_\theta}{r} = 0 \tag{3-7}$$

屈服条件为

$$\sigma_\theta = q\sigma_r + \sigma_c \tag{3-8}$$

式中 σ_r、σ_θ——径向应力和切向应力；

q——系数，$q = \dfrac{1 + \sin\varphi}{1 - \sin\varphi}$；

φ——摩擦角。

当 $r = a$ 时，$\sigma_r = 0$；在 $r = R$ 时，即在弹性区和非弹性区交界处应力应该连续，并且以此作为边界条件，得出考虑应变软化的非弹性区半径 R 的解析式为

$$R = a\left\{1 + \frac{(2m + q - 1)(2p - \sigma_c)}{\sigma_c^{1-m}[\sigma_c + (q-1)p]^m (q+1)}\right\}^{\frac{1}{2m+q-1}} \tag{3-9}$$

式中 m——塑性介质系数。

塑性介质系数 m 值反映煤岩层屈服后的硬化和软化程度。m 值应当实验室测试，利用反求参数的方法获得，一般在 0.4～1 之间。m 值越小，表明煤体的不稳定程度越大。煤岩体力学性质与金属材料存在差别，差别在于煤岩体应力达到极限强度后呈现应变软化性质。具有冲击倾向的煤层的应变软化更加明显。当处于理想塑性时 $m=0$，呈应变硬化时 $m \geqslant 0$；呈应变软化时 $m \leqslant 0$。

式（3-9）中 $m=0$ 时，公式转化为卡斯特那公式，钻孔的非弹性区和弹性区交界处的径向位移 U_R 为

$$U_R = \frac{1+v}{2E} R \left[\sigma_C + \frac{q-1}{q+1}(2p - \sigma_c) \right] \quad (3-10)$$

式中　E——煤的弹性系数；
　　　v——泊松比；
　　　p——钻孔前煤体应力；
　　　R——钻孔半径。

采用平均扩容系数 n 进行扩容效应的计算比较简便，按照煤体质量不变的条件，可求得扩容在内的孔内壁唯一 U_a 为

$$U_a = \frac{R}{a} U_R + \frac{n-1}{2a}(R^2 - a^2) \quad (3-11)$$

式中第二项为考虑扩容而产生的影响，建议取 n 值为 1.1～1.2。从而考虑应变软化的扩容影响的钻屑量 G 与煤体应力 P 之间的关系式为

$$G = \gamma(\pi a^2 + 2\pi R U_a) \quad (3-12)$$

式中　γ——煤的视密度；
　　　a——成孔后孔半径。

由于弹性变形相对于非弹性变形小得多，可以忽略不计。仅考虑非弹性变形产生的附加钻屑量，以建立煤体应力与钻屑量之间的函数关系。应用式（3-12）时，应按照钻孔的深度，根据煤在刚性试验机上的实验结果，取相应的弹性系数和泊松比。应当注意，式中 a 为成孔后的孔半径，而不是钻头的半径。

工作面煤壁在采动影响下，将依次出现残余强度区、非弹性变形区及弹性变形区，各区中煤的弹性系数及泊松比是不相同的。因而在应用式（3-12）计算钻屑量或根据钻屑量计算煤体应力时，应按钻孔的不同区段，根据煤在刚性试验机上试验结果取相应的 E 和 μ 值。应力与钻屑量之间的关系如图 3-25 所示。

通过上述的钻屑量与煤体应力之间的函数关系可以看出，钻屑量与煤体应力以及成孔直径呈现正相关关系，清楚地表达了钻屑法监测/检测的作用原理。

目前，钻屑法监测技术已经在全国冲击地压矿井广泛应用，成为煤矿冲击地压监测的最有效方法之一。以下对国家相关法规、冲击地压与钻屑量内在关联，

以及钻屑法优缺点等分别做了介绍。

1. 法规规定

国家煤矿安监局印发的《防治煤矿冲击地压细则》第四十八条规定：采用钻屑法进行局部监测时，钻孔参数应当根据实际条件确定。记录每米钻进时的煤粉量，达到或超过临界指标时，判定为有冲击地压危险；记录钻进时的动力效应，如声响、卡钻、吸钻、钻孔冲击等现象，作为判断冲击地压危险的参考指标。

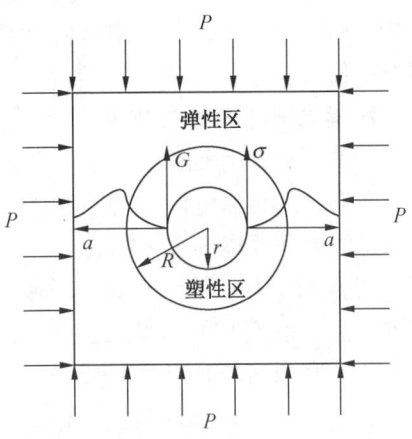

图 3-25　应力与钻屑量之间关系图

2. 冲击地压与钻屑量内在关联

在冲击地压与钻屑量关联层面上，煤的冲击倾向性和支承压力带是预测冲击地压危险性的主要依据。煤的冲击倾向性是煤的固有属性，可以通过实验来确定。支承压力带指的是监测工作面和临近工作面回采所引起的支承压力影响范围。如果支承压力指数达到临界值，且煤层又具有冲击倾向性，则冲击地压就可能发生。相同性质下的煤体在应力条件不同时，所排除的煤粉量也不同，因此可以通过施工钻屑法监测煤粉量变化找出其变化规律，以来表征支承压力带峰值大小和位置，因此能够较为准确地监测冲击地压发生的可能性。钻屑温度法是在钻孔时测试钻孔钻屑温度，通过温度变化找出其变化规律，从而得到工作面前方煤体应力变化规律和分布规律，进而判断工作面的冲击危险程度。

3. 钻屑法优缺点

钻屑法监测技术操作方便、直接，便于现场施工工人掌握。但是，钻屑法监测不能仅采用一个钻孔的数据去确定危险区域；钻屑钻孔要随着采掘施工动态变化，钻孔施工量大且不能够完全覆盖冲击危险区域；不能实现冲击危险性的实时在线监测，存在监测盲区；钻屑温度法也存在温度测量不准确等问题。

二、常规监测方法

（一）技术要求

应用钻屑法预测/监测冲击地压危险的关键在于确定冲击危险性指标（包括煤的冲击倾向性指标）。对此提出一般条件下应用钻屑法的步骤和方法。

一是在实验室进行煤样刚性试验，测定煤的力学参数和冲击倾向性指标。

二是利用理论公式计算可能发生冲击危险的最大钻屑量指标。

三是进行井下现场试验,测定最大钻屑量并和实际发生的冲击现象进行对比分析,验证最大冲击危险钻屑量峰值和钻进过程中的动力现象,同时圈定最大钻屑量峰值(支承压力峰道)位置。

1. 试验位置及钻孔布置

(1) 采煤工作面钻孔布置。采煤工作面煤壁仅在发生过冲击地压或者现场分析具有冲击地压危险时进行监测,钻孔间距为 10~50 m,钻孔个数不少于 3 个,监测时间间隔为 1~3 天。

(2) 回采巷道钻孔布置。回采巷道两帮监测区域应覆盖超前采动应力影响范围,且不小于 100 m,钻孔间距为 10~30 m,两帮每次钻孔监测个数应各不少于 3 个,监测间隔时间为 1~3 天。

(3) 掘进工作面迎头钻孔布置。掘进工作面迎头应保证每 10~20 m² 布置一个钻孔,钻孔个数不少于 2 个,监测频率始终满足掘进工作面迎头具有不少于 5 m 的超前监测距离。

(4) 掘进工作面两帮钻孔布置。掘进工作面后方 60 m 范围内的两帮钻孔每次监测个数应不少于 3 个,钻孔间距为 10~30 m,监测时间间隔为 1~3 天,钻孔布置如图 3-26 所示。

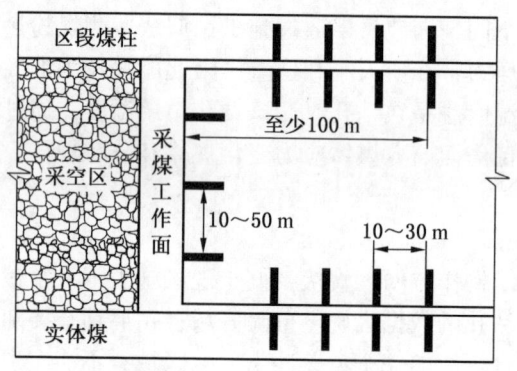

(a) 采煤工作面和回采巷道

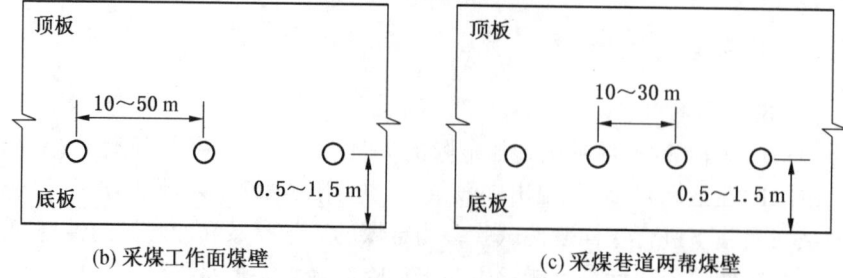

(b) 采煤工作面煤壁　　　　　　　(c) 采煤巷道两帮煤壁

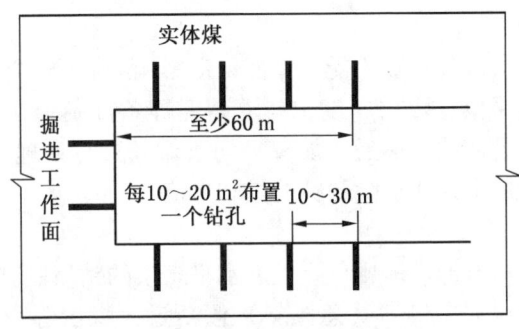

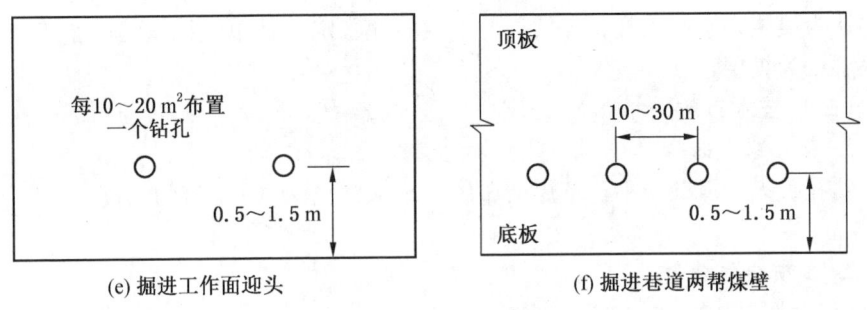

图 3-26 钻孔布置示意图

(5) 布置参数取值原则。钻孔间距与时间间隔按照所测地区预先评定的冲击地压危险等级和地质条件适当调整,对强冲击危险区,可取推荐的下限值,即采煤工作面煤壁和回采巷道两帮钻孔间距为 10 m,监测间隔为 1 天,掘进工作面每 10 m² 布置一个钻孔,掘进巷道两帮钻孔间距为 10 m,监测间隔为 1 天;对弱冲击地压危险区,可取推荐的上限值,即采煤工作面煤壁和回采巷道两帮钻孔间距分别为 50 m 和 30 m,监测间隔均为 3 天,掘进工作面迎头每 20 m² 布置一个钻孔,掘进巷道两帮间距为 30 m,监测间隔为 3 天。在地质构造变化带及其他应力异常区,应适当减小孔距、缩短监测间隔时间。

2. 检测内容

主要检测每米钻孔的钻屑量(单位为 kg),或测量煤粉的体积,通常采用定量容器。采用专用表格记录打孔地点、时间、钻屑排出量,以及打孔过程中出现的钻杆跳动、卡钻、吸钻、劈裂声和微冲击等动力现象。

3. 施工方法

采用螺纹式连接的麻花钻杆,每节长 1.0 m,直径为 40~50 mm 的钻头。用胶结袋收集钻出的煤粉，测量体积，或用测力计称量煤粉的重量，每钻进 1 m 测量 1 次钻屑量。

最后在监测区域以外，在不受工作面采动影响的区域，施工 5 个钻孔，直径为 40 ~ 50 mm，孔深根据煤层厚度、巷道高度等条件确定，记录每孔每米钻屑量，画出正常钻屑量曲线，然后用加权平均法对其进行处理，作为标准钻屑量，在此基础上，确定冲击地压危险的钻屑量临界值。

4. 适用范围

钻屑法适用于具有冲击地压危险性近水平煤层的钻屑监测，但不包含含水率过高的煤层、过软煤层、倾斜（急倾斜）倾角过大煤层等。常规情况下，煤层的含水率不小于 45% 或现场施工过程中钻粉变为煤泥状或钻孔施工过程中出水等均认为煤层含水率过高；煤层经冲击倾向性鉴定，其单轴抗压强度小于 7 MPa 的煤层认为煤层过软。

（二）技术参数

1. 钻孔深度选取

钻孔垂直于煤壁或平行于煤层布置，最大深度为 3 ~ 4 倍的巷高，一般不超过 15 m。

2. 各项指标确定

1）钻屑量指标

钻屑排出量通常分为两部分，一部分为与钻孔直径相同的圆柱煤体形成的钻屑量，一部分是成孔后，孔周围应力重新分布，孔内壁发生位移而产生的钻屑量。因此，钻屑量指标的大小取决于 3 个方面的因素，即：取样地点的地应力状况、煤的结构破坏和钻头直径。

通常钻屑量指标标准值的取值方法分为公式取值法和试验取值法。

（1）公式取值法。公式取值法是基于钻屑量与煤体应力之间的定量关系，针对该定量关系国内外专家学者进行了大量研究，但是大多均假设钻孔前煤体为均质各向同性的弹性体，并且根据塑性区体积不变的条件求出钻孔内壁径向位移，从而得出钻屑量。该种方法完全根据弹塑性理论，理论较为严密，但是没有充分考虑到煤岩体在极限强度后的软化性质。

赵本钧在充分考虑了煤岩体在极限强度后的软化性质（即强度随应变增加而降低的性质），结合前人研究，推导出了钻屑量与煤体应力之间的关系式，可以较为精确地计算出单位孔深的钻屑量 G。公式如下：

$$G = \gamma(\pi a^2 + 2\pi a u_a) + \left(\frac{n-1}{2}\right)\gamma(R^2 - a^2) \qquad (3-13)$$

$$G = \gamma\pi a^2 \left\{\left(1 - \frac{n-1}{2\pi}\right) + \frac{1+v}{E}\left[\sigma_c + \frac{q-1}{q+1}(2p - \sigma_c)\right] + \right.$$

$$\left.\frac{n-1}{2\pi}\right\}\left\{1+\frac{(2m+q-1)(2p-\sigma_c)}{\sigma_c^{1-m}[\sigma_c+(q-1)p]^m(q+1)}\right\}^{\frac{2}{2m+Q-1}} \qquad (3-14)$$

式中　E——弹性系数；

　　　υ——泊松比；

　　　γ——煤的视密度。

煤体应力状态是由接近自由面附近的二向应力状态逐渐过渡到三向应力状态，煤体强度将随之增大，最大钻屑量 G 与其峰值位置距离工作面煤壁距离 l 之间的关系，可用下述近似公式描述：

$$G = -0.0022l^2 + 0.678l + 1.66 \qquad (3-15)$$

因此，钻屑量可采用上述公式进行有效计算。

（2）试验取值法。在《防治煤矿冲击地压细则》中规定，用钻屑量指数判别工作地点冲击危险性指标，可参照表3－8确定，结合实际情况执行。在表中所列的钻孔测量深度内，根据实际钻粉率达到相应的指标或出现明显动力现象，可判断所测地点的冲击地压危险性。

表3－8　判别工作地点冲击地压危险性

钻孔深度/煤层厚度	1.5	1.5～3	3
钻屑量指数/($kg \cdot m^{-1}$)	1.5	2～3	≥3

注：1. 钻屑量指数＝每米实际钻屑量/每米正常钻屑量。
　　2. 正常钻屑量为在正常应力区测定的钻屑量。

正常钻屑量是在支承压力影响带范围以外测得的煤粉量。测定煤层正常钻粉量时，钻孔数不应少于5孔，并取各孔煤粉量的平均值。

2）距离指标

为了客观评价冲击危险程度，必须确定最大支承压力区中的峰值大小，以及峰值位置至煤壁的距离。煤岩的三轴强度试验表明，当围压达到一定程度后，煤样"塑化"几乎失去冲击倾向。当达到一定深度后，即使在该处形成冲击，由于该区至煤壁之间煤体构成的阻力大，冲击部分的煤体也不能抛向采掘空间。这种深部冲击的动力效应只是产生震动和响声，危害有限。

（1）峰值位置至煤壁距离越近越危险。

（2）现场实测和理论计算也表明，随着距离的增加，煤层压力剧增，使煤体产生的冲击能量也相应增大。

3）动力效应指标

所谓动力效应指标，是指钻杆钻进过程中，伴随着冲击声响，钻杆跳杆、卡钻、吸钻、孔内冲击等现象。

（1）冲击声响。冲击声响是指钻进过程中，孔壁突然炸裂，冲击钻杆跳动，并且伴有声响现象。例如：某冲击地压煤矿602区东-22号钻孔，在钻进至2 m时发生了一次冲击声响，钻进至3 m以后又发生了2次冲击声响，钻杆跳动，钻进至6 m时出现顶钻现象，因此冲击声响可以作为判断冲击地压危险的一个指标。

（2）卡钻。是钻孔周围煤体在高应力作用下发生突然坍塌，卡住钻杆的一种动力现象。例如：某冲击地压矿井602区东-45号钻孔，在钻进至6 m位置以后多次出现卡钻现象，到7.5 m时钻杆卡死并且被扭断，因此卡钻可以作为判断冲击地压危险的一个指标。

4）粒度指标

钻屑粒度是指钻屑量中粒度大于3 mm的颗粒所占的百分比，其值的变化直接反映了冲击地压危险程度。钻屑粒度指标越小，说明发生冲击地压的危险越低。

用塑料桶收集钻屑，用网孔为3 mm的铁筛子测量钻屑的粒度组成。每钻进1 m测量一次钻屑量和粒度组成，用专用的记录簿进行记录，分析判断冲击地压危险程度。

三、特殊煤层条件钻屑监测方法

在煤层含水率过高、煤层过软和倾角过大等这些特殊条件下，利用钻屑法监测冲击地压，其监测方法与常规情况下监测方法存在差异，现对特殊煤层条件下钻屑监测内容进行阐述。

（一）含水率过高煤层钻屑监测方法

煤层含水率过高将导致钻屑法施工过程中出粉困难和煤粉变为煤泥，影响煤粉称重，造成测量误差增大，进而无法反映现场实际的冲击危险性。

当现场钻屑监测过程中出现含水率过高条件时，常见处理方案有如下2种：

（1）重量测量确定：第一步，将每米含水钻粉装入编织袋（可漏水），挂煤壁进行空水，待其无明显出水；第二步，进行每米钻粉的称重，并在记录表中记录为"含水称重"；第三步，用网孔为3 mm的铁筛子筛出粒度较大的煤粉，进行单独称重，记录大粒度煤粉重量；第四步，计算"含水称重"煤粉量、标准煤粉量（也采用"含水称重"）和大粒度煤粉量各自比值，与工程经验得到的钻粉指标进行比对，确定是否超标。

（2）体积占比确定：第一步，将每米含水钻粉装入编织袋（可漏水），挂煤壁进行空水，待其无明显出水；第二步，采用固定体积的小桶，在内部标记体积刻度，进行每米钻粉的体积测量，并在记录表中记录煤粉体积；第三步，以实测每米钻粉体积数值与标准值（也以体积进行测量）进行比对，确定是否超标。

（二）过软煤层钻屑监测方法

过软煤层在现场施工钻屑监测时存在如下问题：①钻屑量大的区域冲击危险性并不一定大；②相同围岩应力条件下，过软煤层钻屑出粉量远大于中硬煤层；③现有的国标计算方式不适用于过软煤层，按照现有标准套用，则现场频繁超标。

根据近年来对过软煤层钻屑法监测的研究与工程实践，可将钻屑量分为变形煤粉量、冲击煤粉量和原始煤粉量。

冲击煤粉量与围岩应力基本呈线性关系，即围岩应力大，钻屑量大，冲击危险性高，反之亦然。因此冲击煤粉量是评估煤体冲击危险性的重要指标。

变形煤粉量是由于钻孔变形、塑性煤体扩容、塌孔、钻杆扰动等原因产生的钻屑，与围岩应力大小无直接相关性，只是标志冲击危险性的指标之一，而打钻过程中的动力现象变为更加重要的指标。

原始煤粉量为钻孔实体煤芯产生的钻屑量，与围岩应力无关。

冲击煤粉和变形煤粉同时存在于硬煤和软煤钻屑中。所不同的是，硬煤钻屑中冲击煤粉量占主要优势，变形煤粉量只占很少一部分，因此，硬煤通过钻屑法评估冲击危险性比较准确而可靠；而软煤钻屑则相反，变形煤粉量占主要优势，冲击煤粉量只占少部分，因此，尽管软煤钻屑量大，但钻检区域冲击危险性并不一定高。

软煤采用钻屑法判断冲击危险性的方法为：摒弃钻屑中变形煤粉干扰而找到冲击煤粉所占百分比，进而得到冲击煤粉量，根据冲击煤粉量大小来评估钻检区域的冲击危险性。同时统计打钻过程中的宏观动力现象，作为补充指标进行综合判断。

1. 变形煤粉量的计算

（1）钻孔变形产生的变形煤粉量 G_d。钻孔变形是很复杂的，没有精确的理论公式可以描述其变形后的钻孔形状，为了得到钻孔由于变形产生的变形煤粉量，在此引入变形系数 K_d 概念，即变形后钻孔面积 S_d 与变形之前钻孔面积 S_o 之比，变形系数根据经验进行估算，由此可得出钻孔由于变形产生的变形煤粉量为

$$K_d = \frac{S_d}{S_o} \qquad K_d \in [0,1] \qquad (3-16)$$

假设变形后钻孔的周围煤体密度保持不变，则单位长度变形钻孔产生的变形煤粉量为

$$G_{d} = \gamma(S_{o} - S_{d}) = \gamma S_{o}(1 - K_{d}) \qquad (3-17)$$

式中 γ——煤体视密度。

(2) 破碎带煤体因扩容产生的变形煤粉量 G_s。塑性煤体在进入破碎状态后，必然会再次产生扩容，而导致体积增大，综合密度相应有所减小。为了得到破碎带煤体因扩容产生的变形煤粉量，假设煤体从原始状态→塑性状态→破碎状态的状态转化过程中只是体积发生变化，而煤体视密度保持不变。引入扩容系数概念，塑性煤体扩容系数 K_p 等于扩容后的塑性煤体体积与原始煤体体积之比；破碎带煤体扩容系数 K_s 等于破碎后煤体体积与破碎前塑性状态煤体体积之比。则破碎带煤体因扩容产生的变形煤粉量 G_s 为

$$G_{s} = \pi\gamma(r_{p}'^{2} - r_{0}^{2})(K_{p}K_{s} - 1) \qquad (3-18)$$

式中 r_0——钻孔半径；

r_p'——进入破碎状态的塑性带半径。

(3) 钻孔塑性区煤体扩容产生的变形煤粉量 G_p。钻孔前煤体处于应力平衡状态，而钻孔打破了该平衡状态，引起钻孔周围应力重新分布，在钻孔周围出现应力集中，当重新分布的集中应力超过煤体极限强度后，煤体出现塑性破坏，在钻孔周围形成与钻孔同心的塑性圈，塑性圈内煤体因扩容膨胀而将破裂区煤体挤入钻孔形成变形煤粉量。钻孔塑性区煤体扩容产生的变形煤粉量 G_p 为

$$G_{p} = \pi\gamma(r_{p}^{2} - r_{0}^{2})(K_{p} - 1) \qquad (3-19)$$

式中 r_p——钻孔塑性区半径。

2. 冲击煤粉量的计算

冲击煤粉量包含三部分：①钻孔形成时，由于弹性卸载所形成的附加煤粉量；②破碎带形成后，在弹性区与破碎带交界处由于弹性卸载而产生的附加煤粉量；③钻孔形成后，在钻孔围岩高应力作用下冲入钻孔煤体形成的煤粉量，直至钻孔围岩应力调整完毕，形成新的应力平衡状态。根据工程经验，前两个部分所产生的冲击煤粉量较少，主要为第三部分。

建立冲击煤粉量与钻孔围岩应力的力学模型如图 3-27 所示，图中 r_0 为钻孔半径，r_p 为钻孔塑性区半径，P 为钻孔周围均匀分布应力。力学模型满足如下假定：塑性区煤体屈服后，仍看作均

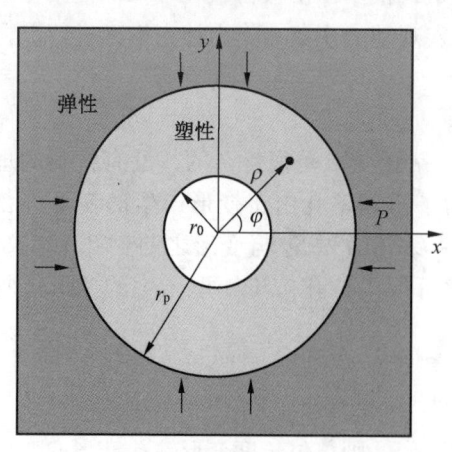

图 3-27 平面应变的弹塑性模型

质、各向同性、线弹性体，且钻孔周围应力和应变分布为轴对称。

下面根据弹性力学理论采用逆解法求塑性区在围岩应力下的径向位移。根据弹性力学知识，钻孔塑性区内任意点的径向应力 σ_ρ 和径向位移 u_ρ 表达式为

$$\begin{cases} \sigma_\rho = \dfrac{A}{\rho^2} + 2C \\ u_\rho = \dfrac{1-v^2}{E}\left[-\left(1+\dfrac{v}{1-v}\right)\dfrac{A}{\rho} + 2\left(1-\dfrac{v}{1-v}\right)C\rho\right] + I\cos\varphi + K\sin\varphi \end{cases} \quad (3-20)$$

式中 A、C、I、K——未知系数；

ρ——半径；

v——塑性区煤体泊松比；

E——弹性模量；

φ——半径为 ρ 的点与 x 轴夹角。

钻孔弹性区任意点的径向应力 σ'_ρ 和径向位移 u'_ρ 表达式为

$$\begin{cases} \sigma'_\rho = \dfrac{A'}{\rho^2} + 2C' \\ u'_\rho = \dfrac{1-v'^2}{E'}\left[-\left(1+\dfrac{v'}{1-v'}\right)\dfrac{A'}{\rho} + 2\left(1-\dfrac{v'}{1-v'}\right)C'\rho\right] + I'\cos\varphi + K'\sin\varphi \end{cases}$$

$$(3-21)$$

式中 A'、C'、I'、K'——未知系数；

v'——弹性区煤体泊松比；

E——弹性模量。

图 3-27 中力学模型的边界条件为

$$\sigma_\rho|_{\rho=r_0} = 0$$
$$\sigma_\rho|_{\rho=r_p} = P \quad (3-22)$$
$$u_\rho|_{\rho=r_p} = u'_\rho|_{\rho=r_p}$$

联立式（3-19）~式（3-21）并结合实际解得塑性区内任意点的径向位移为

$$u_\rho = \dfrac{(1+v)P}{E}\left[\dfrac{(1-2v)r_p^2\rho}{r_p^2 - r_0^2} + \dfrac{r_0^2 r_p^2}{(r_p^2 - r_0^2)\rho}\right] \quad (3-23)$$

将 $\rho = r_0$ 代入式（3-22）得到钻孔边界径向位移为

$$u_\rho|_{\rho=r_0} = \dfrac{(1+v)P}{E}\left[\dfrac{(1-2v)r_p^2 r_0}{r_p^2 - r_0^2} + \dfrac{r_0^2 r_p^2}{(r_p^2 - r_0^2)r_0}\right] \quad (3-24)$$

进而得到单位长度钻孔的冲击煤粉量 G_i 为

$$G_i = 2\pi r_0 u_{r_0} = \dfrac{2\pi r_0(1+v)P}{E}\left[\dfrac{(1-2v)r_p^2 r_0}{r_p^2 - r_0^2} + \dfrac{r_0^2 r_p^2}{(r_p^2 - r_0^2)r_0}\right] \quad (3-25)$$

从式(3-25)中可以看出，单位长度钻孔所产生的冲击煤粉量与钻孔围岩应力 P 呈线性关系，因此可以根据冲击煤粉量来评估钻检区域煤体的冲击危险性。

同时考虑静态煤粉量 G_q，得到钻屑量 G 的理论计算公式为

$$G = G_d + G_s + G_c + G_p + G_i + G_q \tag{3-26}$$

式中，$G_d = \gamma S_0(1-K_d)$，$G_s = \pi\gamma(r'^2_p - r_0^2)(K_p K_s - 1)$，$G_c = \sum_1^n G_{ci}$，$G_p = \pi\gamma(r_p^2 - r_0^2)(K_p - 1)$，$G_i = \dfrac{2\pi r_0(1+v)P}{E}\left[\dfrac{(1-2v)r_p^2 r_0}{r_p^2 - r_0^2} + \dfrac{r_0^2 r_p}{(r_p^2 - r_0^2)r_0}\right]$，$G_q = \gamma\pi r_0^2$。

(三) 倾角过大煤层钻屑监测方法

当现场煤层倾角较大时，钻屑孔水平打孔易见岩层，孔深不满足要求，因此，现场多采用沿煤层倾角布置钻屑孔，但是，造成巷道两帮钻屑量出现差异，即沿煤层倾角向上打孔出粉量较向下打孔出粉量大。

常见处理方式，倾角较大煤层标准钻屑量分上、下帮进行取值，现场实测每米钻屑量同样分上、下帮与对应标准钻屑量进行比对，进而确定钻屑是否超标。

考虑煤层倾角的冲击危险性钻屑监测方法研究相对较少，但是在煤与瓦斯突出领域相关研究较为丰富，两者最大的区别在于煤与瓦斯突出灾害领域钻屑监测理论研究中充分考虑了非弹性区的瓦斯压力以及钻孔形成后的周围的瓦斯压力影响，如果将研究结果应用于冲击地压领域，只需要剔除不相关的因素即可。

1. 模型建立

采用摩尔-库仑准则进行分析，建立钻孔围岩应力分布的力学模型，如图3-28所示。图中，σ_v 为垂直地应力，σ_h 为最小水平地应力，r 为钻头半径；R_0 为破碎圈半径，R 为非弹性变形区半径。

2. 考虑煤层倾角的钻屑量公式推导

钻孔钻屑量主要包含静态部分和动态部分钻屑量，静态钻屑量即为钻孔实心部分 G_1，动态部分钻屑量是由钻孔弹性变形区部分 G_2、破碎区与弹性区交界处部分 G_3、煤体扩容部分 G_4 组成。总钻屑量为四部分之和。

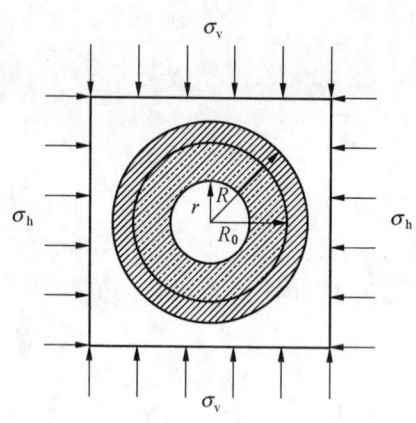

图3-28 钻孔围岩应力分布力学模型

(1) 钻孔实心部分 G_1 计算公式如下：

$$G_1 = \pi r^2 p_0 \tag{3-27}$$

式中　r——钻头半径，mm；

ρ_0——原始煤体密度,g/cm³。

(2) 钻孔弹性变形部分 G_2 计算公式如下:

$$G_2 = 2\pi r^2 p_0 \sigma_e \frac{1+\upsilon}{E} \qquad (3-28)$$

式中　υ——煤体泊松比;

　　　E——煤体弹性模量,MPa;

　　　σ_e——有效应力,MPa。

有效应力 σ_e 的计算公式为

$$\sigma_e = \frac{1}{3}\{\sigma_v[\sin^2(90°-\alpha)+K\cos^2(90°-\alpha)]^{-1}+\sigma_H+\sigma_h\}-\frac{1}{2}(p_1-p_2) \qquad (3-29)$$

式中　σ_H——最大水平地应力,MPa;

　　　α——钻孔倾角,(°);

　　　K——煤层侧压系数;

　　　p_1——钻孔非弹性区瓦斯压力,MPa;

　　　p_2——钻孔形成后周围的瓦斯压力,取 0.1 MPa。

煤层的水平应力主要由上覆岩层压力、构造运动的作用引起,而煤层倾角和钻孔倾角的存在也影响了水平地应力与垂直地应力的计算,因此引进煤层侧压系数计算公式:

$$K = K_\alpha K_\beta \qquad (3-30)$$

式中　K_α——钻孔倾角影响系数,$K_\alpha = (\alpha+\beta)/(\alpha-\beta)$;

　　　K_β——煤层倾角影响系数,$K_\beta = \beta/(\alpha-\beta)$;

　　　β——煤层倾角,(°)。

考虑煤层倾角与钻孔倾角的水平地应力计算模型为

$$\begin{cases} \sigma_H = \left[\left(\dfrac{\mu}{1-\mu}-K\right)+A\right](\sigma_v - \phi p_1) + \phi p_1 \\ \sigma_h = \left[\left(\dfrac{\mu}{1-\mu}-K\right)+B\right](\sigma_v - \phi p_1) + \phi p_1 \end{cases} \qquad (3-31)$$

式中　ϕ——贡献系数。ϕ 的计算公式为

$$\phi = 1 - \frac{\rho(3v_p^2 - 4v_s^2)}{\rho_m(3v_{mp}^2 - 4v_{ms}^2)} \qquad (3-32)$$

式中　ρ_m、v_{mp}、v_{ms}——砂质泥岩的密度、纵波和横波速度;

　　　ρ、v_p、v_s——所测煤层的密度、纵波和横波速度;

　　　A、B——构造应力系数。

(3) 破碎区与弹性区交界处部分 G_3 的计算公式如下:

$$G_3 = 2\pi\frac{1+\mu}{E}p_0 R_0^2\left[\left(1-\frac{r^2}{R_0^2}\right)-\frac{2}{K_1+1}\right]\left\{\frac{1}{3}[\sigma_v(\sin^2(90°-\alpha)+\right.$$
$$\left.K\cos^2(90°-\alpha))^{-1}+\sigma_H+\sigma_h]-\frac{1}{2}(p_1-p_2)\right\} \quad (3-33)$$

$$R_0 = \frac{r}{1.5}\left[\frac{\sigma_e}{(K_1+)\sigma_0}\right] \quad (3-34)$$

式中 K_1——破碎区煤体的三轴残余强度系数；

R_0——破碎圈半径，mm；

σ_0——煤体残余强度，MPa。

（4）煤体扩容钻屑量 G_4 的计算。G_4 为钻孔形成后煤体扩容钻屑量，煤体应变本构方程为

$$f(x) = \begin{cases} E\varepsilon, \varepsilon < \varepsilon_c \\ \sigma_c\left(\dfrac{\varepsilon}{\varepsilon_c}\right)^m, \varepsilon \geq \varepsilon_c \end{cases} \quad (3-35)$$

式中 m——煤体塑性软化系数；

σ_c——单轴抗压强度，MPa；

ε_c——单轴抗压强度相应的应变。

根据摩尔-库仑准则，建立弹塑性平衡方程：

$$\frac{d\sigma_r}{dr}+\frac{\sigma_r-\sigma_\theta}{r}=0 \quad (3-36)$$

式中 σ_θ——径向应力，MPa；

σ_r——切向应力，MPa。

屈服条件为

$$\sigma_\theta = q\sigma_r+\sigma_c \quad (3-37)$$

边界条件：当 $r=R_0$ 时，$\sigma_r=0$；当 $r=R$ 时，得出非弹性变形区半径 R 的解析式为

$$R = r\left\{1+\frac{(2m+q-1)[2p(\sin^2(90°-\alpha)+K\cos^2(90°-\alpha))^{-1}-\sigma_c]}{\sigma_c^{1-m}[\sigma_c+(q-1)p(\sin^2(90°-\alpha)+K\cos^2(90°-\alpha))^{-1}]^m(q+1)}\right\}^{\frac{1}{2m+q-1}}$$

根据弹塑性力学知识，应用孔内壁径向位移由体积不变条件，考虑煤体非弹性变形扩容时的孔内壁径向位移，得到扩容后的钻屑量公式：

$$G_4 = 2\pi r p_0\left[\frac{R}{r}u_R+\frac{n-1}{2r}(R^2-r^2)\right]$$

（5）综合钻屑量的计算。将上述四部分钻屑量相加便得到了考虑煤层倾角的钻屑量计算公式。

第三节 电磁辐射监测技术

一、电磁辐射监测原理与现状

(一) 电磁辐射监测原理

我国是世界上冲击地压灾害最严重的国家之一，冲击地压等煤岩动力灾害严重制约着矿山生产、安全和经济效益的提高，给矿井工作者造成了极大的精神和心理压力。对冲击地压的准确预测和防治是矿山安全生产中亟待解决的重大安全技术问题。传统的冲击地压监测预报方法，大多通过观测支护阻力的变化来观测矿山压力或基于煤岩钻屑法对冲击地压的危险性进行分析，但是这样测试影响因素多，信息量少，不能实现对灾害的准确预测预报。近年来，自动化程度高、人为因素干扰少的大范围、区域性的煤岩动力灾害监测预警方法受到了广泛的关注。

电磁辐射技术作为一种非接触、连续监测煤岩动力灾害的地球物理方法，其优点是：电磁辐射信息综合反映了冲击地压、煤与瓦斯突出等煤岩动力灾害现象的主要影响因素；与应力大小有较好的对应关系；具有前兆性强、频带宽、无须与煤岩体耦合、操作简单等优势，可实现真正的非接触、定向、区域及连续预测。

电磁辐射是煤体等非均质材料在受载情况下发生变形及破裂的结果，是由煤体各部分的非均匀变速变形引起的电荷迁移和裂纹扩展过程中形成的带电粒子产生变速运动而形成的。煤岩体所受应力与电磁辐射之间存在耦合关系。实验研究表明，煤岩体在受载变形过程中有不同程度的电磁辐射产生，电磁辐射强度与载荷有很好的一致性。随着载荷的增加，电磁辐射强度增加，载荷越大，电磁辐射强度也就越大。

在采掘工作面前方，依次存在着"松弛区（即卸压带）""应力集中区"和"原始应力区"3个区域。采掘空间形成后，煤体前方的这三个区域始终存在，并随着工作面的推进而前移。在"松弛区"，煤体已发生屈服，在煤体内部形成了大量的裂隙，煤体已大量破碎，其内部赋存的弹性能大部分得到释放，已不能承受太大的应力作用，因此该区域的应力较低。由"松弛区"到"应力集中区"，应力越来越高，因此煤体变形量越来越大，电磁辐射信号也越来越强。在"应力集中区"，应力达最大值，因此煤体的变形破裂也较强烈，电磁辐射信号最强。越过峰值区后进入"原始应力区"，电磁辐射强度将有所下降。沿着工作面煤体深度方向电磁辐射产生一个应力曲线型的理论曲线。

在采掘行为的影响下，工作面前方煤体处于高应力状态，裂隙裂缝快速发展，煤体电磁辐射信号较强，或者处于逐渐增强的变形破裂过程中，煤体电磁辐射信号逐渐增强。电磁辐射和煤体的应力状态有关，应力高时，煤体变形破坏量大，电磁辐射信号也就越强。电磁辐射综合反映了煤体前方应力的集中程度，因此可用电磁辐射法进行工作面应力分布的测定。

（二）电磁辐射监测研究现状

煤岩破裂产生的电磁辐射前兆信息可以有效地预测冲击地压、煤与瓦斯突出等煤岩动力灾害，作为一种非接触式的实时监测预警方法，电磁辐射技术在现场应用领域取得了较大的进展。Frid 等在煤矿现场测试了顶板坍塌前的电磁辐射和低频声发射信号，并研究了电磁辐射与载荷、钻屑量的关系，认为可以利用煤岩破裂电磁辐射进行冲击地压和煤与瓦斯突出等灾害的预测和预报。Lichtenberger 等基于电磁辐射脉冲强度与剪切应力大小成正比的假设，利用研制的电磁辐射仪评估了隧道内最大主应力的方向。Greiling 等在隧道中利用电磁辐射检测到了断层或垫层表面的应力集中，给出了利用电磁辐射测定区域应力场的实例。

国内学者就电磁辐射法的监测原理和预警指标已经开展了大量研究工作，目前的研究成果主要集中在对煤岩动力灾害的监测预警方面。何学秋、王恩元等分析了煤岩体破裂过程中电磁辐射的特征，研究了电磁辐射法预测预报冲击地压的原理和技术，采用电磁辐射幅值和脉冲数两项指标预测冲击地压等煤岩动力灾害现象，王恩元通过理论分析得出：当选择接收频率上限为 500 kHz 时，预测范围（或趋肤深度）为 $7.12 \sim 22.5$ m，基本满足煤岩动力灾害预测的需求。窦林名等提出了冲击地压的突变模型及冲击地压危险性的声电判据，并在冲击地压预测中进行了成功的应用。肖红飞等基于煤岩变形破裂电磁辐射信号与受载时应力变化之间的关系，利用 FLAC 软件模拟研究了煤岩受载破坏力-电耦合效应，模拟结果能够确定应力集中区以及电磁辐射在煤岩体中的分布特征，为煤岩动力灾害电磁辐射监测预警技术的现场应用提供了理论基础。中国矿业大学研发了便携式 KBD5 型、在线式 KBD7 型矿用电磁辐射监测仪，并在评估煤岩结构稳定性和应力状态、预测预报煤岩动力灾害、超前探测地质构造等方面实现了广泛应用。

为实现电磁辐射更为精准的监测预警，一些学者对煤岩破坏电磁辐射信号进行了深入的挖掘。李夕兵等研究了电磁辐射频率与岩石属性参数之间的关系，并给出了它们之间的定量化表达式。宋大钊根据电磁辐射频率变化规律，建立了煤岩动力灾害进行早期预警方法。蒋金泉等、李洪等通过分析冲击危险区域的电磁辐射和顶板下沉速度时间序列的混沌特性进行冲击地压预警，基于混沌和模式识别理论，采用相似性度量准则，建立了用于预测冲击地压危险性的电磁辐射序列径向基函数概率神经网络识别器和 Fisher 准则识别器。刘晓斐等研究了运用钻屑法和电磁辐射法进行开采冲击危险性局部预测，运用时间序列数据挖掘方法，建立了冲击地压电磁辐射前兆信息群体识别体系。王先义基于模糊数学理论研究得到了电磁辐射预测突出指标临界值确定方法，并在现场进行了验证。姚精明等通过实验室试验与分形理论相结合的方式深入研究了破坏时产生的电磁辐射分形特性，实践表明，通过对电磁辐射脉冲数分形维数的计算和分析能够准确预测岩体动力失稳现象。姜耀东等研究了不同类型的煤岩冲击失稳现象，并提出了包括煤岩电磁辐射响应在内的多参量预警技术。王恩元等提出了声电协同监测技术，将电磁辐射和声发射监测技术融合，开发了相应的监测系统及软件，进行声电监测同步性测试并应用在采煤现场，提高了单方法预测的准确性和可靠性。

二、电磁辐射监测仪器

（一）便携式电磁辐射监测仪

KBD5 便携式煤岩动力灾害电磁辐射监测仪是利用电磁辐射预测冲击地压的一种仪器，可对煤岩动力灾害危险区域进行多点、移动式监测和预报。

1. 仪器组成

便携式电磁辐射监测仪由宽频带高灵敏度定向接收天线、主机和远程通信接口（MODEM）组成，主机由放大电路、数据采集电路、单片机、程序存储器、数据存储器、显示电路、RS232 近距离通信电路、远程通信电路、键盘控制电路和供电电路等组成。仪器结构及原理如图 3-29 所示，其实物如图 3-30 所示。

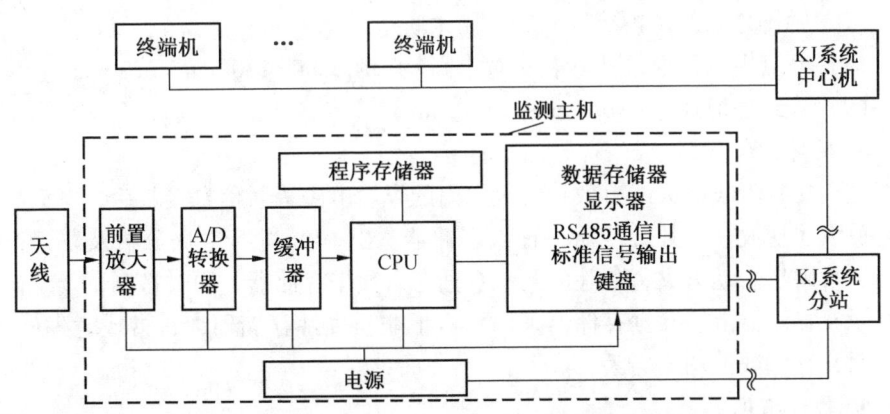

图 3-29 KBD5 监测仪结构及原理

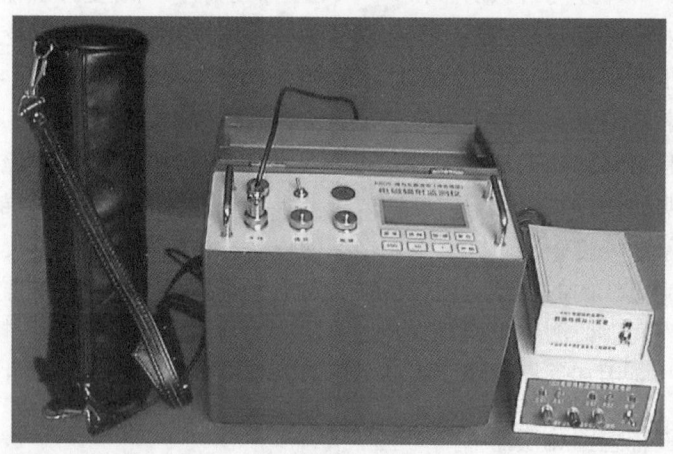

图 3-30 KBD5 监测仪实物图

2. 技术指标

(1) 监测有效方向：60°。
(2) 有效超前预测范围：7~22 m。
(3) 内置、可充本安电池组，可连续工作 8 h。
(4) 工作电压：(12 ± 0.5) V。
(5) 工作电流：$\leqslant 150$ mA。
(6) 防爆型式：ExibI。
(7) 主机外壳：防护等级 IP54，防水防尘。
(8) 监测主机外形尺寸（长×宽×高）：250 mm×110 mm×222 mm。
(9) 天线外形尺寸：$\phi 70$ mm×300 mm。

3. 硬件系统

定向接收天线将天线有效接收范围内的煤岩电磁辐射信息接收后，电信号经信号放大、滤波、模数转换后，存入缓冲器，由 CPU 进行数据分析及统计，并将能够反映煤岩动力灾害危险的测试数据存入数据存储器，同时将测试及统计结果显示在显示器上。数据存储器采用大容量非易失性存储器，正常或意外停电、断电时，存储数据均不会丢失。

4. 软件系统

为了方便用户进行图表分析或发送信息，设计了与其他常用软件的连接功能，可以很方便地将部分或全部测试数据转换为 Excel 格式，也可将报表资料输入到 Word 文档。

KBD5 电磁辐射监测及数据处理软件中建立了非常完善的帮助系统，除可对软件的安装、操作等进行寻求帮助外，还可对电磁辐射监测及预报技术、监测仪的结构、功能、用途及操作等寻求帮助。该软件的主要功能如图 3-31 所示。

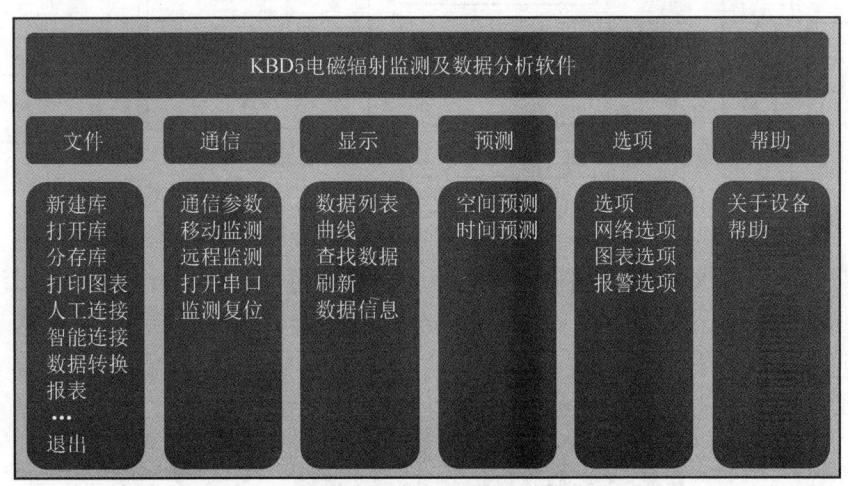

图 3-31　KBD5 电磁辐射监测及数据处理软件功能图

（二）在线式电磁辐射监测仪

KBD5 电磁辐射监测仪已经实现了对冲击地压的便携、移动式监测，操作较为简便，但预测时间较短，不能进行连续实时监测，会漏检大量的电磁辐射信息。为实现冲击地压电磁辐射连续自动监测，研制了 KBD7 在线式电磁辐射监测仪。

1. 仪器组成

电磁辐射连续监测系统由定向接收天线、监测主机、活动操作键盘等组成。主机由放大电路、数据采集电路、单片机、程序存储器、显示电路、RS485 通信电路、远程通信（标准信号输出）电路、键盘控制电路和供电电路等组成。仪器结构及原理如图 3-32 所示，其实物如图 3-33 所示。

2. 技术指标

（1）供电方式：外接 DC12~21 V 隔爆兼本安电源，工作电流不大于 150 mA。

（2）接收信号频带宽 1~500 kHz，信噪比≥6 dB。

（3）接收天线灵敏度（71±1）dB。

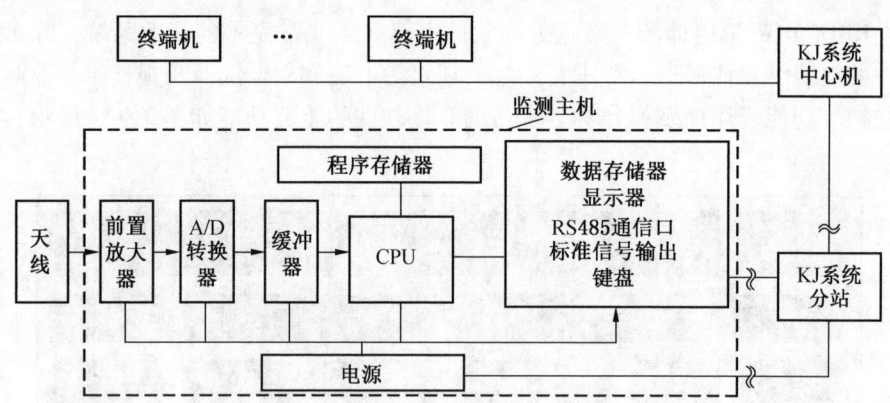

图3-32 KBD7在线监测系统结构及原理

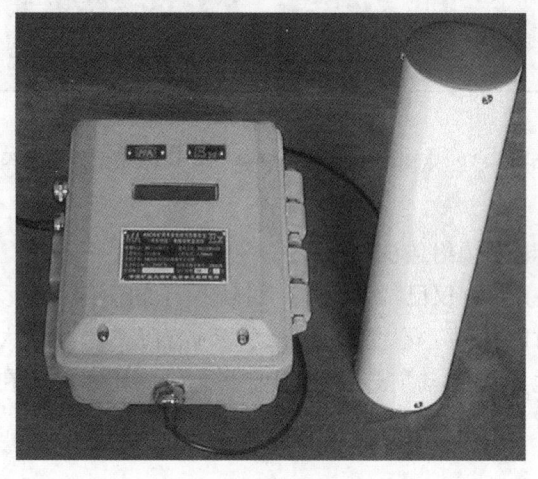

图3-33 KBD7在线式监测仪实物图

(4) 测试方式：非接触式。

(5) 通信方式：RS485或输出标准信号（4~20 mA或200~1000 Hz）。

(6) 报警方式：超限自动报警。

(7) 防爆型式：ExibI，本安型。

(8) 接收机外形尺寸（长×宽×高）：115 mm×115 mm×280 mm。

（9）天线外形尺寸：$\phi 70 \text{ mm} \times 300 \text{ mm}$。

（10）监测仪重量：约为 3 kg。

3. 硬件系统

定向接收天线将天线有效接收范围内的煤岩电磁辐射信息接收后，电信号经信号放大、滤波、模数转换后，存入缓冲器，由 CPU 进行数据分析及统计，并将能够反映煤岩动力灾害危险的测试数据以标准信号（1~5 mA 或 4~20 mA 或 200~1000 Hz）输出，同时将测试及统计结果显示在显示器上，测试数据经 KJ 煤矿安全监测系统传送到地面中心机。电磁辐射可在 KJ 煤矿安全监测系统地面软件上以数据形式显示，也可对其历史数据以图形形式进行显示。

4. 软件系统

开发了基于 Windows95 以上环境的可在 PC 机或工控机上运行的电磁辐射监测及数据分析软件。该软件可从 KJ 煤矿安全监测系统中心机上实时调用各类监测数据，并进行实时显示。也可对历史数据进行查询或对比。该软件的主要功能如图 3-34 所示，其主界面如图 3-35 所示。

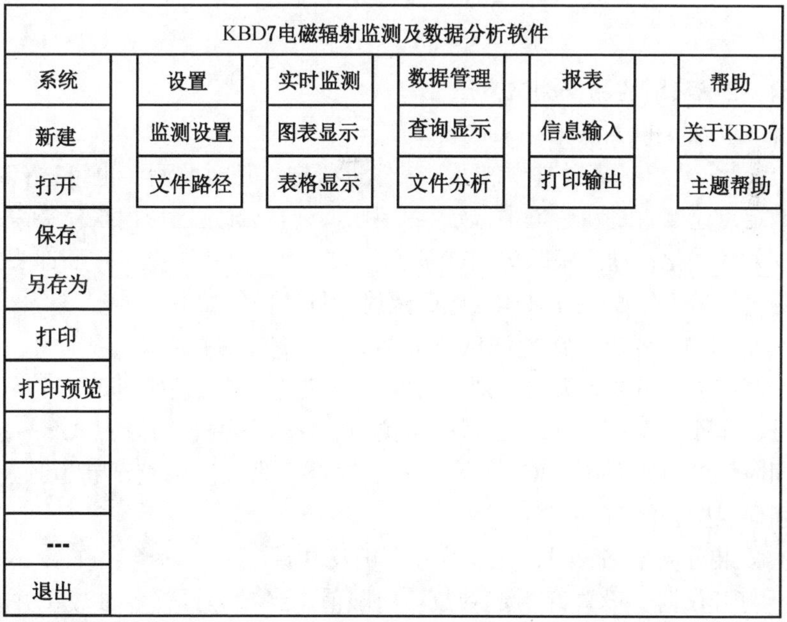

KBD7电磁辐射监测及数据分析软件					
系统	设置	实时监测	数据管理	报表	帮助
新建	监测设置	图表显示	查询显示	信息输入	关于KBD7
打开	文件路径	表格显示	文件分析	打印输出	主题帮助
保存					
另存为					
打印					
打印预览					

退出					

图 3-34　电磁辐射监测及数据处理软件功能图

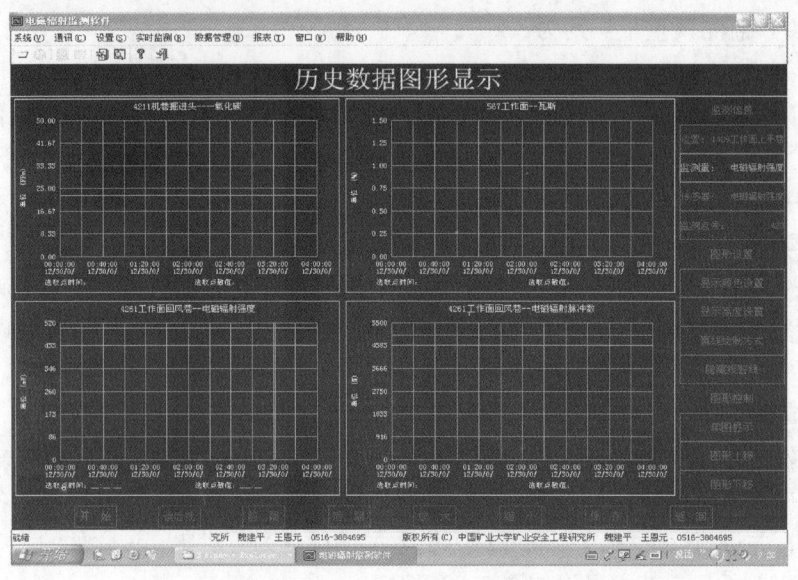

图 3-35 历史数据查询界面

(三) 电磁辐射监测仪测试方法

1. 便携式电磁辐射监测仪测试方法

KBD5 便携式电磁辐射监测仪可对煤体进行定点长时监测,也可进行动态跟踪监测。定点监测就是在巷道中选定某一测点,监测选定区域内煤体在采掘过程中电磁辐射的变化;动态跟踪监测就是随着工作面的进尺,在工作面迎头布置测点,监测进尺后工作面前方煤体的电磁辐射。具体操作如下:

(1) 根据测试要求,在预测区域布置测点。在掘进工作面布置 3 个测点,分别位于左、中、右方,天线分别朝向 3 个测点进行测试,如图 3-36 所示。测点距掘进工作面 0.5~0.7 m,在每一个测点,天线有两种布置方式,一种是天线轴向朝向煤层,如图 3-36a 所示,另一种是天线轴向垂直于巷道顶、底板,开口槽朝向煤壁,如图 3-36b 所示。

(2) 安装好支架和天线,并连接好主机及电源。

(3) 打开仪器,设置好测定参数:门限值、组数等;若各参数在井上已通过计算机传输设置好,在井下可直接打开电源,待显示稳定后,直接进行测试,不需重新设置参数,最好采用该方法。

(4) 按"开始"键进行测试,测定电磁辐射强度和脉冲数。每个测点测试

2～3 min，一般为 2 min。测定及数据记录由仪器自动完成，当确定临界值后，电磁辐射数据超限可自动报警。

（5）测试结束后，可现场查询数据，且可将便携式监测仪带到井上，将数据传输到微机中，进行进一步的趋势分析。

2. 预报方法包括临界值法和动态趋势法

（1）临界值法。当电磁辐射强度或脉冲数超过临界值时，监测仪自动报警，应采取防治措施。

（2）动态趋势法。当同一班次（或不同班次，或不同日期）电磁辐射强度或脉冲数呈明显的增长趋势时，有发生冲击危险需要采取措施；当相邻班次或连续两天以上电磁辐射强度或脉冲数变化幅度较大，超过一定比例后，表明有危险发生，应采取措施；特别是当电磁辐射强度或脉冲数突然大幅度降低时，应立即停止作业，撤出工作人员，并采取措施。

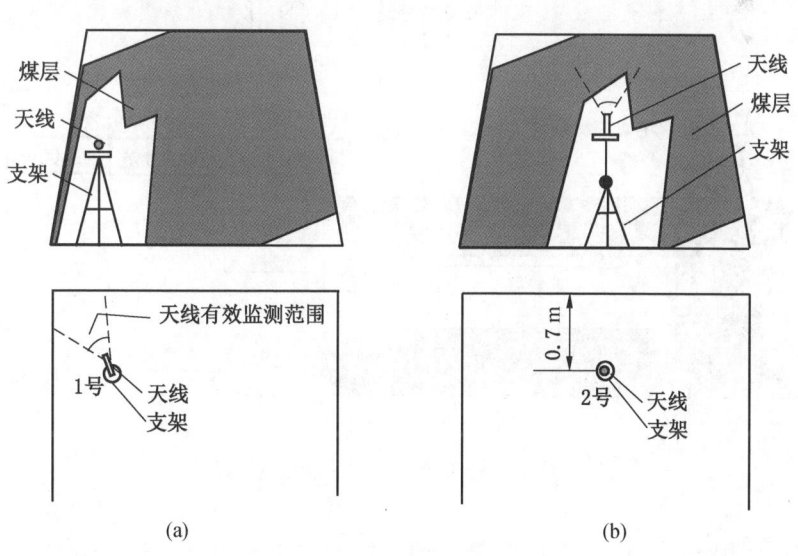

图 3-36 掘进工作面电磁辐射天线布置方式及位置

3. 在线式电磁辐射监测仪测试方法

KBD7 在线式电磁辐射监测仪应用环境如下：

（1）海拔高度：≤2500 m；

（2）环境温度：-20～+40 ℃；

（3）相对湿度：≤95%；

(4) 振动：不大于 20 m/s² 。

4. KBD7 在线式电磁辐射监测仪测试方法

KBD7 在线式电磁辐射监测仪测试方法如下：

(1) 掘进工作面电磁辐射监测仪布置如图 3-37 所示，采煤工作面电磁辐射监测仪布置如图 3-38 所示。

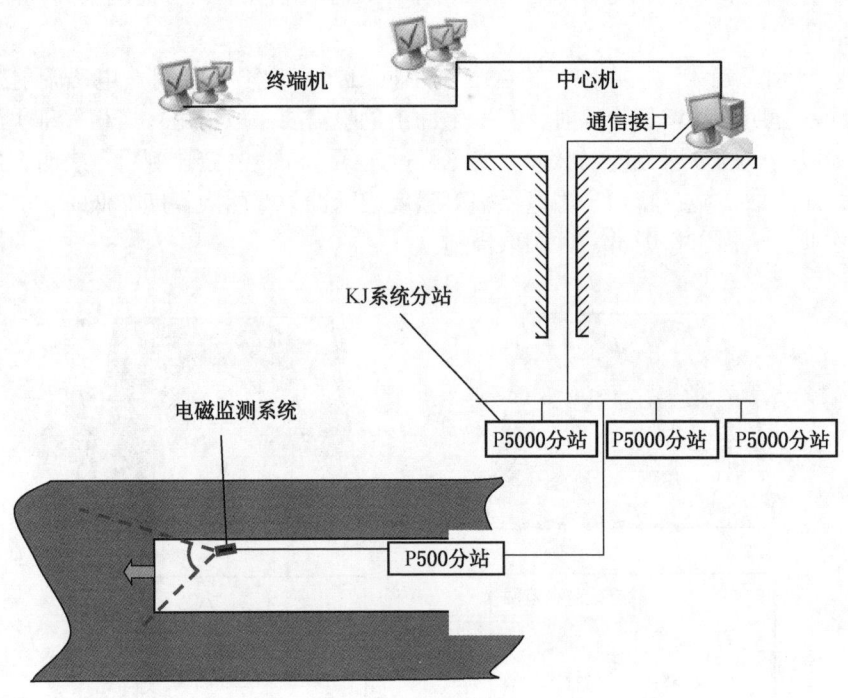

图 3-37　掘进工作面电磁辐射监测示意图

(2) 使用 KBD7 电磁辐射监测仪预测煤岩灾害动力现象时，首先要将天线用固定可伸缩可旋转支架固定好，天线开口朝向被预测区域，天线置于被测区域的中心。天线与被测区域的距离小于 5 m 最为适宜，要视被监测区域的大小而定，确定的原则是将被监测区域刚好包含在天线的开口方向内。

(3) 用矿用 4 芯电缆将 KBD7 监测仪与 KJ 系列煤矿安全监测系统的监测分站进行连接。

(4) 用键盘中"选择"和"向上""向下"键调试参数，包括输出参数、时间间隔、报警值、门限值等，点击"测试"键开始测试并向监测分站输出标准信号，并可在地面监控机房，实时观测监测区域电磁辐射数据变化，同时将测试

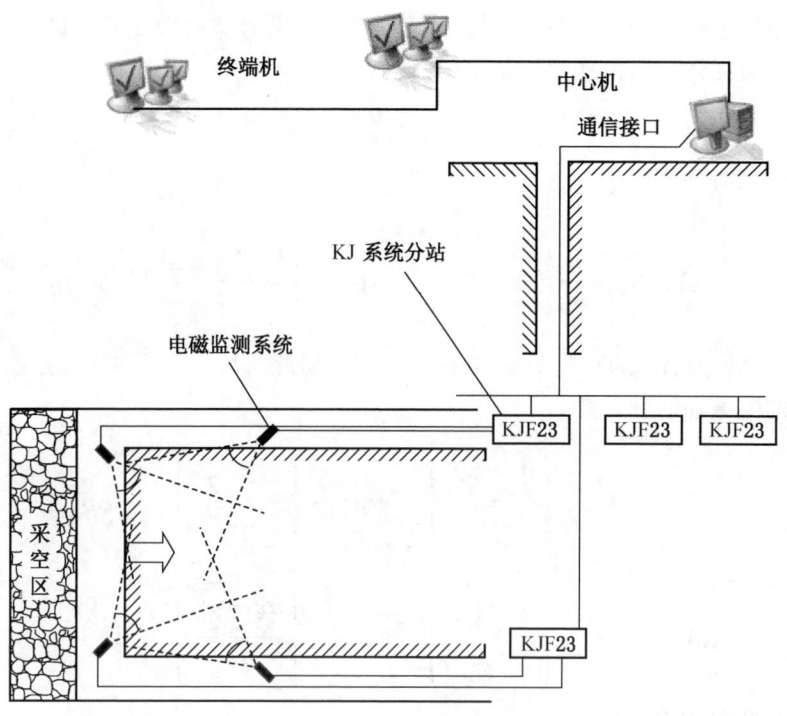

图 3-38 采煤工作面电磁辐射监测示意图

结果显示在 LED 屏幕上。

三、电磁辐射监测预警准则与方法

（一）电磁辐射监测预警准则

利用煤岩电磁辐射进行冲击地压等矿井煤岩动力灾害预报时，电磁辐射预警临界值选取的准确性和可靠性是这一技术得以广泛推广应用的关键，也是现场安全生产管理人员最为关注的问题。由于矿井煤岩动力灾害的复杂性，在不同矿区、不同的作业地点煤岩动力灾害、煤岩电磁辐射所表现出的前兆特征不尽相同，这就使得煤岩电磁辐射预警临界值的确定比较困难。因此，研究合理、可靠的煤岩动力灾害电磁辐射预警临界值的确定准则具有重要的理论和现实意义。

1. 煤岩动力灾害电磁辐射脉冲数预警准则

下面根据煤岩破坏的力-电耦合模型和煤岩破坏过程规律推导煤岩动力灾害

电磁辐射预警临界值的确定准则。

煤岩体宏观上的变形破坏最终都表现为组成煤岩体的微元变形破坏和位移。对于煤岩微元体，由损伤力学基本假设符合弹性变形关系

$$\varepsilon = \frac{\sigma}{E} \tag{3-38}$$

根据力电耦合模型，则

$$\Delta N = N_m \cdot \frac{m}{\sigma_0} \left(\frac{\sigma_1 - \frac{\sigma_3}{2}}{\sigma_0} \right)^{m-1} \exp\left[-\left(\frac{\sigma_1 - \frac{\sigma_3}{2}}{\sigma_0} \right)^m \right] \cdot \Delta\sigma \tag{3-39}$$

此处 ΔN 为 $\Delta\sigma$ 的对应电磁辐射脉冲数。据此可以得到不同应力变化 $\Delta\sigma_1$、$\Delta\sigma_2$ 时的电磁辐射脉冲数为

$$\Delta N_1 = N_m \cdot \frac{m}{\sigma_0} \left(\frac{\sigma_1 - \frac{\sigma_3}{2}}{\sigma_0} \right)^{m-1} \exp\left[-\left(\frac{\sigma_1 - \frac{\sigma_3}{2}}{\sigma_0} \right)^m \right] \cdot \Delta\sigma_1 \tag{3-40}$$

$$\Delta N_2 = N_m \cdot \frac{m}{\sigma_0} \left(\frac{\sigma_2 - \frac{\sigma_3}{2}}{\sigma_0} \right)^{m-1} \exp\left[-\left(\frac{\sigma_2 - \frac{\sigma_3}{2}}{\sigma_0} \right)^m \right] \cdot \Delta\sigma_2 \tag{3-41}$$

上面两式相除得到

$$\frac{\Delta N_2}{\Delta N_1} = \left(\frac{\sigma_2 - \frac{\sigma_3}{2}}{\sigma_1 - \frac{\sigma_3}{2}} \right)^{m-1} \exp\left[\left(\frac{\sigma_1 - \frac{\sigma_3}{2}}{\sigma_0} \right)^m - \left(\frac{\sigma_2 - \frac{\sigma_3}{2}}{\sigma_0} \right)^m \right] \cdot \frac{\Delta\sigma_2}{\Delta\sigma_1} \tag{3-42}$$

为了讨论方便，在此以单轴压缩为例进行计算，因此得到

$$\frac{\Delta N_2}{\Delta N_1} = \left(\frac{\sigma_2}{\sigma_1} \right)^{m-1} \exp\left[\left(\frac{\sigma_1}{\sigma_0} \right)^m - \left(\frac{\sigma_2}{\sigma_0} \right)^m \right] \cdot \frac{\Delta\sigma_2}{\Delta\sigma_1} \tag{3-43}$$

为了得到电磁辐射脉冲数的临界值准则，上式可变为

$$\frac{\Delta N_2/\Delta\sigma_2}{\Delta N_1/\Delta\sigma_1} = \left(\frac{\sigma_2}{\sigma_1} \right)^{m-1} \exp\left[\left(\frac{\sigma_1}{\sigma_0} \right)^m - \left(\frac{\sigma_2}{\sigma_0} \right)^m \right] \tag{3-44}$$

这样，就得到单位应力的电磁辐射脉冲数与应力之间的关系，只要确定出煤岩流变-突变过程不同阶段应变之间的关系，即可得到煤岩流变-突变过程不同阶段电磁辐射脉冲数变化量的关系，从而求得电磁辐射的临界值。

设没有煤岩动力灾害时的应力为 σ_w，对应的电磁辐射脉冲数为 ΔN_w，达到弱危险和强危险的应力分别为 σ_r、σ_q，对应电磁辐射脉冲数分别为 ΔN_r、ΔN_q，所以可以得到

$$K_{Nr} = \frac{\Delta N_r / \Delta \sigma_r}{\Delta N_w / \Delta \sigma_w} = \left(\frac{\sigma_r}{\sigma_w}\right)^{m-1} \exp\left[\left(\frac{\sigma_w}{\sigma_0}\right)^m - \left(\frac{\sigma_r}{\sigma_0}\right)^m\right] \quad (3-45)$$

$$K_{Nq} = \frac{\Delta N_q / \Delta \sigma_q}{\Delta N_w / \Delta \sigma_w} = \left(\frac{\sigma_q}{\sigma_w}\right)^{m-1} \exp\left[\left(\frac{\sigma_w}{\sigma_0}\right)^m - \left(\frac{\sigma_q}{\sigma_0}\right)^m\right] \quad (3-46)$$

式中 K_{Nr}、K_{Nq}——有弱危险和强危险时电磁辐射脉冲数的临界值系数。

这就得到了电磁辐射脉冲数的预警准则。

2. 煤岩动力灾害电磁辐射强度预警准则

受载条件下的煤岩体在变形破裂过程会向外辐射各种能量,包括弹性能、热能、声能、电磁能等。煤岩受到的载荷越大,变形越大,所具有的能量越高,向外辐射的电磁辐射能量也就越高。煤岩体在应力为 σ,应变为 ε 时所具有的能量为

$$W = \sigma \varepsilon = \frac{\sigma^2}{E} \quad (3-47)$$

假设电磁辐射能量与此能量呈正比,则电磁辐射能为

$$W_e = a_e W = a_e \frac{\sigma^2}{E} = a\sigma^2 \quad (3-48)$$

由电磁理论可以得到电磁辐射能量 W_e 与电磁辐射强度 E' 存在以下关系:

$$W = \int W_e dV = \int \frac{1}{2} E' \cdot D dV = \frac{1}{2} \varepsilon' E'^2 V \quad (3-49)$$

式中 W_e——单位体积的电磁辐射能量密度;
E'——电磁辐射幅值(强度);
D——电位移;
V——煤岩体的体积;
ε'——煤岩体的介电常数。

煤岩体的介电常数和体积变化不大,所以,电磁辐射能量 W_e 与电磁辐射幅值平方 E'^2 成正比关系,即

$$W = bE'^2 \quad (3-50)$$

此处 b 为常数。由式(3-48)和式(3-50)得到:

$$E' = k\sigma \quad (3-51)$$

此处 k 为常数。所以电磁辐射强度与应力呈正比关系。

设没有煤岩动力灾害时的电磁辐射强度为 E_w,达到弱危险和强危险的电磁辐射强度分别为 E_r、E_q,所以可以得到

$$K_{Er} = \frac{E_r}{E_w} = \frac{\sigma_r}{\sigma_w} \qquad K_{Eq} = \frac{E_q}{E_w} = \frac{\sigma_q}{\sigma_w} \quad (3-52)$$

式中 K_{Er}、K_{Eq}——有弱危险和强危险时的电磁辐射强度预警临界值系数。

这就得到了电磁辐射强度的预警准则。

3. 电磁辐射预警临界值的确定

由上述分析可知，煤岩变形破裂过程产生的电磁辐射脉冲数和强度从理论上可以与应力建立联系。只要确定了煤岩变形破裂过程达到弱危险、强危险对应的应力值就能够得到电磁辐射预测的临界值系数，这也是电磁辐射法进行动态预测时所要采用的动态变化趋势系数。

根据上述预警准则，结合大量的实验室和现场实验，可以确定冲击地压电磁辐射脉冲数和电磁辐射强度预警临界值系数为

$$K_{Nr} = 1.7 \quad K_{Nq} = 2.3 \quad K_{Er} = 1.3 \quad K_{Eq} = 1.7 \tag{3-53}$$

这样就得出了电磁辐射动态预测煤岩动力灾害的临界值系数。根据预警临界值系数可以得出煤岩动力灾害电磁辐射预警的临界值和动态趋势的变化率，并根据具体矿区的煤岩层和采掘条件等因素，对临界值系数进行修正。

4. 煤岩动力灾害电磁辐射预警技术

电磁辐射对煤岩动力灾害进行预测时，可以采用静态临界值方法和动态趋势方法相结合的方法进行预警。实际对某一矿区或某一采掘工作面进行监测预警时，首先测试巷道后方稳定区域的电磁辐射脉冲数和强度，并将此数值作为基准值 N_w、E_w，然后根据式（3-53）来确定电磁辐射静态预警的临界值和动态趋势预警方法的变化系数。冲击地压灾害危险电磁辐射预警方法及防治对策见表3-9。图3-39是根据预警方法绘制的三级预警三维图。其中动态趋势方法中 K_E 表示电磁辐射强度的动态变化系数，K_N 表示电磁辐射脉冲数的动态变化系数，此变化系数在现场使用时，可以利用现场实际测试得到的电磁辐射数值与前面测试得到的数值比率来计算。为了真实反映工作面前方煤岩破坏电磁辐射的统计规律，防止由于监测数据少而发生误报，针对不同矿区的实际情况，确定出合理的监测数据域来进行预警。

表3-9 冲击地压灾害危险电磁辐射预警方法及防治对策

项　目	冲　击　地　压		
危险等级	无危险	弱危险	强危险
静态临界值方法	$E < 1.3E_w$ 且 $N < 1.7N_w$	$E \geq 1.3E_w$ 或 $N \geq 1.7N_w$	$E \geq 1.7E_w$ 或 $N \geq 2.3N_w$
动态趋势方法	$K_E < 1.3$ 且 $K_N < 1.7$	$K_E \geq 1.3$ 或 $K_N \geq 1.7$	$K_E \geq 1.7$ 或 $K_N \geq 2.3$
措施	不需要采取措施	需要采取措施	撤人或立即采取措施

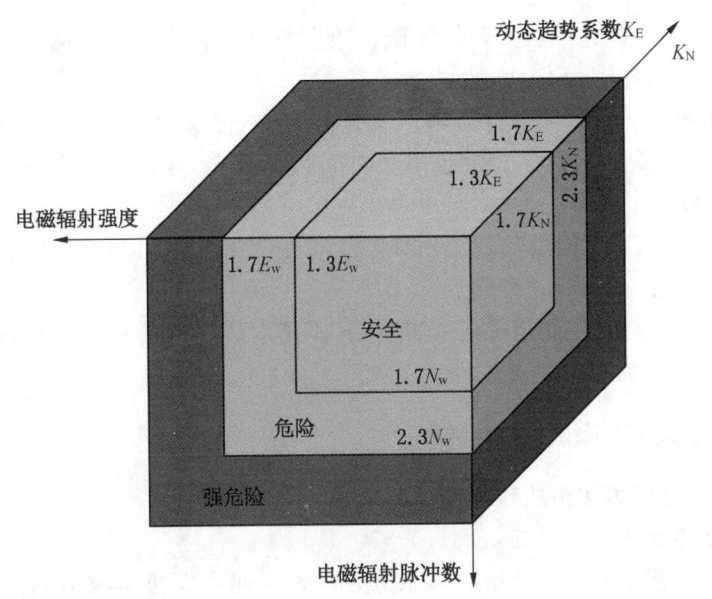

图 3-39　冲击地压灾害电磁辐射预警三维图

(二) 电磁辐射预测冲击地压方法

电磁辐射信号与监测距离及监测方位有密切关系，因此有必要对监测方法做统一规定。电磁辐射监测仪配备的天线是电感式高灵敏度宽频带定向接收天线（简称天线），实现了非接触预测。在使用电磁辐射监测系统预测采煤工作面或巷道动力灾害危险时，首先要将天线开口朝向需要进行预测的煤岩体区域。一般在采煤工作面或巷道中每隔 10~20 m 布置一个测点，如图 3-40 所示。每个测

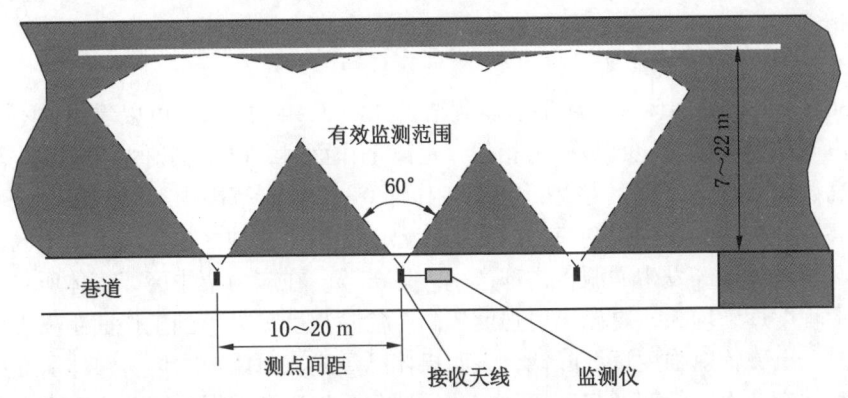

图 3-40　采煤工作面或巷道电磁辐射监测方式

点测试 2 min，布置完毕后，开始测试，数据自动保存。当某一测点电磁辐射较强时，可在周围加密测点，间距为 5 m。

对工作面的防治区域进行监测，采用移动方式测试煤体电磁辐射信号，按图 3-41 中的编号次序进行，每个点采集时间为 2 min。覆盖范围为两巷道自工作面起向外 200 m。

运输巷道：自工作面煤壁向外每隔 10 m 在两帮（内帮和外帮）各布置一个测点，监测煤帮，共计 40 个测点。

回风巷道：自工作面煤壁向外每隔 10 m 在两帮（内帮和外帮）各布置一个测点，监测煤帮，共计 40 个测点。

四、电磁辐射监测应用与案例

（一）煤体应力监测工程案例

1. 塔山煤矿采煤工作面概况

中煤大同能源有限责任公司塔山煤矿平均埋藏深度为 436 m，煤层厚度 15.72~26.77 m，平均 17.93 m，倾角 1°~5°。30503 工作面布置在 3~5 号层，该工作面采用走向长壁综采放顶煤回采工艺，采煤高度为 3.8 m，放煤厚度为 8.92 m，工作面按一采一放多轮分层顺序放煤，循环进度、放煤步距均为 0.8 m。顶板采用自然垮落法垮落。

2. 电磁辐射测试方案

在 30503 工作面回风巷和运输巷，采用便携式电磁辐射仪对距工作面 0~300 m 范围内进行多次监测。测量方式为：每隔 10 m 为一个测点，共 30 个测点，布置示意图如图 3-42 所示。根据电磁辐射数据监测结果，分析电磁辐射随着距工作面距离增加的空间演化规律，进而反映该工作面煤体所受应力与危险性动态变化情况。

3. 电磁辐射测试结果

30503 工作面回风巷电磁辐射监测结果如图 3-43 所示，可以看出，不同日期的电磁辐射强度变化趋势较为相似，远离工作面时，电磁辐射强度呈现先降低再升高、随后逐渐下降的趋势。在距工作面 0~150 m 范围内，电磁辐射强度普遍较高，分析认为受到采动应力的影响，煤体逐渐由松弛区进入应力集中区，在松弛区，煤体已经发生屈服，内部产生大量破碎，在应力集中区，煤体所受应力与变形程度逐渐增大，电磁辐射强度较高，危险程度较大。到工作面距离进一步增大时，电磁辐射强度逐渐降低，表明煤体已经进入原始应力区，煤体所受应力较低，并未产生新的变形与破坏，在此区域危险性逐渐减弱。因此应重点在距工作面前 150 m 范围内进行煤体稳定性监测和防治。

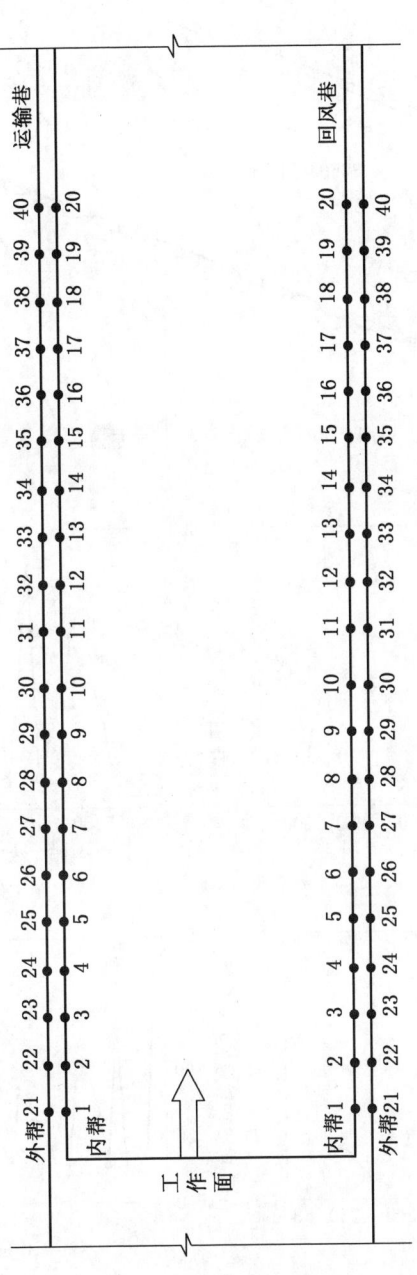

图 3-41 巷道电磁辐射监测点布置示意图

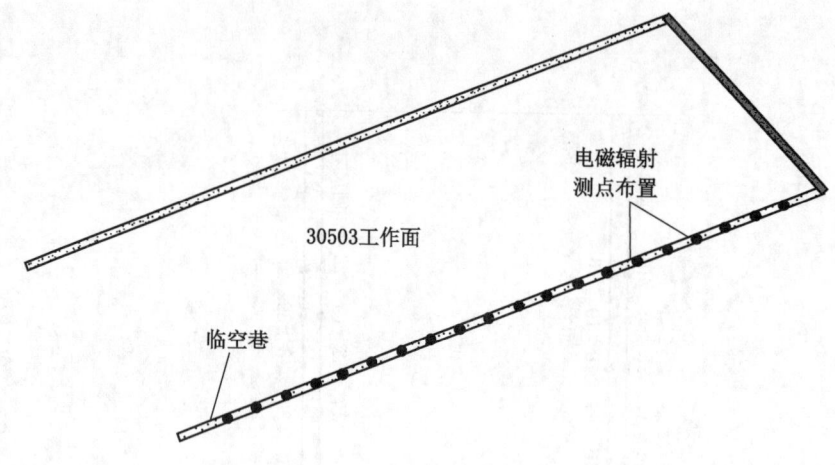

图 3-42 电磁辐射测点布置示意图

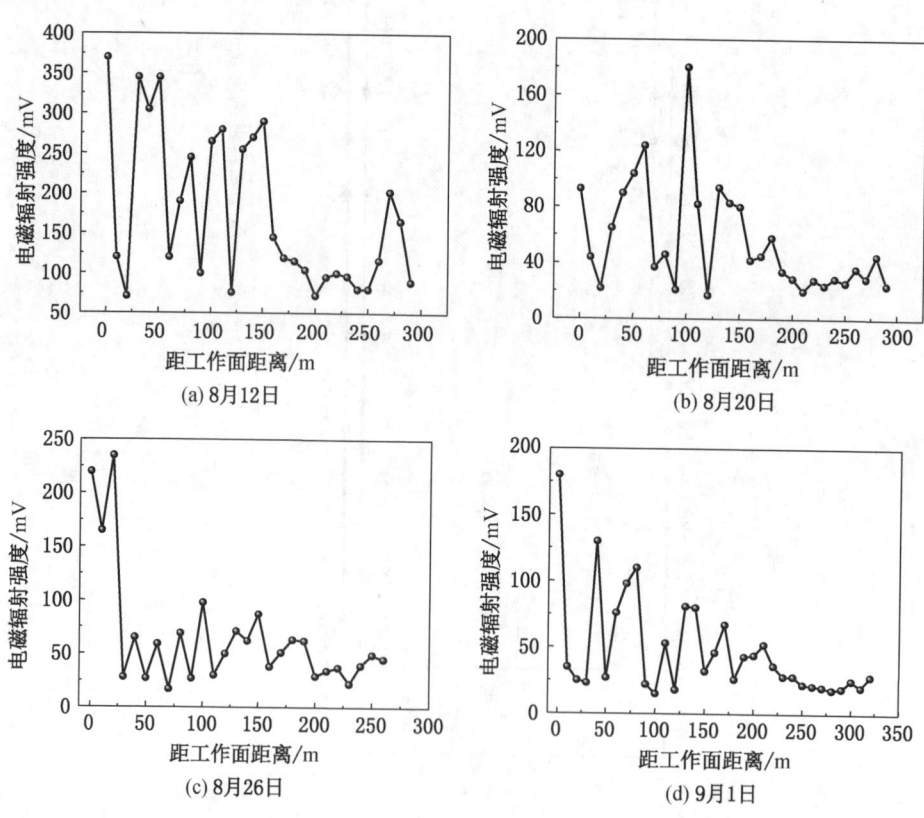

图 3-43 30503 回风巷电磁辐射监测结果

30503 工作面运输巷电磁辐射监测结果如图 3-44 所示,从监测结果可以看出,不同日期的电磁辐射强度变化趋势较为一致,随着到工作面距离的增加,电磁辐射先升高,随后波动下降,与回风巷结果相比,运输巷电磁辐射强度相对较低。电磁辐射变化趋势表明,工作面附近煤体所受应力与变形破裂程度较高,危险性较强,工作面的应力集中影响范围主要在 0~100 m,在 100 m 以后煤体所受应力与变形程度相对逐渐减弱,危险性逐渐减小。

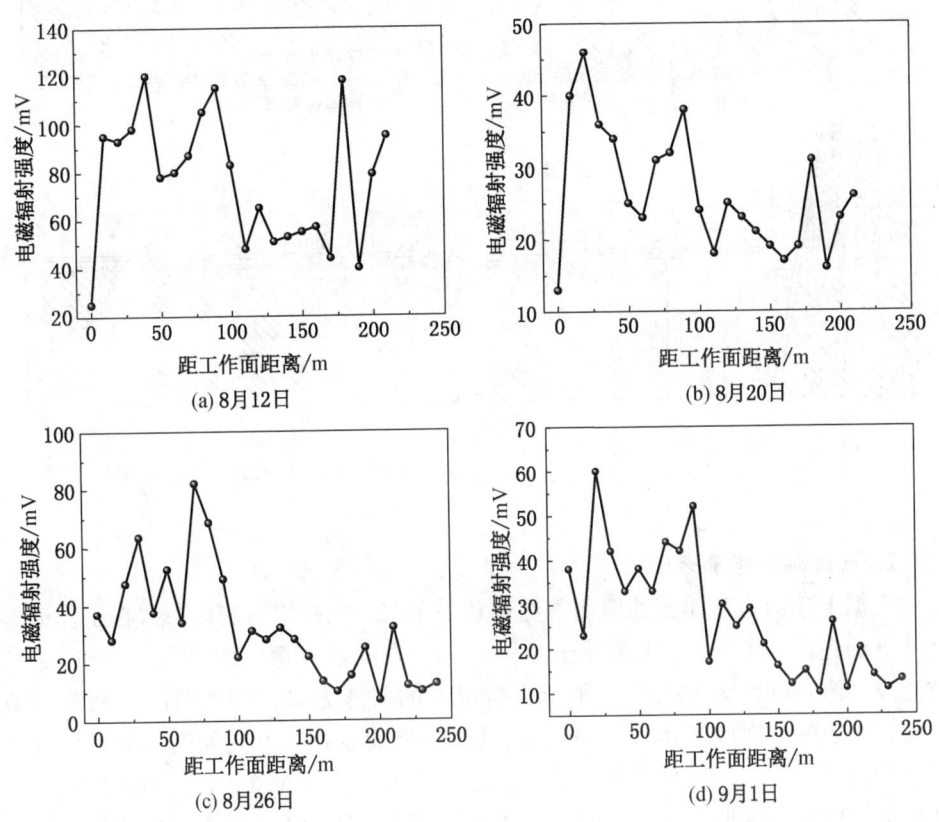

图 3-44 30503 运输巷电磁辐射监测结果

(二) 冲击地压预测工程案例

1. 济宁二号采煤工作面概况

兖州矿务集团济宁二号煤矿 23$_{下}$03 工作面是一个三面采空的孤岛工作面。开采山西组 3$_{下}$煤层。3$_{下}$煤层倾角为 2°~10°,平均为 6°。煤层埋藏深度为 541~574 m,平均为 557 m。煤厚 4.7~7.1 m,平均为 5.97 m。煤的普氏系数为 1.91,

为中硬煤层。根据中国矿业大学测定，该煤层具有中等冲击倾向性。煤层直接顶为粉砂岩，厚5.4 m，普氏系数为4.0～7.0；基本顶为中砂岩，厚12.0 m，岩的普氏系数为7.0～13.5，工作面采用综采放顶煤采煤工艺，开切眼宽度为7 m。采煤工作面具体的巷道布置及煤柱情况如图3-45所示。

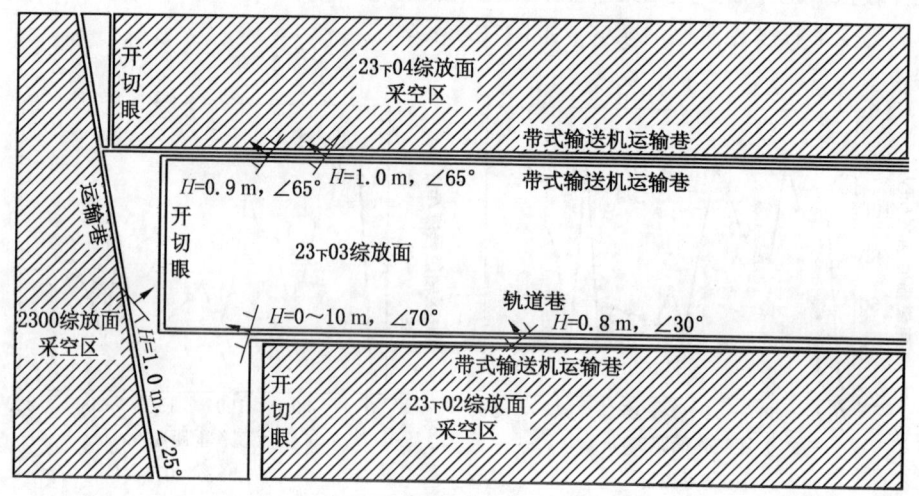

图3-45　23下03工作面初次来压前电磁辐射分布图

2. 电磁辐射布置方案

根据上述两个工作面的地质条件和开采工艺，电磁辐射测区布置在工作面煤壁向外的超前巷道内，测区的长度为100 m。在测区内等间距设置10个固定的监测点，测点间距为10 m。采用定期、定点的监测方式，一般情况下每班监测一次，每点测量时间不小于2 min。测试时，将天线开口方向朝向监测区域并使天线的轴线垂直于测点处的煤壁表面，距煤壁的距离小于0.5 m。为确保测试的准确性，电磁辐射监测仪工作时，人员离监测天线周围1 m以上，监测仪及天线周围5 m内不能有机械作业，与动力电缆的距离保持在2 m以上。

3. 工作面推进期间电磁辐射变化规律

图3-46和图3-47所示为济宁二号煤矿23下03工作面运输巷8号测点和运输巷10号测点随工作面推进的电磁辐射变化图。从图中可以看出，随着工作面的推进，工作面前方固定测点的电磁辐射变化规律是相同的。当工作面推进24 m时电磁辐射发生突变，与工作面的初次来压时间相对应，因此该工作面的初次来压步距为4 m，随后的第1次周期来压步距为8 m，第2次周期来压步距

为 8 m，也与该工作面的现场矿压观测资料一致，表明工作面电磁辐射指标的周期性变化是由工作面基本顶岩层的周期断裂、运动引起的。

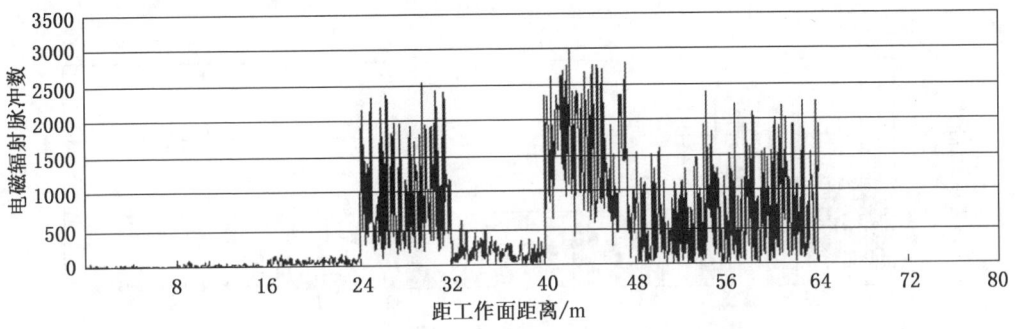

图 3-46　23下03 工作面运输巷道 8 号测点电磁辐射变化图

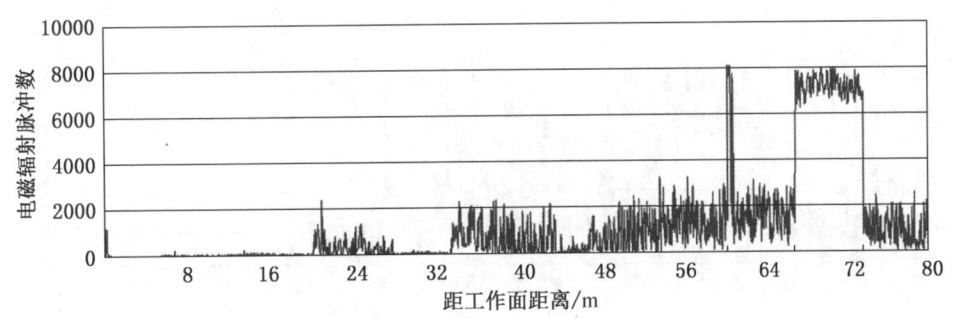

图 3-47　23下03 工作面运输巷道 10 号测点电磁辐射变化图

4. 工作面来压期间的电磁辐射特征及变化规律

图 3-48 和图 3-49 所示为济宁二号煤矿 23下03 工作面初次来压前后的电磁辐射图。初次来压前，电磁辐射峰值位置在工作面前方 3~13 m 范围内，电磁辐射的异常范围 43 m。初次来压后电磁辐射峰值位置在工作面前方 15~25 m 范围内，电磁辐射的异常范围 65 m。在工作面来压前后，工作面前方的电磁辐射特征发生了很大的变化。首先是电磁辐射指标数值的变化。初次来压前，电磁辐射脉冲数的最大值为 800，而初次来压后电磁辐射脉冲数的最大值升至 2500，上升幅度大 3 倍以上。工作面周期来压前后的电磁辐射数值变化与此类似，电磁辐

射脉冲数由来压前的 800 升至来压后的 2000，上升幅度达 2.5 倍左右；其次是电磁辐射分布特征的变化。电磁辐射信号主要分布在工作面前方 45 m 左右范围，而且在工作面周期来压前后，电磁辐射脉冲数的峰值及其位置有较大的变化。

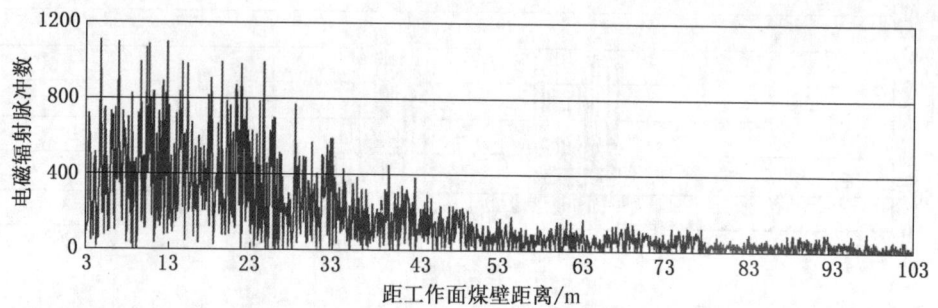

图 3-48　济宁二号煤矿 23$_下$03 工作面初次来压前电磁辐射分布图

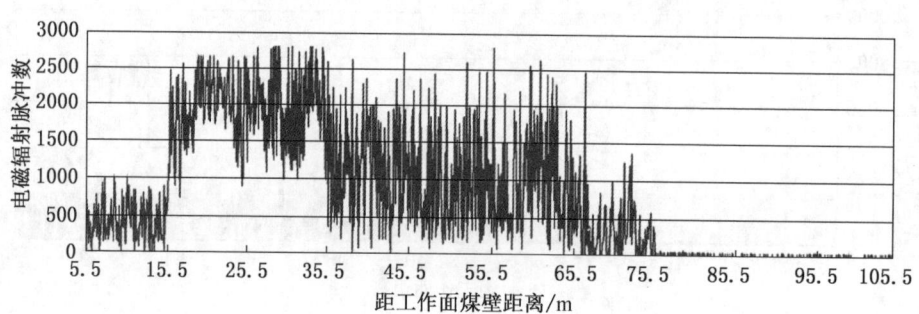

图 3-49　济宁二号煤矿 23$_下$03 工作面初次来压后电磁辐射分布图

图 3-50 和图 3-51 所示为济宁二号煤矿 23$_下$03 工作面初次来压前后的电磁辐射图。工作面周期来压前，电磁辐射脉冲数的峰值相对较小，位置靠近工作面煤壁，在工作面前方 4~14 m 之间；工作面周期来压后电磁辐射脉冲数的峰值大幅度升高，位置远离工作面煤壁，在工作面前方 25 m 左右。在靠近工作面煤壁区域，电磁辐射脉冲数发生大幅度的下降。

工作面来压前后电磁辐射数值变化以及分布特征的变化表明，工作面基本顶岩层断裂前后的电磁辐射变化比较剧烈，工作面来压前后是发生冲击地压的危险时刻。

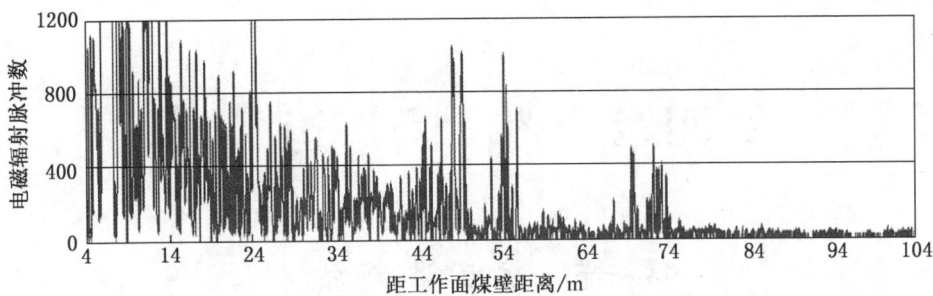

图 3-50 济宁二号煤矿 $23_下03$ 工作面周期来压前电磁辐射分布图

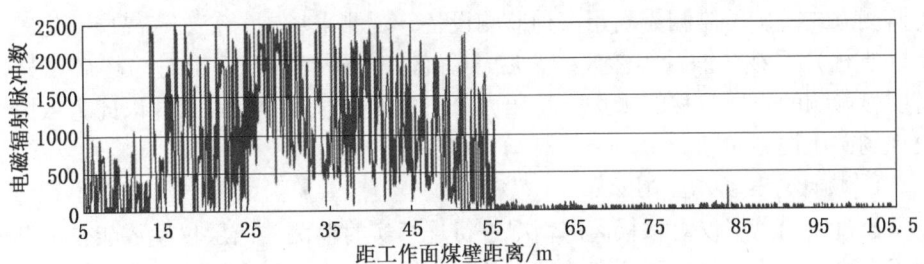

图 3-51 济宁二号煤矿 $23_下03$ 工作面周期来压后电磁辐射分布图

第四章 覆岩运动

第一节 矿压监测技术

一、常用矿压监测原理

矿山压力监测是直接面对生产现场,对矿压显现的宏观现象进行观测和记录的监测方式。矿压监测需利用多种监测设备,观测采场围岩变形、离层变化、支架(支柱)受载及缩量等参数,然后从动态分析研究中,得出对采场矿压显现有明显影响的岩层位移、采场支承压力分布及变化过程等因素,并以此为依据解决现场矿压控制问题。

1. 顶板离层矿压监测原理

通过使用离层仪对顶板离层情况进行连续实时监测,离层仪读数能较早发现顶板失稳的征兆,降低冒顶事故发生的可能性,并且顶板离层仪监测的数据可以作为修改、完善锚杆支护初始设计参数的重要依据。

2. 支架荷载矿压监测原理

通过对工作面支架荷载的监测,可以得到支架初撑力、末阻力和安全阀开启过程及时间,得出基本顶初次来压及周期来压规律,并依照所得规律对顶板来压过程进行预测预报,保证施工现场生产安全。

3. 巷道变形量矿压监测原理

随着工作面的推进,顶底板处于不断移进的状态,当受到采动影响时,巷道两帮与顶底板之间的移进量会以一定速度缩进。完成对巷道变形量及顶底板移进量的监测分析,可以在一定程度上了解矿山压力显现的程度。

4. 锚杆、索压力测量矿压监测原理

通过对巷道支护锚杆、锚索的外露部位布置压力传感器的方式,得到锚固在煤岩体中的锚杆、锚索受轴向拉力的变化规律,并通过应力值变化趋势,判断巷道顶、底板及两帮煤岩体稳定性。

(一)矿压与冲击地压的关系

煤岩体采动后,在矿山压力作用下,通过围岩运动与支架受力等形式所表现出来的矿山压力现象，称之为矿山压力显现。矿山压力显现往往伴随着一定程度的破坏，甚至冲击事件的发生，煤及岩层被回采、掘进以后，应力将重新分布，其中，处于采动边界的部位承受了较高的压力作用，岩层的受力状况发生了明显的改变，当该部位承受的压力值没有超出其允许的极限时，围岩处于稳定状态；当采动边界部位的煤体承受的压力值超出其允许极限后，围岩运动将明显表现出来，即产生煤体的破坏片帮、顶板下沉与底板鼓起等一系列的矿压显现现象。

冲击地压是井巷或采煤工作面的煤岩体变形能的释放产生一种以突然、急剧、猛烈的破坏为特征的动力现象，是矿压显现的一种特殊显现形式。冲击地压是井下煤岩体突然的、爆炸式的破坏，且冲击地压发生时一般伴有巨大声响和强烈的震动。冲击地压的发生需具备以下条件：

（1）煤层及围岩具有冲击倾向性，即煤岩体受力易发生破坏。

（2）采煤工作面附近存在较大的能量集中，即工作面回采的超前支承压力区。

（3）采场存在释放能量的空间，即采场前方的煤体中存储大量的弹性应变能，其附近又存在一定的释放空间（巷道、工作面），当煤岩体达到极限强度以上即可爆发冲击地压。

（二）技术要求、要点

综采面一般需要进行以下几方面的矿压观测：工作面矿压显现观测［支架（柱）阻力、来压步距、支架缩量、倾角］；巷道超前支承压力观测；巷道顶板离层观测；巷道两帮变形量与顶底板移近量观测；巷道锚杆受力状况观测。下面以综采面为例说明矿压观测的一般方案。

结合实际开采过程，现在采煤工作面及两侧巷道内共布置5类矿压测区，测区布置图如图4-1所示。

（1）工作面支架工作阻力监测区（Ⅰ）：在工作面两端头和中部共设3个测区，支架上安装压力监测记录仪。为了提高综采支架工作阻力监测自动化程度，采用液压支架测力仪及相应的计算机监测系统，硬件部分主要由监测主机、压力分站、采集器、中继器等组成。系统可对支架阻力进行连续监测及数据存储，通过中继器及设备分站将数据传送到计算机，实现对支架工作阻力的自动整理和分析，并形成工作面压力图表。

（2）工作面巷道超前支承压力监测区（Ⅱ）：在巷道超前支护支柱上安装液压支柱测力仪，监测单体支柱工作阻力。超前工作面按一定间隔在支柱上安设测力传感器，多列支柱支护时，仪器需安装在巷道中间单体支柱上。

（3）巷道顶板离层监测区（Ⅲ）：在巷道超前工作面一定距离内设数个观测站，分别在顶板安装顶板离层仪，监测顶板离层量。

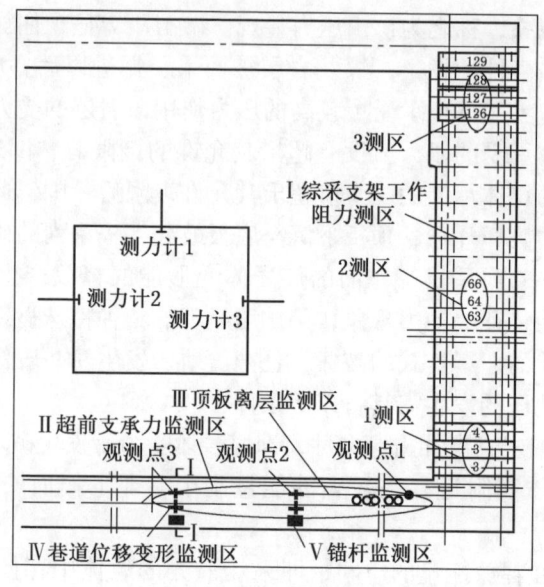

图 4-1 测区布置图

（4）巷道两帮变形量与顶底板移近量监测区（Ⅳ）：在工作面巷道内布置数个巷道表面位移测站，监测工作面一定距离内，受超前采动压力影响时巷道的变形破坏特征，为工作面超前支护及煤巷锚杆设计提供依据。位移监测采用十字布点法观测，安装测距仪和顶底板动态监测仪。

（5）巷道锚杆、锚索受力监测区（Ⅴ）：超前工作面一定范围内设巷道锚杆、锚索受力监测区，在巷道顶板和两帮的锚杆、锚索上安装锚杆测力计，实时监测锚杆、锚索受力及变化规律。

二、监测对象与指标

（一）监测对象

矿压监测的主要内容为，对巷道及工作面的围岩状态监测。主要监测对象一般选择为：巷道位移（顶底板、两帮、离层）监测；支护荷载［支架、支柱及锚杆（索）］监测两部分。

1. 巷道位移监测

目前多用线性位移传感器或激光测距传感器，实施巷道位移监测时，监测内容包括深部、浅部岩层位移和表面位移。对于工作面循环作业来说，顶底板移近，离层变化与支护载荷是同步监测的，数据变化存在一定对应关系。根据顶底板移近量及离层变化量的监测数据资料,可以评价支架的可缩量是否足够,采场顶板来压期间支架压死的可能性是否存在,并结合支架载荷的数据来分析评价支架的额定工作阻力是否足够,进而为分析巷道稳定和支架支护强度提供分析依据。

2. 支护荷载监测

在支架、支柱以及锚杆、锚索上安装监测仪器或压力(强)传感器,可以间接反映工作面开采过程中顶板来压(矿压显现)强度及巷道支护稳定性变化过程,通过分析监测数据可获得采场顶板初次来压、周期来压规律,支护结构受力变化,并为现场顶板控制与安全控制决策提供数据分析依据。

(二) 预警指标

1. 支架、支柱承载力监测预警指标

对于支架、支柱载荷的单因素监测预警,主要结合支架或支柱的初撑力和额定工作阻力,以及载荷的变化趋势进行预警,即采用临界状态预警法和趋势预警法。对低于支架、支柱初撑力,或高于额定工作阻力的监测信息进行预警,同时对于监测量虽然介于二者之间,但其变化趋势很剧烈的情形也实施预警。

2. 巷道围岩变形预警

1) 巷道最大变形值预警

国内外对巷道变形容许位移极限值缺乏统一标准,一般通过经验公式进行计算,计算硐室容许最大变形值的近似公式如下:

$$\begin{cases} \delta_1 = 1.2 \times \dfrac{b_0}{f^{1.5}} \\ \delta_2 = 4.5 \times \dfrac{H^{1.5}}{f^2} \end{cases} \quad (4-1)$$

式中　δ_1——顶板位移,m;

δ_2——两帮位移,m;

F——普氏系数;

b_0——硐室跨度,m;

H——拱脚至底板的高度,m。

使用该式计算时,δ_2 一般从巷道帮部的 $1/2H$ 至 $1/3H$ 处测量。

2) 巷道变形位移速率预警

巷道变形位移速率是指巷道围岩在单位时间内的位移变化量,即巷道围岩变形位移实测变化量对测量时间求导,得

$$v_i = \dfrac{d_i - d_{i-1}}{t_i - t_{i-1}} \quad (4-2)$$

式中 v_i——t_i 时刻围岩变形速率，mm/d；

t_i——测量时间，d；

d_i——t_i 时刻累计的位移值，mm。

假设 v_1 是该断面实测围岩变形速率最大值（通常为初测值），则巷道围岩允许变形速率 v_0 定义为：该断面实测围岩变形速率 v_1 最大值的 5%，即 $v_0 = v_1 5\%$。当围岩实时变形速率 $v > v_0$ 时，即认为巷道变形情况需要进行预警。

3）巷道变形位移加速度预警

当巷道围岩原有的应力状态被打破时，一定范围内的原岩应力将重新分布。随着巷道所受地应力的变化，巷道开始发生变形。巷道初现变形时，变形位移加速度 a 应大于零；当围岩变形达到一定程度时，随着支护作用的显现，围岩变形将出现等速变形，此时变形位移加速度 a 应等于零；当支护结构支承不住，围岩变形进入稳定破坏阶段，即加速变形时，变形位移加速度应大于零。所以以围岩变形位移加速度大于零（$a > 0$）作为巷道围岩变形的预警指标。

3. 锚杆、锚索压力变化预警

锚索由于延伸性能较差，拉伸过程中材料的屈服阶段不明显，主要以破断强度为基础来进行预警，当锚索支护力超过其 80% 破断强度，就会有破断风险，当锚索支护力低于其 20% 破断强度，即认为锚索锚固失效。对于锚杆来说，一般高于其屈服强度的 5%，锚杆就有可能出现缩径，存在破断风险，当锚杆锚固失效或者施工时预紧力不足，其支护力低于 15 kN，则认为施工质量不合格，其支护不能对顶板稳定性实现有效保障，出现冒顶隐患。

三、监测设备

（一）设备构成

1. 支架阻力监测设备

支架阻力观测仪器用于监测综采面支架工作阻力大小，监测方式采用自动化监测技术、无线传输技术，数据传输更精确，采集频率更频繁，测点布置方式为按一定支架数间隔布置。

如图 4-2 所示，支架升架及降架时的液压变化过程，将通过与待监测液压缸连通的支架阻力监测仪，实现支架压力数据实时记录及传输。

2. 支架姿态监测设备

液压支架姿态传感器主要用于液压支架姿态实时动态监测，包括支架位移监测和支架倾斜角度监测，协助工作面进行液压支架操作过程中的姿态控制和高度控制，防止液压支架出现上串下滑现象。

液压支架姿态监测设备及使用原理如图 4-3 所示。

第四章 覆岩运动 137

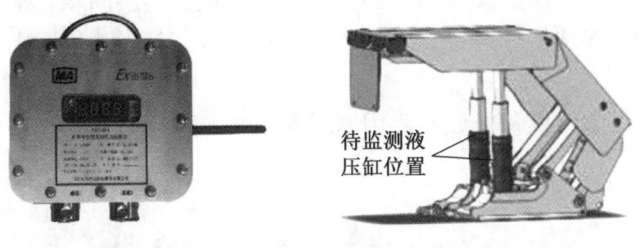

(a) 支架阻力监测仪　　　　　　(b) 待监测液压柱位置

图 4-2　支架阻力监测仪外形及使用原理

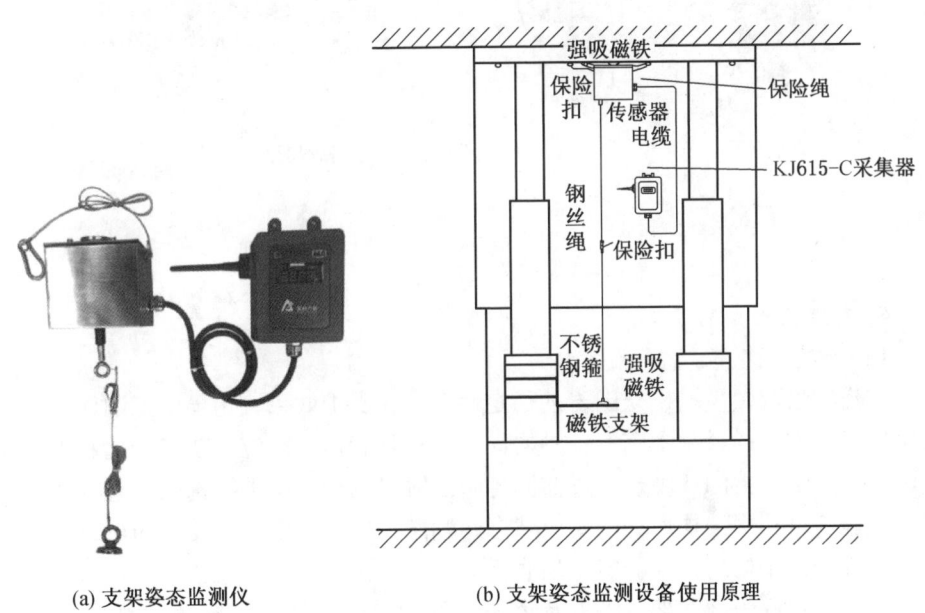

(a) 支架姿态监测仪　　　　　　(b) 支架姿态监测设备使用原理

图 4-3　液压支架姿态监测设备及使用原理

支架姿态监测设备通过钢丝绳缩量变化，实现对支柱下缩程度的实时监测，通过倾角传感器模块实现支架倾斜角度变化的实时监测。

3. 顶板离层监测设备

锚杆支护巷道顶板离层监测的常规仪器是深浅双基点顶板离层仪，通过在顶板钻孔中布置两个测点：一个设置在锚杆端部位置，另一个设置在比较稳定的深部岩层中,在两个测点处安设固定器,固定器与顶板岩层同步移动。将固定器用测量钢丝绳与设在顶板或两帮表面的测读装置连接,就能测出锚固区内外变形量和总的离层值。

顶板离层指示仪设备外形及使用原理如图4-4所示。

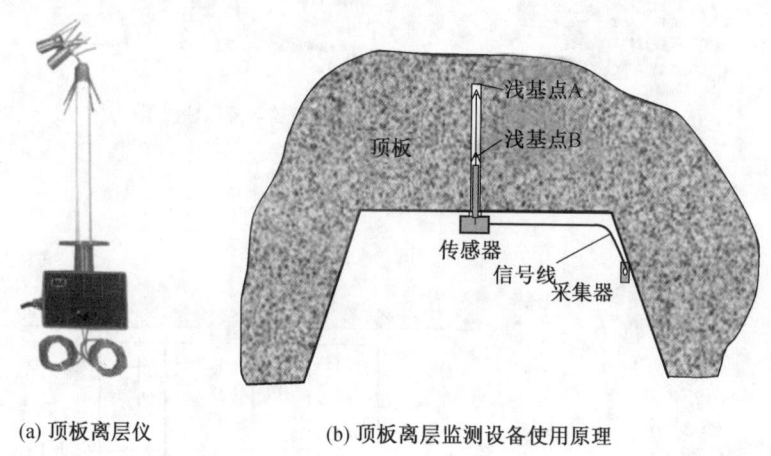

图4-4 顶板离层指示仪及使用原理

4. 巷道变形监测设备

1)顶底板移进量监测设备

巷道围岩收敛量是确认围岩的稳定性、判断支护效果、指导施工顺序、保证施工质量和安全的最基本资料;围岩周边位移是巷道围岩应力状态变化和围岩发生流变变形最直接的反映。通过监测各施工阶段围岩与支护结构的动态变化,可以把握施工过程中结构所处的安全状态,判断围岩的稳定性、支护的可靠性、确保施工安全及结构的长期稳定。顶底板动态监测仪及其使用原理如图4-5所示。

在巷道顶底板之间架设垂直巷道底板的动态监测仪,仪器通过测量传感器监测测量螺杆下缩量大小,并通过数据采集仪实现对传感器监测数据的实时收集。

2)激光测距巷道变形监测设备

传感器采用激光测距原理,可对巷道顶底板、两帮变形量进行实时监测。使用时需在两帮或顶板设置激光测距传感器,并在激光射出对应点悬挂反射板,通过激光反射所需时间计算两点间距离。激光测距传感器及其使用原理如图4-6所示。

第四章 覆岩运动

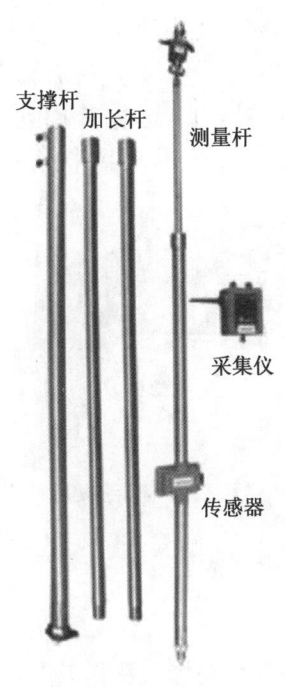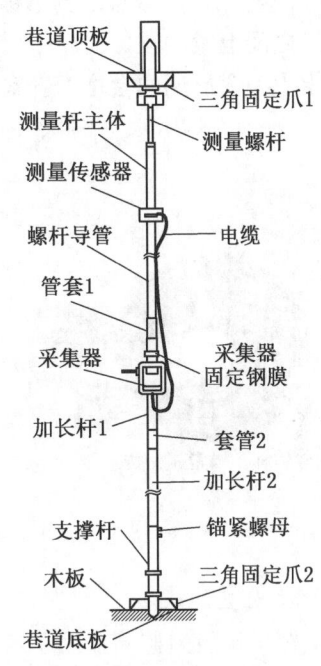

(a) 顶底板动态监测仪　　　　(b) 顶底板位移监测设备使用原理

图 4-5　顶底板动态监测仪及使用原理

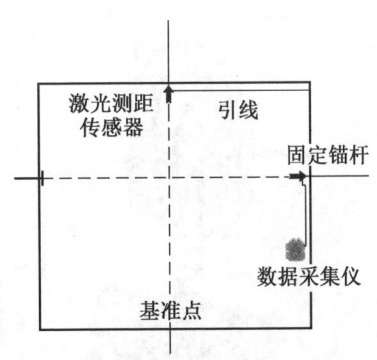

(a) 顶底板动态监测仪　　　　(b) 顶底板位移监测设备使用原理

图 4-6　激光测距传感器及使用原理

5. 锚杆、锚索压力监测设备

锚杆、锚索压力传感器是测量锚杆、锚索锚固力大小的仪器，使用时，通过托盘与螺母之间上紧的预紧力给予传感器监测初始压力，并进行后续实时监测。锚杆、锚索受力变形期间会增大托盘与螺母之间的压力，这时变化量会通过压力传感器的监测值反映出来，锚杆、锚索压力传感器及使用原理如图4-7所示。

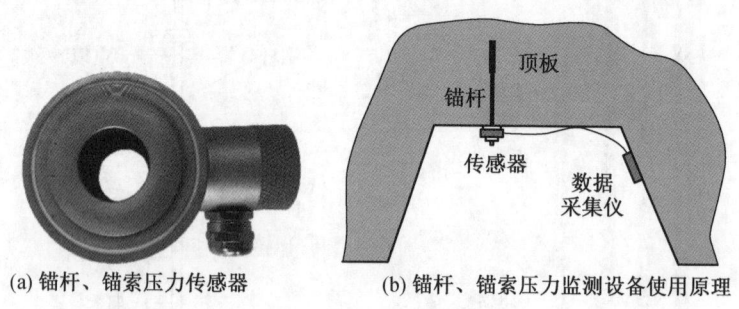

(a) 锚杆、锚索压力传感器　　(b) 锚杆、锚索压力监测设备使用原理

图4-7　锚杆压力传感器及使用原理

6. 单体支柱监测设备

单体支柱工作阻力监测仪用于监测单体液压支柱初撑力及其工作阻力。液压式单体支柱监测仪器工作的依据是液体的不可压缩原理，将支柱的载荷转化成液压腔的液压值。通过液压支柱测压三用阀，将单体液压支柱压力监测仪安装在测压三用阀接口处，可实现对单体液压支柱承压变化过程的实时监测。其结构及使用原理如图4-8所示。

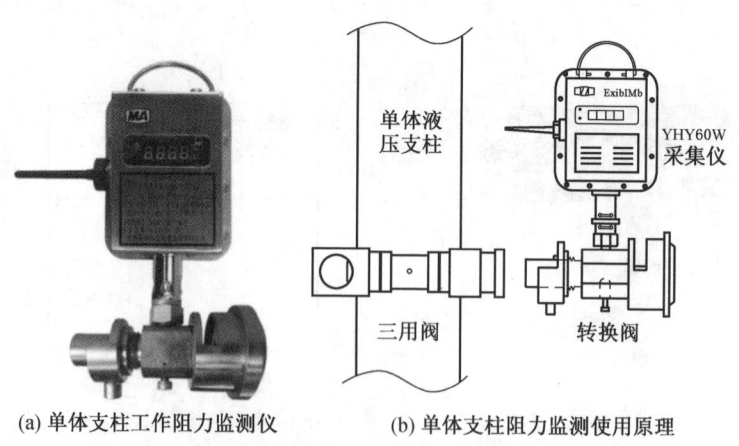

(a) 单体支柱工作阻力监测仪　　(b) 单体支柱阻力监测使用原理

图4-8　单体支柱监测设备结构及使用原理

(二) 关键参数

矿压监测设备主要技术参数见表 4-1。

表 4-1 矿压监测设备主要技术参数

矿用本安型锚杆（索）应力传感器	GMY400（A）	1. 测量范围：0~400 kN 2. 基本误差：≤0.5% FS（测量值上限误差） 3. 输出信号制式：电压信号，0~2.1 V 4. 传输距离：80 m 5. 额定工作电压：3.6 VDC
矿用本安型无线顶底板离层测量仪	YHDW240W（A）	1. 工作电压：3.6 VDC 2. 测量范围：0~240 mm 3. 精度：≤0.5% FS 4. 双通道采集仪
矿用本安型激光测距传感器	YHJ10（A）	1. 工作电压：3.6 VDC 2. 测量范围：0~10 m 3. 读数精度：1 mm
矿用本安型活柱缩量传感器	YHZW2000W（A）	1. 工作电压：3.6 VDC 2. 测量范围：0~20 m 3. 精度：≤0.5% FS
矿用本安型巷道顶底板收敛仪	YHSL400W（A）	1. 通道数：1个 2. 工作电压：3.6 VDC 3. 测量量程：0~400 mm 4. 巷道高度：3.0~8.0 m 配延长杆 5. 分辨率：0.1 mm 6. 精度：0.5% FS
矿用本安型无线压力检测仪	YHY60W（A）	1. 监测仪具有光感重启功能 2. 监测仪具有 LED 屏显示功能 3. 监测仪具有红外设置功能 4. 检测仪具有数据传输功能 5. 传输方式：无线传输，GFSK 调制 6. 中心频率：433 MHz 7. 发射功率：100 mW 8. 传输距离：0~80 m（井下）

四、技术应用

(一) 安装维护技术

1. 巷道离层及收敛位移监测

根据《煤矿巷道锚杆支护规范》(GB/T 35056—2018) 中对巷道表面与深部

位移监测的要求：巷道表面位移监测内容包括顶底板相对移近量、顶板下沉量、底鼓量、两帮相对移近量和巷帮位移；深部位移监测主要指离层监测。

位移监测一般采用十字布点法安设测站，每个测站应安设两个监测断面，监测断面间距不大于两排锚杆距离，测点应安设牢固。巷道顶板围岩深部位移观测（离层监测）范围不小于巷道跨度的1.5倍，孔内测点数不少于4个。

1) 巷道离层监测步骤

双高度顶板离层指示仪主要由浅部锚头 A、深部锚头 B、测绳、套管、外测筒 A 与内测筒 B 组成。适用于安装在 $\phi 27 \sim \phi 55$ mm 的安装孔内，传感器安装如图 4-9 所示。

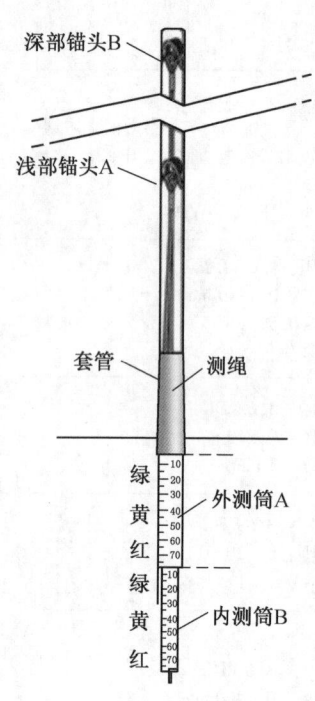

图 4-9 双高度顶板离层指示仪安装示意图

安装具体步骤为：采用合适的钻头垂直顶板钻孔至设计深度（不小于巷道跨度的1.5倍）；插入套管并揳紧；将深部锚头 B 插入钻孔并推至孔底，确保锚固牢固，链接内测筒 B；将浅部锚头 A 推入钻孔要求深度（比锚杆长度短 0.1 m），确保锚固牢固，连接外测筒 A；将外测筒 A 的 0 刻度与套管的底端对齐，扶正刻度标并固定测绳；记录详细信息，包括钻孔位置、日期和时间、锚固点的深度。

2) 巷道变形监测步骤

国标《煤矿巷道锚杆支护规范》（GB/T 35056—2018）中明确，十字布点法具体布置方式为，在每个观测断面分别设置4个测点，即在两帮及顶底板各设置一个测点。设置方式如图 4-10 所示。

监测时分别测定 AC、BD、AB、AD 的长度及其变化值。每次测量时，实测 AC、BD、AB、AD 线段的初始值，然后按上述距离可算出图 4-10 中 x、x'、y、y' 的初始值。在监测一段时间后，再次测量 AC、BD、AB、AD 长度，同样得出变形后的 x、x'、y、y' 的值，其与初始值之差即为上述四点的位移值。

2. 支柱阻力监测步骤

在单体支柱上外接转换阀并连通无线压力采集仪实现柱体内压力监测，安装时，假设测站1布置在距离工作面20 m 的单体支柱上，向工作面方向每隔4 m 布置一个测站，分别命名为2、3、4、5 测站。更改压力监测仪的位置时，以测站5为例，当工作面回采到测站5时，将压力监测仪从单体支柱上卸下，再将压力监测仪安装到测站5距工作面20 m 处，测站号距离工作面由远及近依次变更

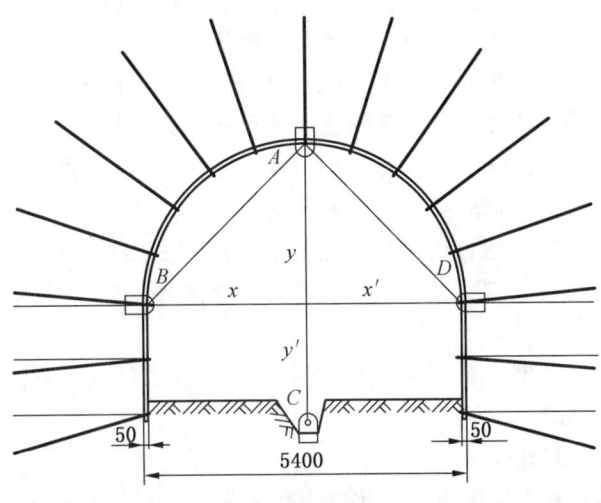

图 4-10 测点布置相对位置图

为 1、2、3、4、5 测站，后续各个测点临近工作面撤点时，以此类推。

3. 锚杆、锚索应力监测步骤

锚杆、锚索应力传感器采用穿孔式固定安装，将传感器安装到锚杆、锚索的托盘和紧固螺母之间，传感器安装时要注意居中，偏离中心安装时会造成一定的测量误差。建议传感器在巷道掘进过程中安装，若在回采巷道锚杆、锚索上安装传感器时，要注意局部顶板安全，具体安装步骤如下：

（1）先放入托盘，将传感器穿入锚杆或锚索中，保持传感器居中，旋紧锚杆的紧固螺母，若是锚索需用张拉机将锚索张紧。

（2）将传感器连接无线采集设备进行数据采集，并经由中继器、设备分站上传监测数据。

4. 支架阻力及姿态监测

支架阻力监测：支架阻力监测通过在液压支架的提升液压缸处外接转换阀，转换阀连通液压缸和无线采集仪，通过无线采集仪及其配套中继器和设备分站，实现对液压缸内油压变化的实时数据收集。

支架姿态监测：通过强磁磁铁将支架姿态传感器固定在液压支架上部顶梁处，并将传感器引出钢丝绳的下部磁铁，垂直吸引至支架下端设置的平台上，通过钢丝绳伸缩变化实现支架缩量监测，通过强磁磁铁吸附在支架顶部的倾角传感器三维倾斜变化，实现支架倾角监测。

5. 矿压设备维护技术

有效的设备维护可以提高设备工作效率,确保矿压监测数据的准确性和及时性,为矿压动力显现的预测预报及有效防治提供科学依据。

(1) 矿压观测仪器的使用、日常维护及管理由所在安装单位负责,及时协同设备厂家对仪器使用过程中出现的故障进行检修和维护。

(2) 生产技术部要指定人员定期或不定期对矿压监测设备仪器进行全面检查,并对查出的问题及时落实整改,须保持设备悬挂整齐并挂牌管理。

(3) 各区队对施工区域内的矿压监测设备需切实加强维护,不得损坏仪器。

(4) 按照现有设备仪器及安装线路敷设的实际情况,对安装设备仪器进行具体划分。

(5) 所有在线监测系统线路敷设必须符合《煤矿安全规程》规定,井下设备安装吊挂必须牢固。

(二) 数据处理技术

矿压数据通过各个监测设备收集并上传数据库,后经桌面端综合矿压监测系统进行统一的数据整合及分析,为判断围岩稳定性提供大数据支持。

1. 离层及巷道变形数据

采用无线采集仪收集巷道变形监测数据,并通过数据上传,可实现在软件内对比不同时间段巷道离层量,及巷道顶底板移进量的变化关系。以离层变化量数据为例,选择顶板离层选项,即可得到相应方案布置测点的离层实时曲线,具体效果如图 4-11 所示。

可以看出测点位移量随着工作面推进,出现了不同程度的升高,说明随着采动影响,巷道顶板出现了下沉趋势,通过分析离层变化量与预警值之间的关系,可以为判断该测点处围岩稳定性提供数据分析依据。巷道变形监测过程需选择巷道变形选项查看,曲线查询与离层监测查询方式一致。

2. 支架监测数据处理

支架循环末阻力 P_i 是指循环末支架移架前的工作阻力。正常情况下,循环末阻力为循环内的最大阻力,它是反映矿压显现强弱、评价支架额定工作阻力的重要指标。周期来压分析以支架的平均循环末阻力与其均方差之和作为判断顶板周期来压的主要指标。计算公式如下:

$$\sigma_p = \sqrt{\frac{1}{n}\sum_{i=1}^{n}(P_{ti} - \overline{P_i})^2} \qquad (4-3)$$

式中 σ_p——循环末阻力平均值的均方差;

n——实测循环数;

P_{ti}——各循环的实测循环末阻力;

$\overline{P_i}$——循环末阻力的平均值。

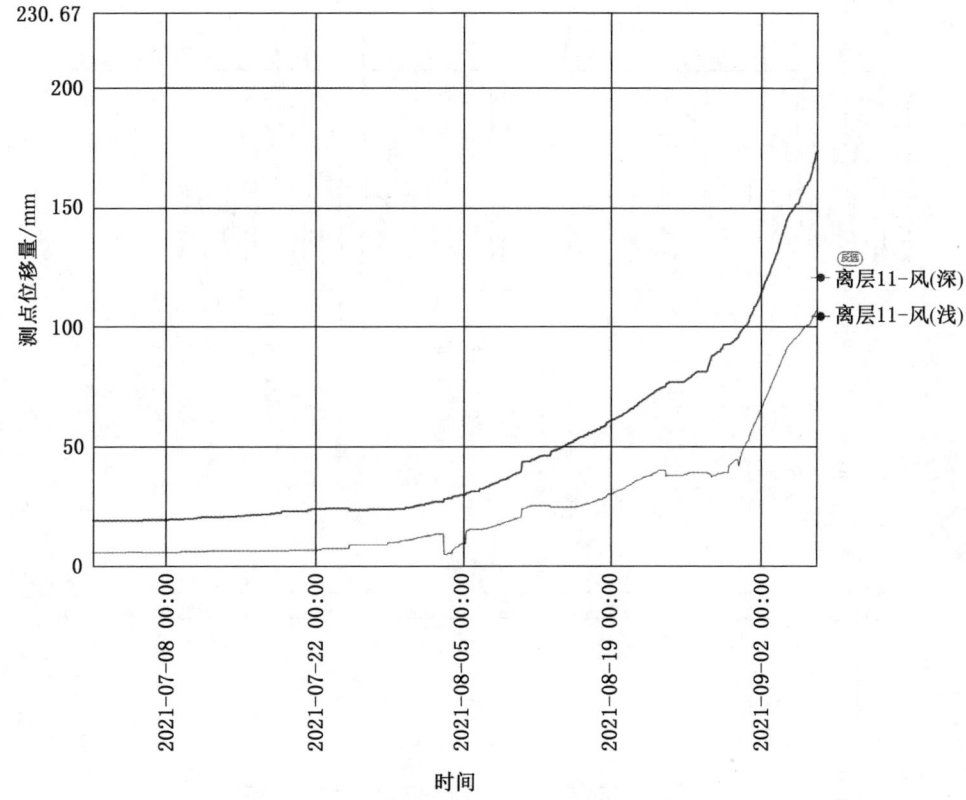

图 4-11 顶板离层深浅孔数据变化过程

通过设置周期来压预警指标可为监测数据划定预警值,实现对周期来压的实时预警;需查看支架相关监测数据时,可选择综采支架选项,即可在综合矿压分析软件中得到测点支架阻力及姿态监测数据,具体展示效果如图 4-12 所示。

通过图 4-12 数据分析可以得出支架循环末阻力与来压预警值之间的关系,统计循环末阻力超过预警值的时间及间隔,可以得到支架来压次数及来压步距,对来压步距进行均值处理可预测工作面周期来压步距。

3. 支柱阻力数据处理

支柱阻力监测需选择综合矿压监测系统中的超前支护选项,即可查看所有支柱阻力监测测点压力值随时间变化的数据曲线,具体展示效果如图 4-13 所示。

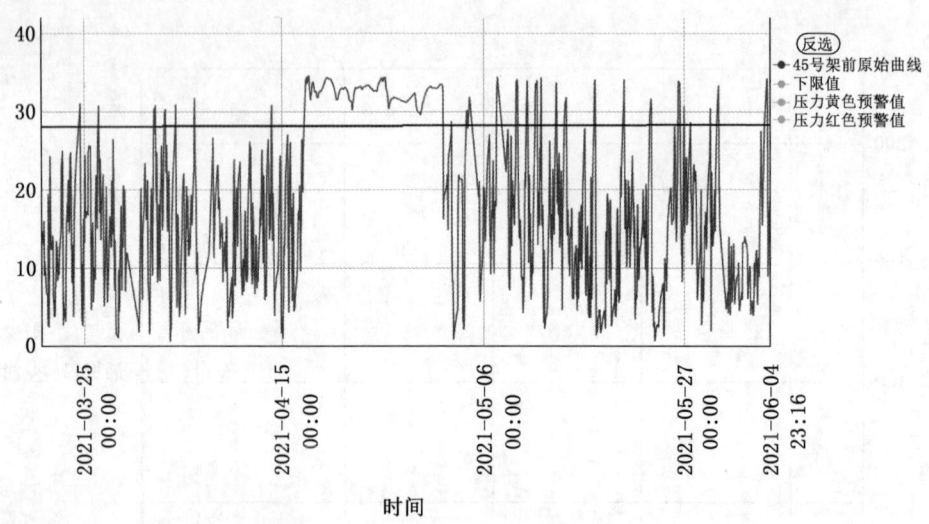

图 4-12 液压支架阻力监测

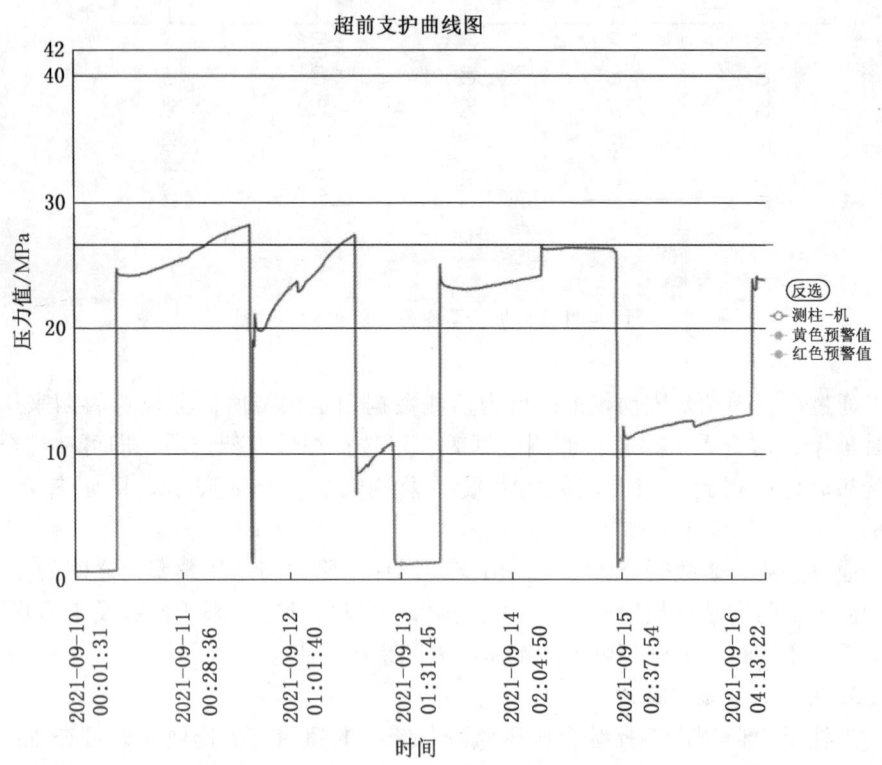

图 4-13 单体支柱阻力监测

通过图 4-13 可以看出，通过对比支柱监测曲线与来压预警值的关系，可以得到超前工作面顶板初次来压及周期来压过程，通过分析工作面支柱的初撑力及工作阻力的变化情况，能较好地掌握超前工作面顶板来压情况，根据超前工作面顶板的运动情况来指导安全生产。

4. 锚杆、锚索应力数据处理

在综合矿压监测系统任意监测种类选项中，点选锚杆、锚索对应测点的数据直方图，便可调取单一测点随监测时间的变化过程曲线。以锚杆、锚索应力监测中 5 号测点的监测数据为例，锚杆、锚索应力随时间变化的具体展示效果如图 4-14 所示。

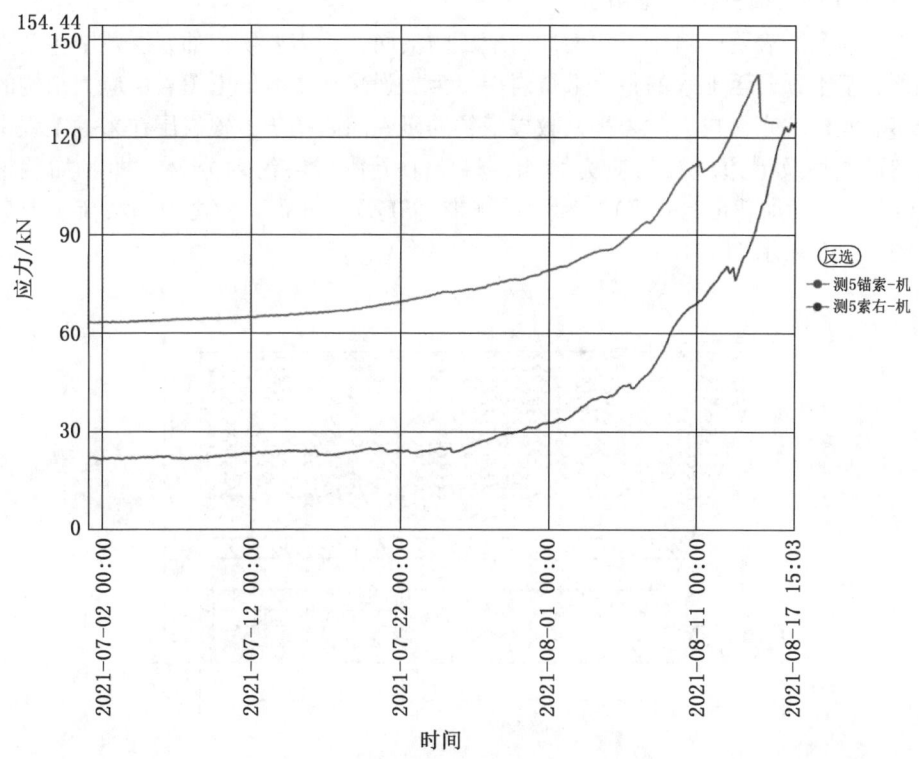

图 4-14　锚杆索 5 号测点应力值随时间变化曲线

图 4-14 中监测曲线反映出，随着推采靠近测点位置，锚杆锚索所受轴向应力逐渐增大，锚杆索支护结构对巷道进行了有效的变形约束。

通过以上数据处理及综合分析方式，配合多种监测数据预警指标的设置，可实现矿井生产过程中的矿压显现提前预警，为指导矿山安全生产提供大数据分析依据。

第二节 覆岩沉降监测技术

一、覆岩沉降与冲击地压监测关系

上覆岩层在工作面开采过程中的运动规律以及工作面开采完毕后的结构形态直接影响相邻工作面在开采初期的静应力状态和开采过程中的岩层运动模式,因此,研究工作面上覆岩层的结构形态和运动模式对动力灾害防治、巷道围岩控制等具有十分重要的意义。

(一)"载荷三带"结构定义

工程实践表明,对于工作面冲击地压防治而言,需要研究的岩层范围包括直接顶、基本顶乃至地表的整个上覆岩层。为加强采动影响下上覆岩层应力结构的分布研究,北京科技大学姜福兴教授带领的研究团队基于上覆岩层在采掘工程中对巷道本身及周边施加的应力影响,将整个上覆岩层组划分为"即时加载带(ILZ)""延时加载带(DLZ)"和"静载带(SLZ)"三带,称之为"载荷三带",如图4-15所示。

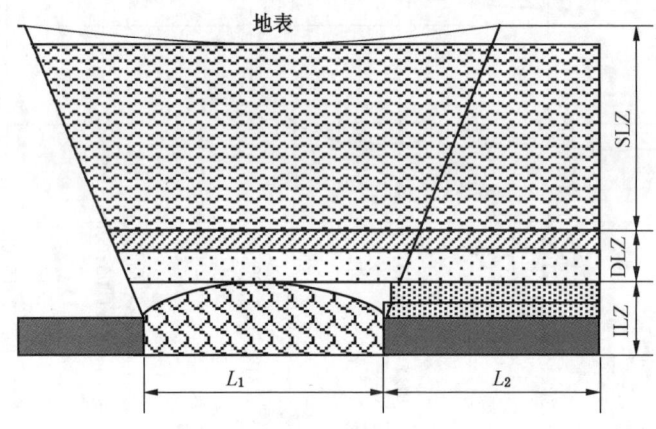

图4-15 载荷三带的分布示意图

即时加载带(Instant Loading Zone,简称ILZ):随着回采工作的进行会在短期内发生周期性挠曲、破裂和垮落,可以即时充填采空区并形成承载结构的岩层组。包括直接顶、基本顶及其上方部分岩层。对于"ILZ"带,其内部岩层会随着回采在短期内发生冒落、回转等剧烈运动并形成承载结构,由此产生的应力会立即在工作面煤壁内显现，岩层的剧烈运动会直接影响工作面冲击危险性，其厚度与采高密切相关。

延时加载带（Delayed Loading Zone，简称 DLZ）：位于"ILZ"带以上，在回采初期悬顶，但随着所承受的载荷超过自身强度将在较长一段时间内逐步发生离层和断裂的岩层组。对于"DLZ"带，其运动产生的应力会在工作面开采过程中以及开采完毕后较长一段时间内逐步显现，直到内部岩层形成稳定的"拱"形结构。其厚度与采空区宽度相关。

静载带（Static Loading Zone，简称 SLZ）：从"DLZ"带以上直至地表，连续性好。由于远离采场，"SLZ"带受采动的影响较小，岩层组内部所受的上覆岩层自重应力在水平方向的应力变化梯度较小，可视为均载。

（二）基于载荷三带结构的覆岩空间结构演化过程

载荷三带中"即时加载带"和"延时加载带"岩层的运动会对下方工作面的支承应力大小和分布产生显著影响，具体范围由工作面开采尺寸决定。根据采空区最小宽度的变化，将整个推采过程分为以下几个阶段，分别分析载荷三带的演化过程。

随着工作面 A 的回采，直接顶垮落、基本顶下沉，发生运动的上覆岩层高度逐渐增大，工作面 A 的初次来压 t_1 标志着采场覆岩运动高度接近"即时加载带"的高度范围，在后续回采中，开采条件不变的情况下，"即时加载带"的高度 H_1 基本不变。"即时加载带"岩层未发生运动之前，其上方的岩层没有运动空间，此时"延时加载带"厚度为零。

从 t_1 开始到 t_2 阶段，"即时加载带"岩层的垮落和压实为上方"延时加载带"岩层的运动创造了条件，"延时加载带"岩层的破裂高度会从零开始逐渐增加，达到 H_2，"静载带"厚度减小。

t_2 开始是工作面 A 从见方直到回采完毕的正常回采阶段，该阶段"延时加载带"厚度不变。随着工作面的推采，进入采空区上方的"延时加载带"岩层的破裂位置会逐步向前向上发展，但最大高度不会超过 H_2。

t_3 为工作面 B 开始回采阶段。由于相邻采空区的覆岩已经发生破坏，在工作面 B 回采期间，顶板运动会呈现剧烈且迅速的特征，因此工作面 B 上方的覆岩破坏高度会迅速发展到 H_1，发生初次来压（t_4）。

初次来压后，工作面 B 上方覆岩破坏高度继续增加，并且与相邻工作面已破坏的顶板相互贯通，破裂高度达到 H_2。

工作面 B 见方之后，随着工作面的继续推采，采区的最小开采宽度增大，顶板破裂高度继续往上发展，"延时加载带"的厚度逐步增加，直到双工作面见方 t_6，破裂高度达到 H_3。

采区达到充分采动条件后,地表最大沉陷值不再随着开采范围的增加而增加,"静载带"厚度达到最小值,"延时加载带"高度达到最大值 H_4。基于载荷三带的覆岩空间结构模型演化如图 4-16、图 4-17 所示。

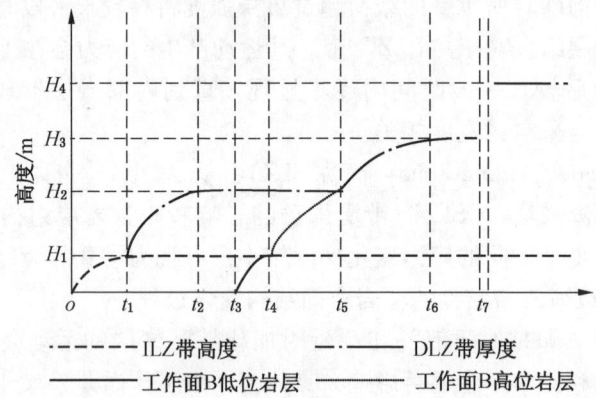

t_1—工作面 A 初次来压;t_2—工作面 A 见方;t_3—工作面 B 开始回采;t_4—工作面 B 初次来压;t_5—工作面 B 见方;t_6—双工作面见方;t_7—充分采动阶段

图 4-16 载荷三带高度变化示意图

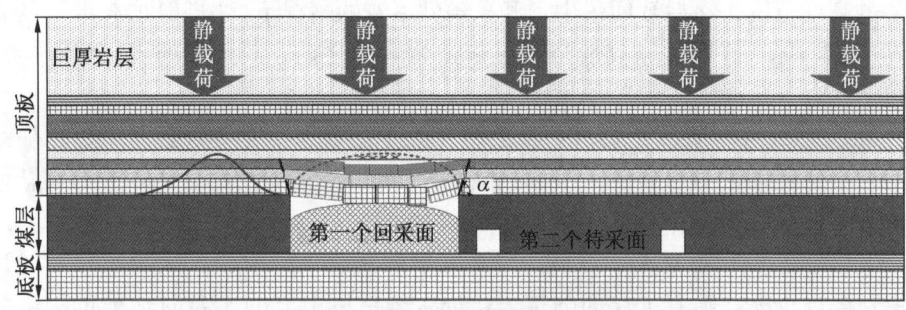

(a) 第一个面开采后覆岩空间结构剖面图

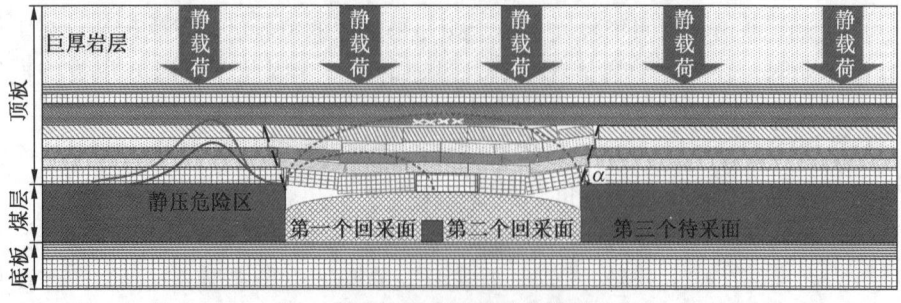

(b) 第二个面开采后覆岩空间结构剖面图

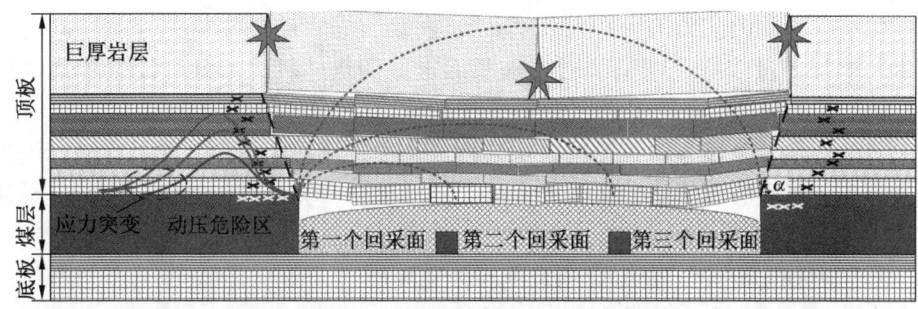

(c) 第三个面开采后覆岩空间结构剖面图

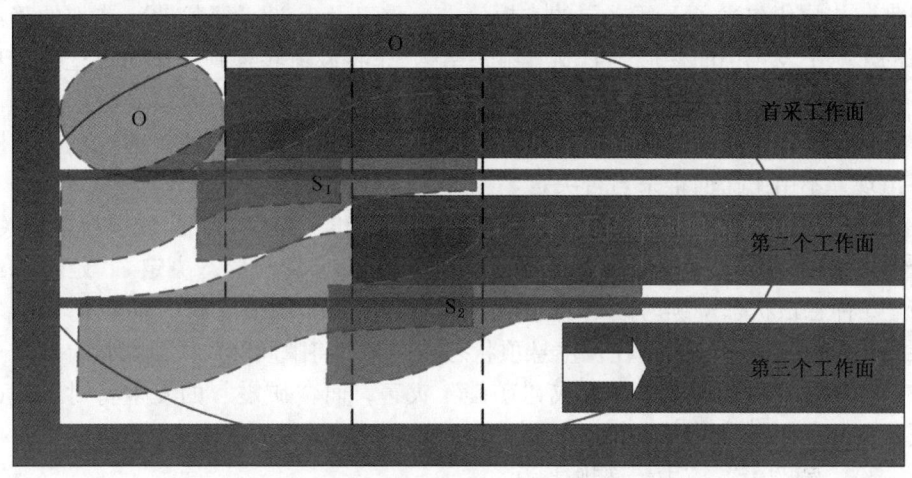

(d) 三个面连续开采中覆岩空间结构演化平面图

图 4-17 覆岩空间结构演化剖面示意图

(三) 基于载荷三带模型的走向、侧向应力分布规律研究

1. 走向应力分布规律研究

1) "即时加载带"应力影响范围和传递规律

工作面在回采过程中,"即时加载带"内的岩层组将随工作面的推进,自下而上依次经历下沉、断裂和垮落。直接顶垮落后,由于"即时加载带"内各岩层组自身存在强度,具有一定的承载能力,能在刚暴露时承受一部分上覆岩层的重量。随着悬露面积增大,其承受的重量超过岩层的承载能力,岩层发生断裂下沉,将之前所承载的上覆岩层重量通过断裂岩块所形成的"结构"转移到底板和煤壁内,如此循环,形成了开采活动中所见的"初次来压"和"周期来压"

现象。

传递到煤壁内应力的大小与"即时加载带"的岩层质量相关,如"即时加载带"岩层质量较好,则坚硬岩层破断后形成的块体较大,触矸线位置离煤壁远,传递应力较大。

另外,在开采过程中,厚硬岩层易形成悬顶,聚积大量弹性能,在破断或滑移过程中,剧烈的顶板活动将会产生巨大的动载荷,突然释放的大量弹性能易诱发冲击灾害。

2)"延时加载带"应力影响范围和传递规律

由于"延时加载带"岩层组在开采活动中发生周期性的破裂下沉,"延时加载带"岩层组失去了下部岩层的支撑,在自重以及上部"静载带"施加的静载荷的影响下发生挠曲变形,形成"梁式结构",将载荷转移到工作面煤壁前方更广阔的区域。随着"延时加载带"岩层缓慢变形、下沉和破裂,岩层组自下而上依次经历完全悬顶、部分悬顶和完全触矸3个阶段,3个阶段随时间的推移顺序出现,不由工作面推采与否决定。

传递到煤壁内应力的大小与"延时加载带"和"静载带"的岩层自重相关,分布形式由"延时加载带"形成的"梁式结构"本身的形态决定。"延时加载带"3种悬顶状态持续时间的长短由岩层质量决定。如果"延时加载带"的岩层质量较好、厚度较大,在发生悬顶状态转换时,将瞬间释放大量能量,广泛地作用到下方应力影响区中,形成"矿震"灾害,而"矿震"的发生将对工作面周边高应力区产生瞬时冲击,可能发生由"矿震"诱发的冲击地压。

3)"静载带"应力传递规律

"静载带"内的岩层组在采区已制定的整个开采接续方案实施过程中均不会发生破裂,受采动影响较小,内部各岩层组仅发生弯曲下沉,所有岩层的最终下沉量会直接在地表体现,因此其岩层质量本身对于"冲击地压"或者"矿震"灾害的发生影响不大,但由于"静载带"会对下部岩层施加来自于自重的静压力,因此其厚度将会极大地影响采场的基础应力状态。"静载带"岩层组内部所受的岩层自重应力在水平方向的变化梯度较小,受力分析时可视为均载。

2. 侧向应力分布规律研究

1)"即时加载带"侧向应力影响范围

在工作面回采过程中,"即时加载带"岩层发生周期性的运动,由于其所在层位较低,因此对于侧向煤帮的应力影响基本只局限在本工作面范围内,且不会随着工作面推采距离的增加而增加。

2)"延时加载带"侧向应力影响范围

位于较高层位的"延时加载带"岩层随着悬顶的出现,在侧向同样会形成类似于走向方向的"梁式结构",传递的应力大小和分布类比于走向支承压力分布,区别在于,在单个工作面的回采过程中,其应力分布形式不会发生变化,只在采区连续开采的最小宽度发生变化的条件下发生改变。

3)"静载带"侧向应力影响范围

根据"静载带"的定义,其内部岩层组在工作面回采过程中不会形成悬顶结构,因此在工作面走向和侧向均不会产生应力转移,只是将自重施加到下方岩体中。

(四) 基于载荷三带估算的三带静应力估算

在载荷三带概念模型的基础上,结合课题组在山西、山东等十多个矿井多年以来积累的大量高精度微震和应力实测结果,通过抽象和总结,建立了载荷三带静应力估算模型。

在走向方向上,工作面超前支承压力的大小和分布在"延时加载带"处于完全悬顶、部分悬顶和完全触矸3种状态下各不相同;倾向方向上的应力估算主要是为相邻工作面的开采服务,因此在分析时认为"延时加载带"已经充分运动,处于完全触矸状态,可类比同条件下的走向支承压力分布。根据"延时加载带"在回采过程中的3个悬顶阶段,分别建立3个应力估算模型。

1. "延时加载带"完全悬顶状态

深井近水平采场的"延时加载带"处于完全悬顶阶段时,采场超前支承压力估算模型如图4-18所示。"即时加载带""延时加载带"和"静载带"的厚度分别为M_1、M_2和M_3,煤壁前方离层端的连线OB称为岩层移动边界线,其与水平方向的夹角α称为岩层移动角,L为采区连续开采的最小宽度,虚线AD为采空区中线。以采空区与煤壁的边界点O作为原点建立直角坐标系xOy,计算工作

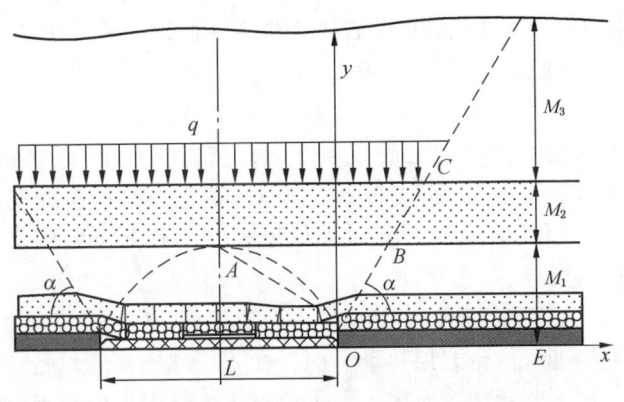

图4-18 "延时加载带"完全悬顶状态应力估算模型

面 OE 范围内的煤体所受垂直应力。

2. "延时加载带"部分悬顶状态

"即时加载带"岩层随着矿体的采出在短时间内发生垮落和回转下沉并形成"结构",其形态不随时间推移发生大的变化,因此该阶段"即时加载带"传递应力 σ_1 的大小和分布形态与前一阶段相同(图 4-19)。"延时加载带"的岩层在经历全悬顶状态后,下部岩层由于承受的载荷超过其强度而发生断裂触矸,上部岩层尚未断裂,形成部分悬顶状态。

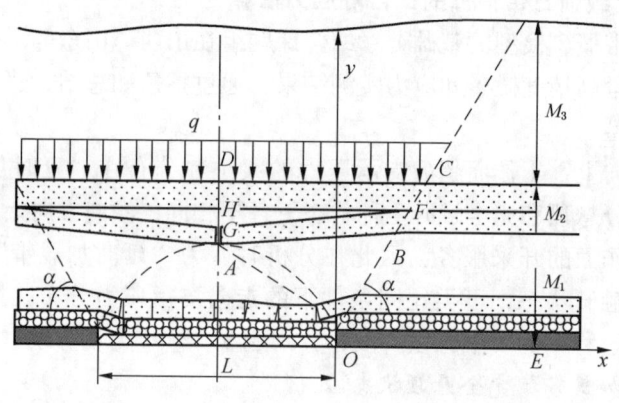

图 4-19 "延时加载带"部分悬顶状态应力估算模型

3. "延时加载带"完全触矸状态

在确定的开采宽度 L 下,"延时加载带"完全触矸后,岩梁下方受到采空区矸石的支撑,上方受到"静载带"的自重应力,传递到煤体前方的应力约为"静载带"的作用在 DC 段的自重及岩层 ABCD 自重的一半(图 4-20);该阶段"即时加载带"传递应力 σ_1 的大小和分部形态与前一阶段相同。

充分采动条件下基于载荷三带模型分析的煤体倾向和走向方向上施加的支承压力的影响范围和最大静应力是确定不变的,它们决定了煤岩体的基础应力状态,而"即时加载带"和"延时加载带"的运动是引起冲击的动应力来源,因此应重点加强对"即时加载带""延时加载带"井上和井下的联合监测分析,为冲击地压防治提供指导。

(五)井上、井下联合监测分析

井下监测主要进行低位岩层运动,由于受限于现场监测设备、监测环境及监测范围的影响,井下监测精度有限;井上监测主要是根据地表观测站的空间位置及其相对位置变化情况,确定各测点的位移和点间的相对移动,从而掌握地表沉

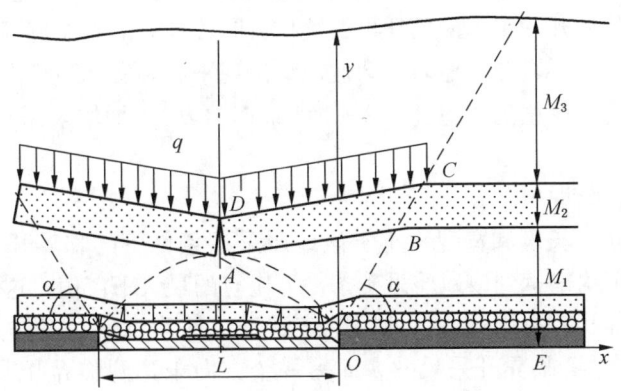

图 4-20 "延时加载带"触矸结构计算模型

陷的规律。而通过井上、井下联合监测，综合采场到地表的覆岩运移现场实测数据，依据"载荷三带"现有力学模型基础上为冲击地压防治提供指导。

1. 井上监测

井上监测一般主要得到采动影响下地表下沉系数，进而推断地表是否达到充分采动，同时通过地表监测数据反演计算采动超前影响角，最终实现井下地表相互影响范围的估算。

1）下沉系数

充分采动时，地表最大下沉值与煤层法线采厚在铅垂方向投影长度的比值称为下沉系数。下沉系数与顶板控制方法有关，表4-2给出了各种顶板控制方法时下沉系数的经验值。

表4-2 下沉系数与顶板控制方法的关系

顶板控制方法	下沉系数 q
全部垮落法	0.60~0.80
带状充填法（外来材料）	0.55~0.70
干式全部充填法（外来材料）	0.40~0.50
风力充填法	0.30~0.40
水砂充填法	0.06~0.20

2）充分采动

地下煤层采出后,地表下沉值达到该地质条件下应有的最大值,此时的采动为充分采动。此后开采工作面尺寸再继续扩大时,地表的影响范围相应扩大,但地表最大下沉值不再增加,地表移动盆地将出现平底。实际观测表明,通常在采空区的长度和宽度均达到和超过 $1.2 \sim 1.4 H_0$ 时(H_0 为平均采深),地表可达到充分采动。

3) 非充分采动

采空区尺寸(长度和宽度)小于该地质采矿条件下的临界开采尺寸时,地表任意点的下沉均未达到该地质采矿条件下应有的最大下沉值,这种采动称为非充分采动,或称其为有限开采,此时地表移动盆地为碗形。工作面沿一个方向(走向或倾向)达到临界开采尺寸,而另一个方向未达到临界开采尺寸的情况,也属于非充分采动,此时的地表移动盆地为槽形。

4) 井下地表相互影响范围

在走向主断面上,工作面由开切眼推进一定距离到达 A 点后,岩层移动开始波及地表。通常把地表开始移动时工作面的推进距离称为启动距。地表开始下沉是以观测地表点的下沉值达到 10 mm 为标准。一般在初始采动时,启动距约为 $1/4 \sim 1/2 H_0$,其中 H_0 为平均采深。启动距的大小主要和开采深度及岩石的物理力学性质有关。

在图 4-21 中,当工作面推进至 B 点时,得下沉曲线 W_1,工作面前方 1 点开始受采动影响而下沉;当工作面推进的距离约为 $1.2 \sim 1.4 H_0$,即推至 C 点时,得下沉曲线 W_2,地表 2 点开始受影响而下沉。从这里可以看出,在工作面推进过程中,工作面前方的地表受采动影响而下沉,这种现象称为超前影响。将工作面前方地表开始移动(即下沉 10 mm)的点与当时工作面的连线,此连线与水平

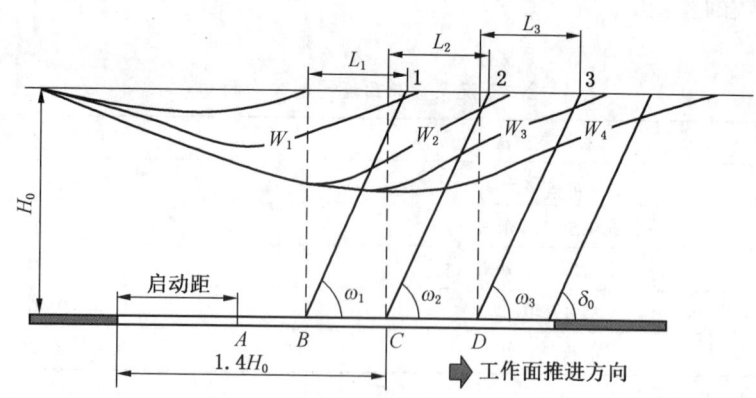

图 4-21 工作面推进过程中的超前影响示意图

线在煤柱一侧的夹角称为超前影响角，用 ω 表示。开始移动的点到工作面的水平距离 l 称为超前影响距。已知超前影响距和开采深度，便可计算超前影响角，其计算公式为

$$\omega = \text{arccot}\frac{l}{H_0} \tag{4-4}$$

式中　l——超前影响距；

　　　H_0——平均开采深度。

随着工作面的推进，地表最大下沉速度和采煤工作面的相对位置基本不变，最大下沉速度点也有规律地向前移动。可以发现，当地表达到充分采动后，在地表下沉速度曲线上，最大下沉速度总是滞后于采煤工作面一个固定距离，此固定距离称为最大下沉速度滞后距，用 L 表示。这种现象称为最大下沉速度滞后现象。把地表最大下沉速度点与对应的采煤工作面连线，此连线和煤层（水平线）在采空区一侧的夹角，称为最大下沉速度滞后角，用 φ 表示，其计算公式为

$$\varphi = \text{arccot}\frac{L}{H_0} \tag{4-5}$$

式中　φ——超前影响角；

　　　L——滞后距；

　　　H_0——平均开采深度。

2. 井下监测

井下监测主要进行采动影响下低位岩层运移情况的监测，通过微震监测手段实现采动影响下覆岩裂隙发育情况的动态监测，直观地展现低位关键层影响下震动事件空间分布情况。采动影响下压力显现及分布情况主要受悬臂梁影响，即与煤层顶板岩性有关。一般情况下，受低位关键层影响，悬臂梁长度小时影响范围较小，悬臂梁长度较大时影响范围较大。采动影响下矿压显现监测可综合采用煤体相对应力、锚杆索应力、顶板离层、巷道移近量等联合监测，实现多参量监测数据的综合矿压监测与分析。

二、覆岩沉降观测方法

地下局部煤体被采出后，在岩体内部形成一个空洞，其周围原有的应力平衡状态受到破坏，引起应力的重新分布，直至达到新的平衡，这是一个十分复杂的物理、力学变化过程，也是岩层产生移动和破坏的过程，这一过程和现象称为岩层移动。

（一）地面观测

根据设站目的，合理地选择观测站的布设形式是十分重要的。目前我国矿区

大多采用剖面线状观测站。

观测站一般由两条观测线组成。一条沿煤层走向方向,一条沿煤层倾斜方向,它们互相垂直并相交。在地表达到充分采动的条件下,通过移动盆地的平底部分都可设置观测线。在地表未达到充分采动的条件下,观测线需设在移动盆地的主断面上。由于我国矿区采煤工作面大多是沿煤层走向方向较长,远远大于充分采动所要求的最小尺寸,因此为了检验观测成果的可靠性,往往在充分采动区内设置两条相距 50~70 m 的倾斜观测线。观测站布置形式如图 4-22 所示。

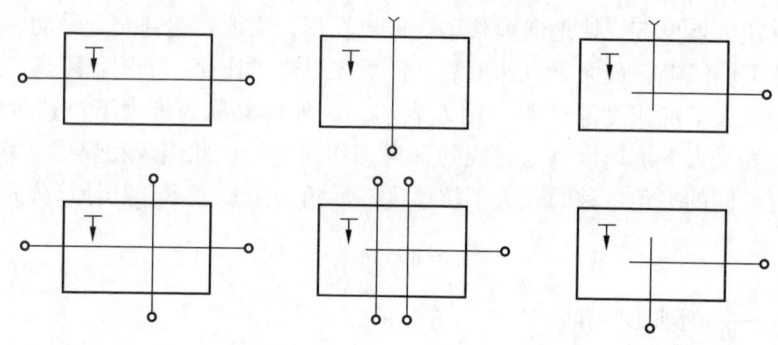

图 4-22 观测站布置形式示意图

观测线的长度应保证两端(半条观测线时为一端)超出采动影响范围,以便建立观测控制点和测定采动影响边缘。采动影响过程中应保证他们和地表一起移动,以反映地表的移动状态。

观测线上的测点数目及其密度,主要取决于开采深度和设站的目的。工作测点设置在预计的移动盆地范围内观测线上,一般是从移动盆地中央开始向两边的移动边界布置。在采动过程中,定期观测这些测点的空间位置,以反映地表点的移动情况。因此,要求测点的埋设深度在本地区的冻土深度以下 0.5 m,以保证它和土层密实固结,以使测点和地表一起移动。工作测点应有适当的密度。为了以大致相同的精度求得移动和变形值及其分布规律,工作测点一般采用等间距布置,基于工程经验的测点密度统计见表 4-3。

测点布设完成后进行地表沉降量的日常观测。所谓日常观测工作,指的是首次和末次全面观测之间适当增加的水准测量工作,为判定地表是否开始移动,在采煤工作面推进一定距离(相当于 $0.2 \sim 0.5 H_0$)后,在预计可能首先移动的地区,选择几个工作测点,每隔几天进行一次水准测量,如发现地表测点有下沉趋势,即说明地表已经开始移动。在移动过程中,要进行日常观测工作,即重复进行水准测量。重复水准测量的时间间隔,视地表下沉的速度而定,一般是每隔 1~3 个月观测一次。在移动的活跃阶段,还应在下沉较大的区段,增加水准观测次数。

表 4-3 测点密度统计表   m

开采深度	点间距离	开采深度	点间距离
<50	5	200~300	20
50~100	10	>300	25
100~200	15		

(二) 井下观测

1. 基于煤体相对应力监测的悬臂梁影响范围监测

采用应力在线监测系统实时分析采动应力场的变化特征。综合考虑应力在线监测系统采集仪灵敏度、压力转化器灵敏度和线路传输等因素,最终确定系统应力变化灵敏度为 0.1 MPa,即当应力在线监测系统的压力曲线上升 0.1 MPa 时,说明钻孔应力测点区域开始受到采动超前支承压力影响。通过分析应力在线系统的初始出现应力增长测点与工作面的距离,分析采动超前支承压力影响范围、程度和变化情况,进而实现悬臂梁影响范围的分析与监测。

2. 基于微震监测的倾向覆岩裂隙发育监测

微震监测主要是通过井下安装的传感器接收到震动信号,在已安装微震测点形成的空间台网基础上,建立微震时空分析方法,针对工作面地质特征,分析研究顶板岩层运动规律,如基本顶来压、周期来压、侧向影响范围、顶板破坏高度和构造活化特征等,可为冲击地压的识别与预警提供基础数据。

第五章 实践应用

第一节 围岩震动类应用

一、局部微震监测应用案例

(一) 工作面初次见方前后覆岩运动规律分析

内蒙古某矿 30202 工作面斜长 268 m, 2017 年 5 月 19 日至 6 月 15 日, 工作面由 167 m 推进至 369 m, 为工作面单见方影响阶段, 6 月 3 日工作面推进至 298 m, 进入 30201 工作面采空区影响区。此阶段微震剖面演化如图 5-1 所示, 见方期间工作面每周 $10^4 \sim 10^5$ J 高能量事件逐渐增多, 高位顶板 (约 80~100 m) 出现

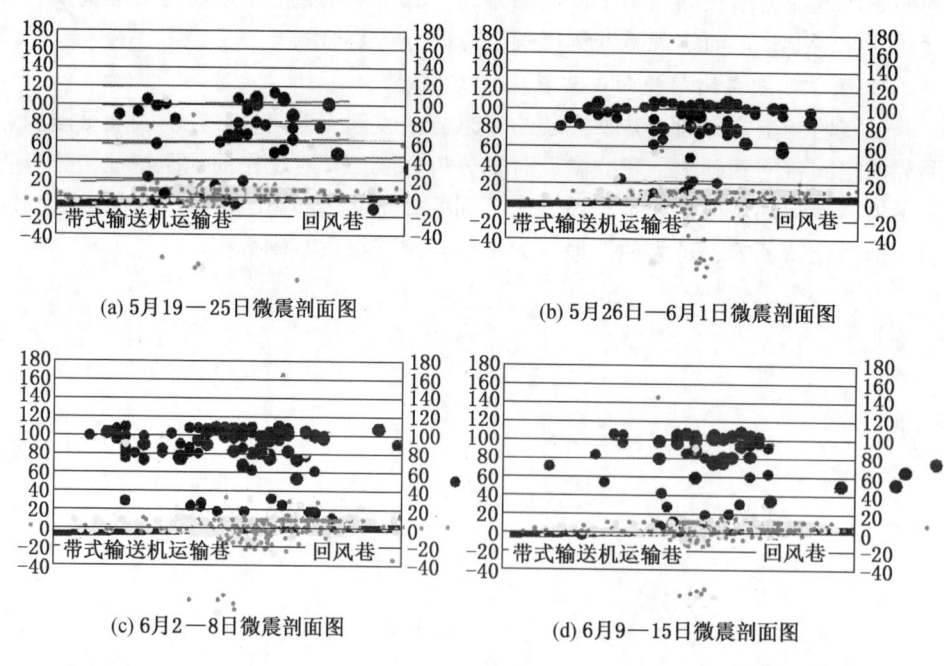

(a) 5月19—25日微震剖面图　　(b) 5月26日—6月1日微震剖面图

(c) 6月2—8日微震剖面图　　(d) 6月9—15日微震剖面图

图 5-1　工作面单见方期间微震监测剖面图

10^5 J 大能量事件，表明高位顶板开始运动。工作面推进至 30201 采空区影响区后，大能量事件呈现向采空区发育的趋势，表明采场上方覆岩空间结构存在连通的可能。根据此阶段微震剖面图可知，$0\sim10^3$ J 能量微震事件主要集中在煤层上方 20 m 范围内顶板中，10^3 J 以上事件最大发育高度约为 120 m。

（二）工作面"二次见方"前后覆岩运动规律分析

济三煤矿 $73_{下}07$ 工作面净面长 260 m，东邻 $73_{下}06$ 工作面采空区，工作面于 2020 年 5 月 11 日安装局部微震监测系统，5 月 12—31 日工作面由 490 m 推采至 644 m，进入工作面"二次见方"影响区（图 5-2）。

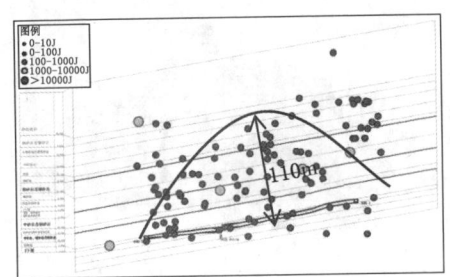 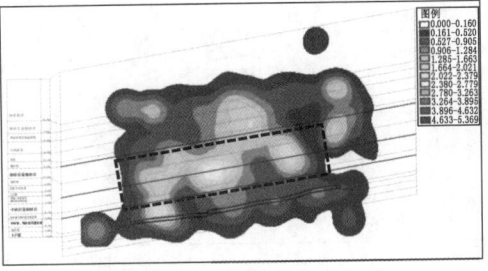

(a) 5 月 12 日至 5 月 13 日

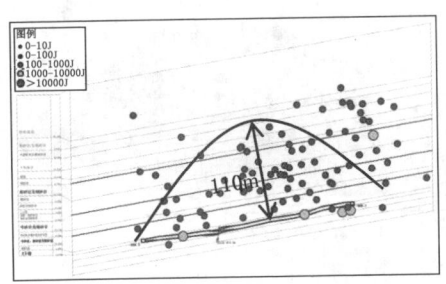 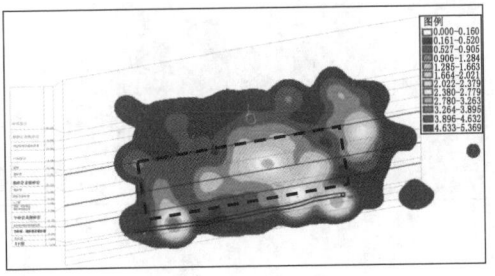

(b) 5 月 14 日至 5 月 15 日

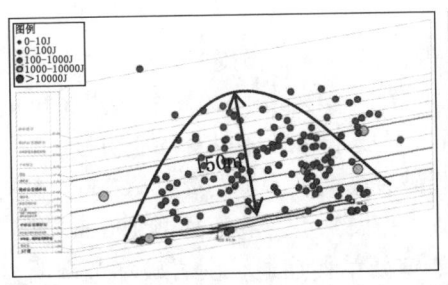 

(c) 5 月 16 日至 5 月 17 日

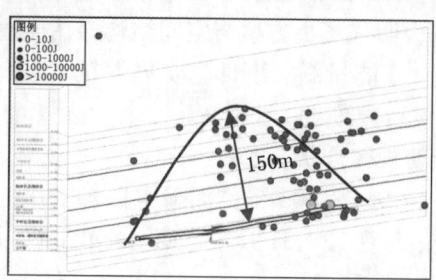
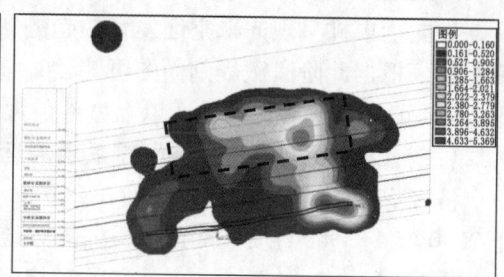

(d) 5月18日至5月19日

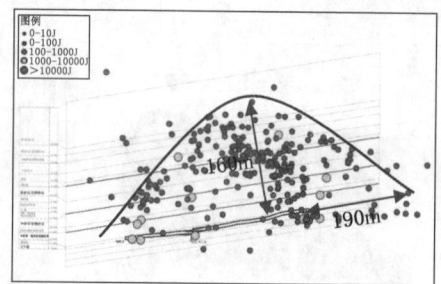
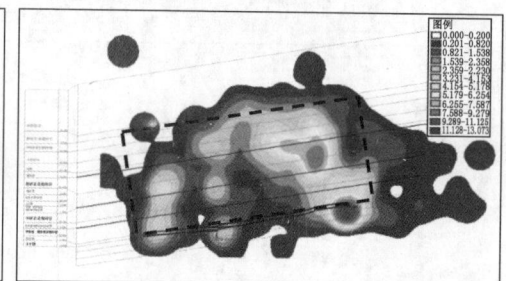

(e) 5月20日至5月21日

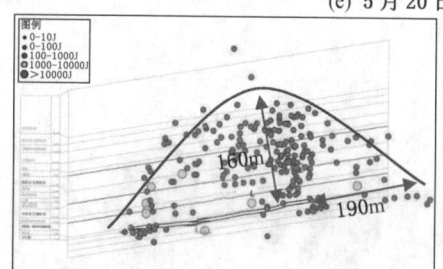

(f) 5月22日至5月23日

图5-2 工作面"二次见方"期间微震剖面分布和能量云图

5月12日至5月15日工作面由490 m推采至520 m，微震监测显示工作面顶板岩层破裂高度约为110 m；5月16日至5月17日工作面由520 m推采至536 m，工作面二次见方，顶板破裂高度达到150 m，微震事件局部积聚特征明显。5月18—23日工作面由536 m推采至582 m，顶板破裂高度进一步发育至160 m，在三组硬岩控制层内高能量事件均较多，微震活动扩展到沿空巷道外侧190 m范围，工作面推进至双工作面见方时采场上方覆岩空间结构连通，围岩破坏范围明显增大。

（三）工作面周期来压监测分析

图 5-3 所示为赵楼煤矿 7301 工作面微震时序图，图中深色柱状表示周期来压时刻。由图可知，来压期间围岩运动加剧，微震指标显著升高；伴随工作面推进，采场围岩运动呈现周期性活动特征，活动周期平均约为 8 天，周期步距平均为 19.5 m，与支架工作阻力揭示的周期来压步距吻合。由此，根据微震活动的周期性变化特征可以实现工作面周期来压的预测预警。

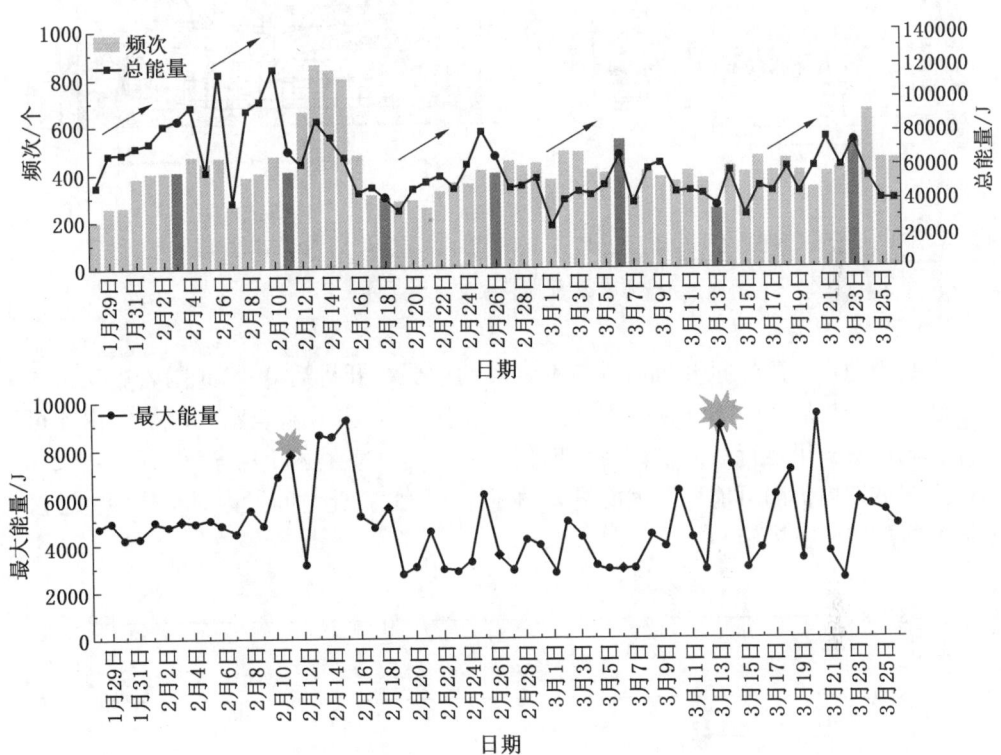

图 5-3 工作面周期来压监测分析

（四）顶板关键层运动分析

内蒙古某矿 30202 工作面 2017 年 11 月 10 日—12 月 5 日，3-1 煤上覆岩层中微震事件在高度、宽度范围内的分布均呈现明显扩大趋势。经分析，随着各亚关键层的相继破断，其所承受的上部载荷逐层向下部岩层传递，导致下部岩层的砌体梁结构破断程度进一步加剧（图 5-4）。

（五）工作面割煤机采煤活动监测分析

赵楼煤矿 7301 工作面割煤机运行状态与微震变化关系图显示（图 5-5），割煤机停机前围岩震动活跃、停机后 0~1.5 h 的微震活动减弱、停机后 1.5~4 h

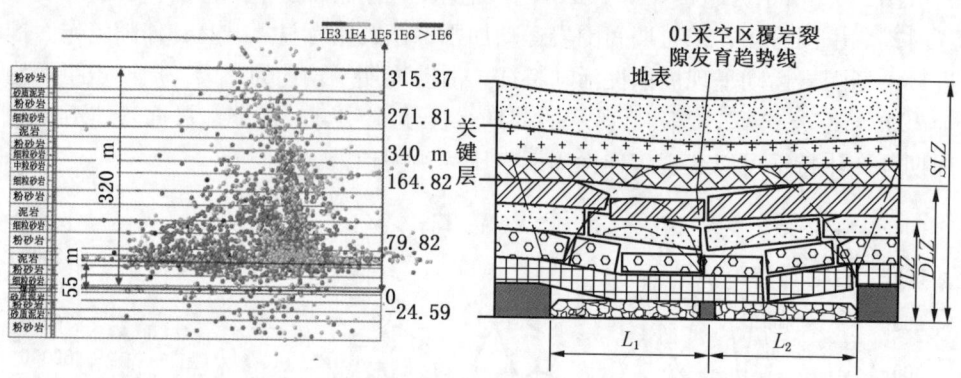

图 5-4　工作面 2017 年 8 月 19 日至 12 月 18 日微震事件
汇总及覆岩裂隙发育示意图

微震趋于稳定。割煤机开机运行前围岩震动微弱、开机后 0~2 h 围岩震动进入活跃期、开机后 2~3.5 h 微震活动趋于稳定、3.5~4 h 微震活动减弱。由此可知，割煤机开机运行后的剧烈影响时间在 0~2 h；割煤机停机运行后 0~1.5 h 微震衰减期内仍旧可能诱发大能量震动事件，因此在此时间段内对工作面危险区域实行严格限员措施。

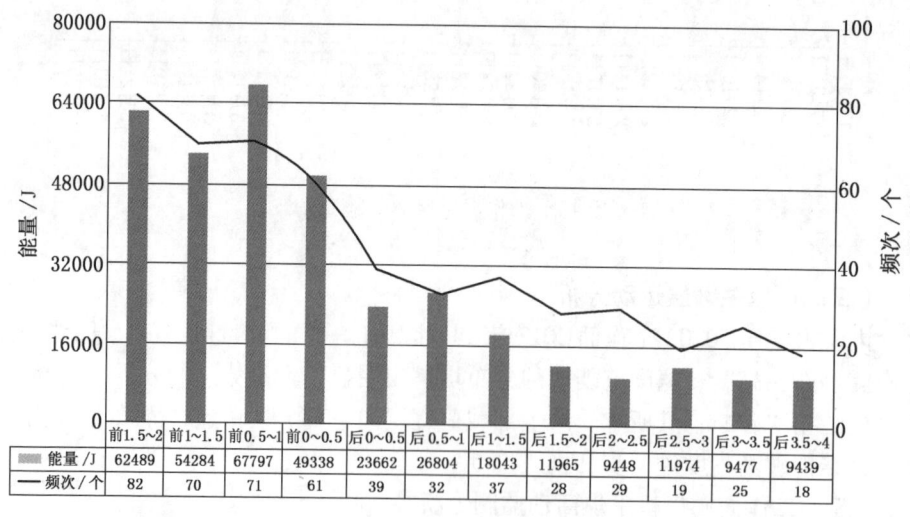

(a) 割煤机停止运行与微震变化关系

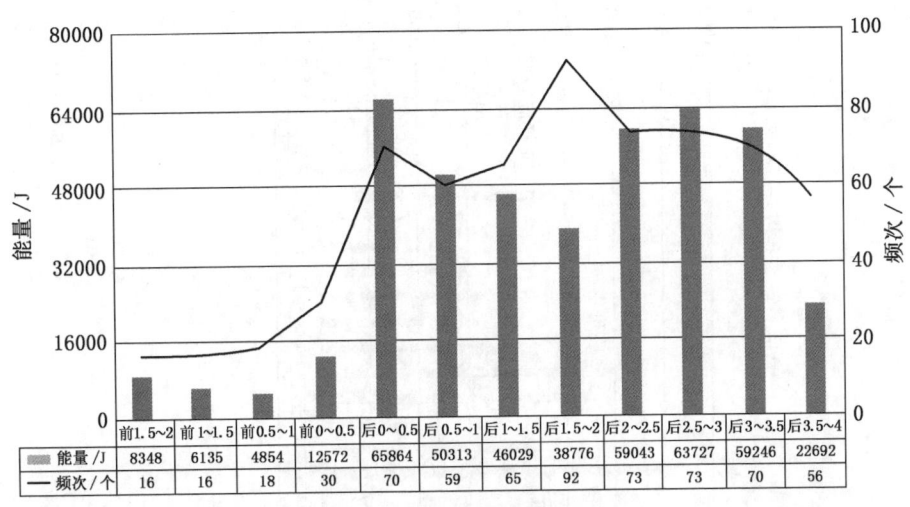

(b) 割煤机开始运行与微震变化关系

图 5-5 工作面割煤机运行与微震关系图

图 5-6 所示为济三煤矿 73下07 工作面 2020 年 5 月 19 日割煤机运行与微震变化情况，图中微震频次、能量的变化能够直观地反映出割煤机的运行状态（灰色柱状为割煤机运行时微震能量、黑色柱状为割煤机停止运行时微震能量），割煤机开始运行后 0~2.5 h 内微震活动剧烈增加，割煤机停机后微震活动减弱。

（六）工作面覆岩破裂及采动应力场关联性分析

1. 微震分布特征

微震事件是煤体覆岩发生破裂过程中所积聚的弹性能瞬间释放的一种物理现象，微震发生频次越高的区域，覆岩破裂越充分。根据统计生成济三煤矿 73下07 工作面微震"固定工作面"分布特征图（图 5-7）可以看出微震沿工作面走向分布特征：①呈现单峰值的类正态分布规律；②随着工作面推采，微震频次峰值区域呈现出不断远离工作面的特征。微震沿工作面倾向分布特征：呈现双峰值分布特点，峰值位置均位于巷道及区段煤柱区域。受采空区侧向支承压力影响，辅运巷道煤壁至工作面内 120 m 范围内微震频次明显高于其他位置。微震沿工作面垂向分布特征：微震主要分布在煤层底板下方 20 m 至顶板上方 150 m 范围内，微震峰值位于煤层底板至上方 10 m，即包括煤层（3.57 m）、直接顶粉砂岩（1.60 m）和部分基本顶砂岩组（18.06 m）。

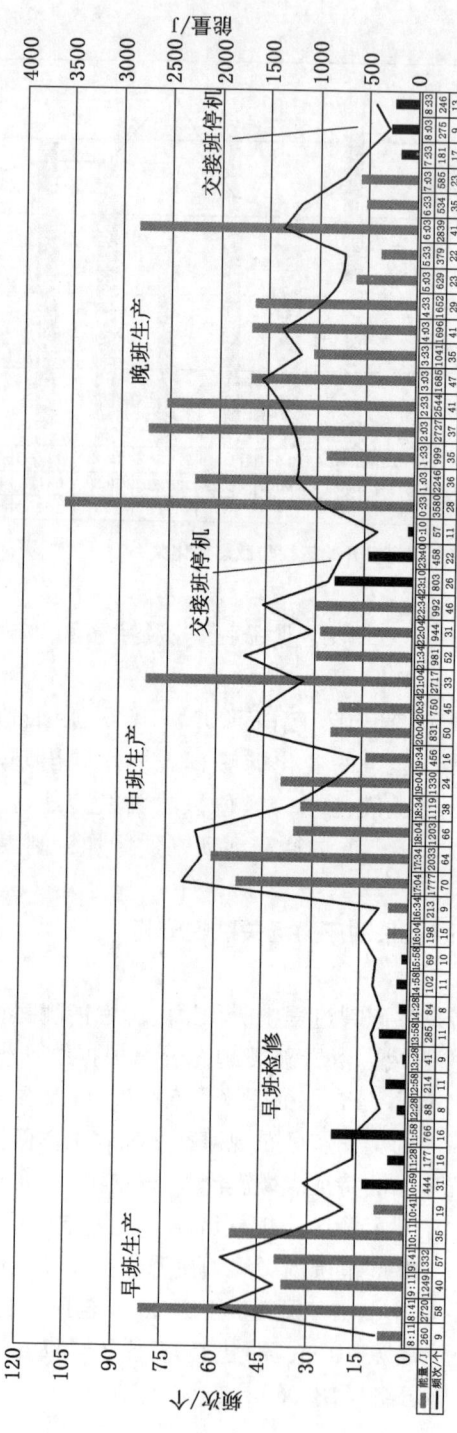

图 5-6 73下07 工作面 5 月 19 日割煤机运行与微震事件关系图

第五章 实践应用

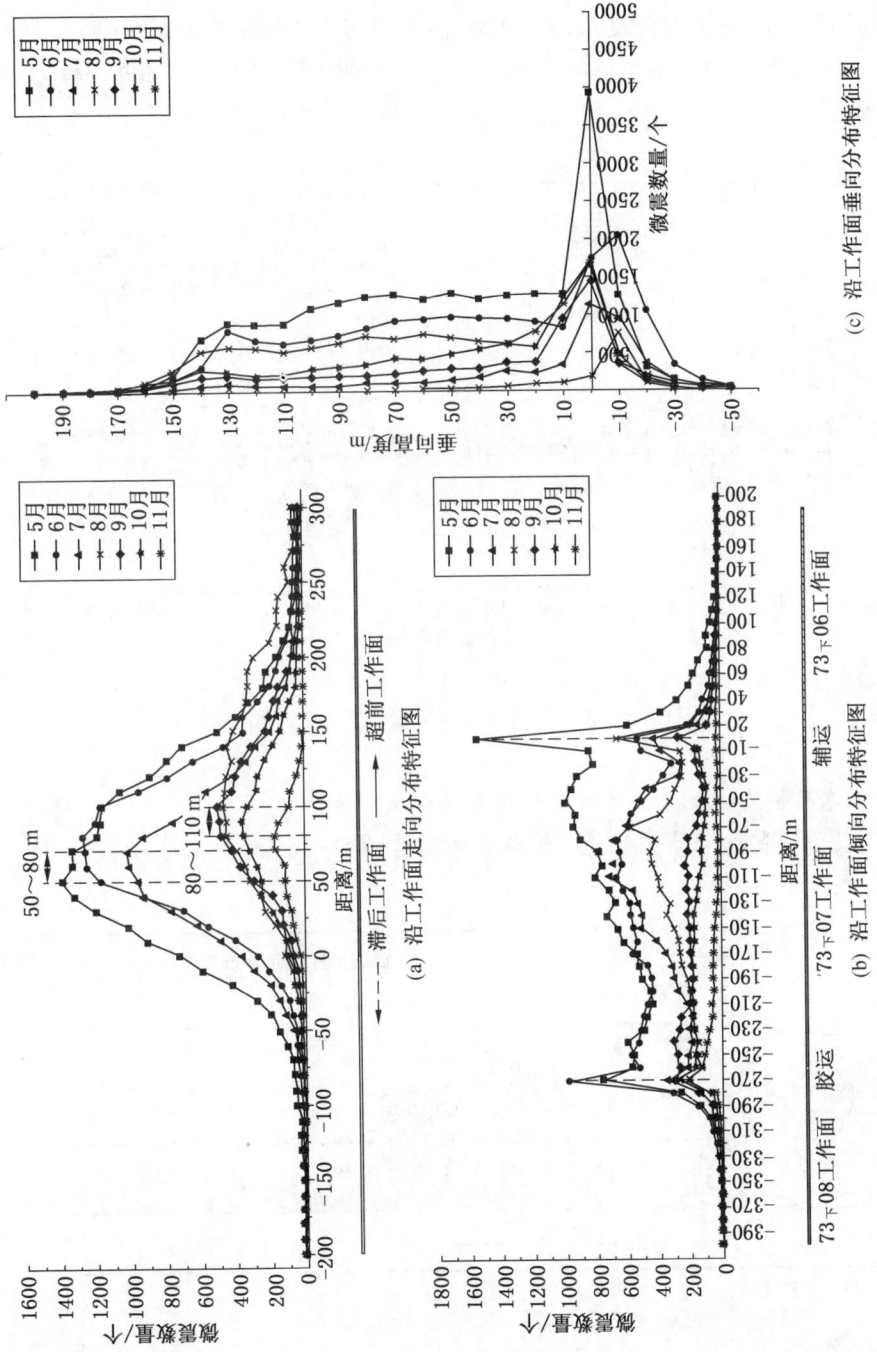

图 5-7 工作面微震"固定工作面"分布特征图

2. 工作面应力监测的采动应力场分布特征分析

根据 73下07 工作面部分应力测点的煤体应力与工作面距离关系图（图 5-8）可知，工作面前方 20~30 m 区域为应力峰值区，超前支承压力的峰值区域为集中载荷区域。

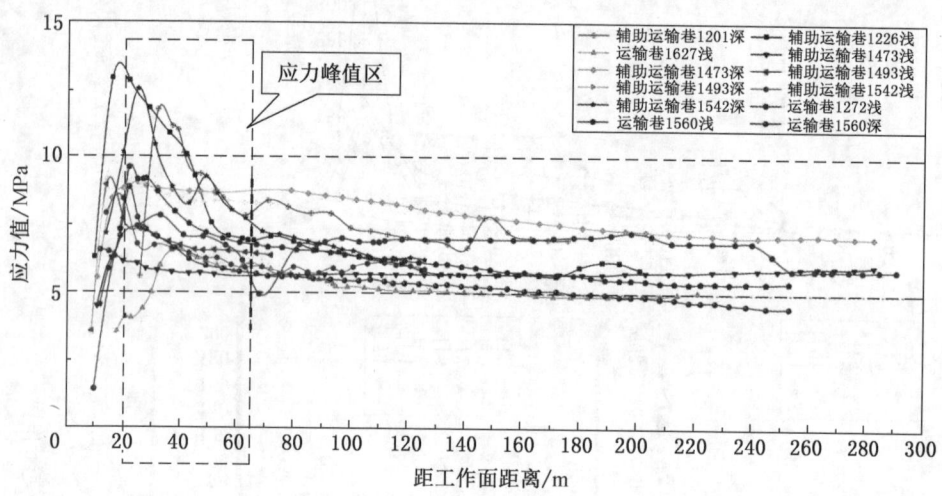

图 5-8　煤体应力与工作面距离变化曲线

3. 工作面覆岩破裂与采动应力场联合性分析

根据覆岩破裂区与集中载荷区位置关系图（图 5-9、图 5-10）可知，5月

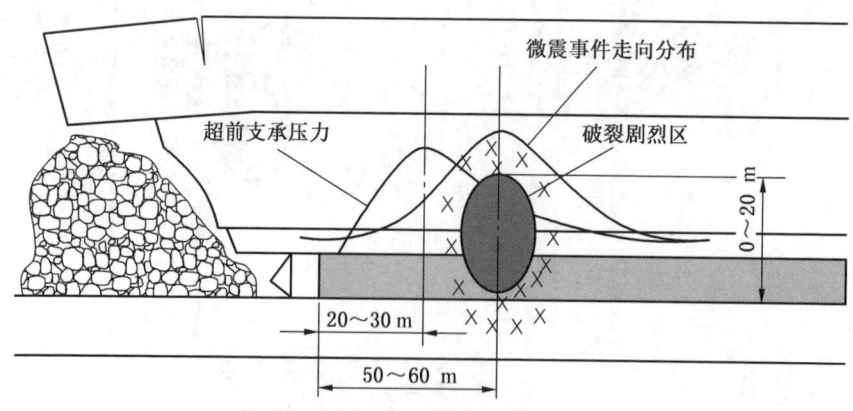

图 5-9　6月至7月 73下07 工作面覆岩破裂剧烈区与集中静载荷区位置关系

至 7 月 $73_下$ 07 工作面覆岩破裂区与集中静载荷区相距较近，存在部分重合；8 月至 11 月工作面覆岩破裂区远离集中静载荷区。由于在工作面推采过程中煤层上覆坚硬砂岩组破断时释放的动载荷与集中静载荷弹性应变能的耦合作用是工作面超前段频繁动力显现的原因，即微震事件走向峰值与超前支承压力峰值距离越近，动静载叠加诱冲的风险越高，反之风险越低。由上述分析可知，随着 $73_下$07 工作面向前不断推采，以及推采速度的减小，动静载叠加诱冲的风险逐渐降低。

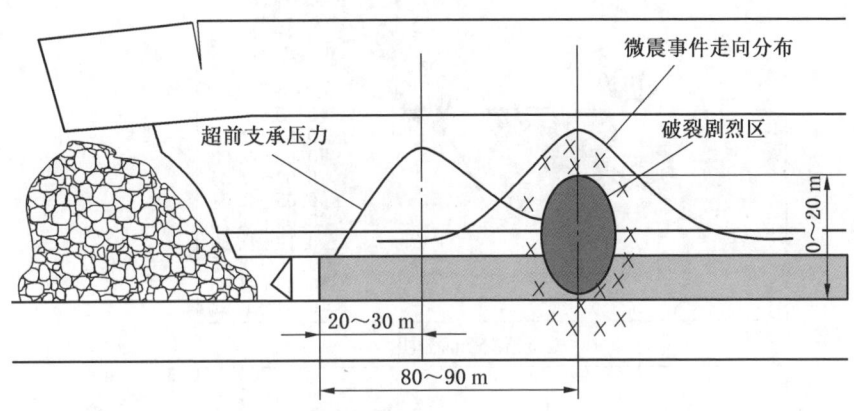

图 5-10　8 月至 11 月 $73_下$ 07 工作面覆岩破裂剧烈区与集中静载荷区位置关系

（七）微震监测揭示采场冲击危险区域

图 5-11、图 5-12 所示为 2020 年 3 月 17 日至 4 月 30 日赵楼煤矿 7301 工作面微震分布云图。从平面云图可知，工作面前方 30～100 m 内岩体震动剧烈，两巷道及边界煤柱微震丛集特征明显（图 5-11a），尤其是运输巷侧受工作面超前影响范围较大；大能量事件主要发生在实体煤侧的采空区（图 5-11b），工作面"S 型"覆岩结构发育成型。

微震剖面云图显示，运输巷道侧（断层侧）工作面顶板岩体震动活跃程度明显强于辅运巷道侧（实体煤侧），说明运输巷侧煤岩体的应力集中程度更高。运输巷外侧 20 m 至工作面内 60 m、顶板上方 90 m 范围内的区域为岩体活动剧烈区，且顶板上方 60～90 m 断层面附近微震聚集程度较高。分析认为，工作面位于 FZ14 断层下盘，断层使得岩层整体失去连续性，水平应力难以有效传递导致在断层附近水平应力集中，受回采扰动叠加影响，断层下盘岩体应力集中程度较高，围岩活动剧烈。

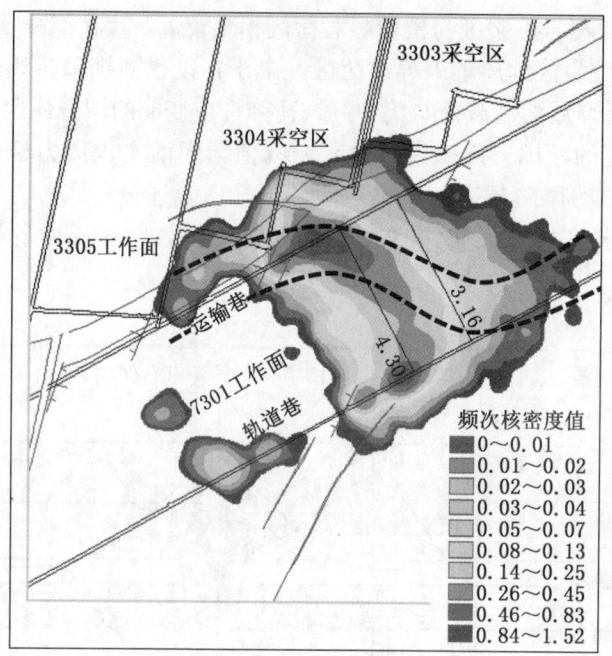

(a) 微震频次平面云图

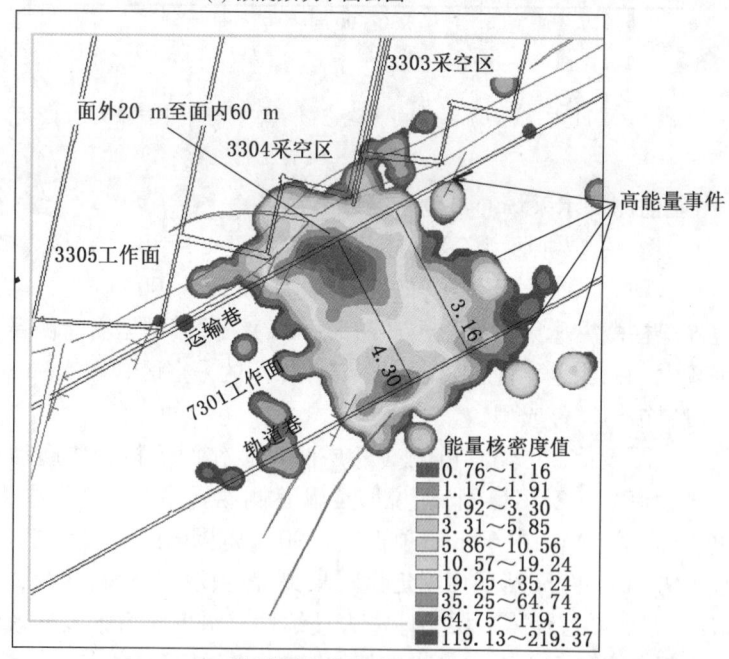

(b) 微震能量平面云图

图5-11 平面核密度云图（2020年3月17日—4月30日）

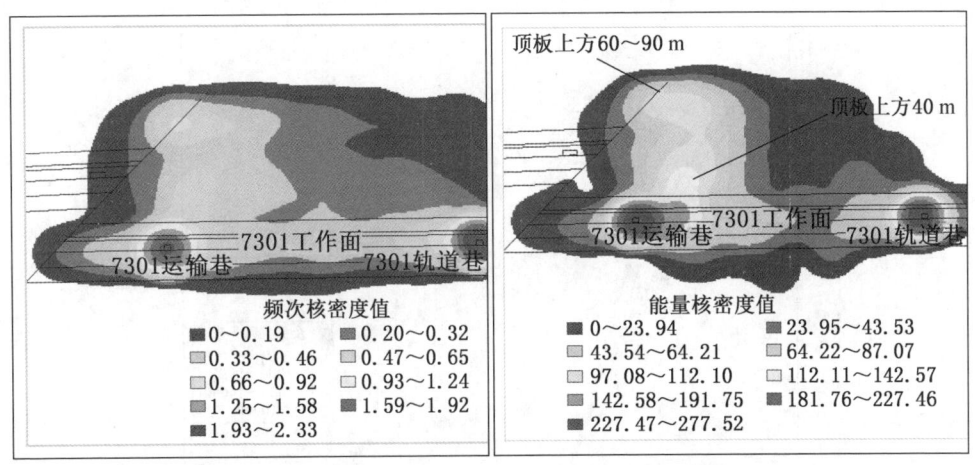

(a) 微震频次剖面云图　　　　　　　　(b) 微震能量剖面云图

图 5-12　剖面核密度云图（2020 年 3 月 17 日—4 月 30 日）

二、区域微震监测应用案例

（一）区域性采区活动监测

图 5-13 所示为新巨龙煤矿 8303 工作面 2020 年 11 月 15 日至 11 月 26 日区域微震事件（共计 240 个）平面投影图及能量密度云图。由图中可以看出，区域微震具有监测范围大、事件分布范围广、高能量事件为主的特点。

（二）大能量震动事件监测

2020 年 8 月 13 日 6 时 39 分，济三煤矿 $73_下07$ 工作面发生能量为 1.36×10^6 J 的震动事件，图 5-14 所示为震动事件的平面位置图。微震震级约 1.5 级。震源位置位于工作面后方 100 m，带式输送机运输巷东侧 67 m，标高为 -866 m。震动发生时，顶板有掉渣，无冲击气流，煤尘大，锚杆、锚索无破坏；2 号、6 号、7 号单体底部向非采帮位移，1~10 号单体钻底约 100 mm，带式输送机运输巷最外侧超前支架回采帮侧损坏安全阀 1 个。分析原因认为，工作面 1~30 号架后垮落不充分，采空区上覆坚硬岩层受 FG66 断层（$H = 0.6$ m）切割，在采动影响下发生破断，沿 FG66 断层传递至带式输送机运输巷超前区域。

（三）顶板关键层判定及其应用

济三煤矿 $73_下07$ 工作面顶板上方 200 m 范围内存在三组硬岩（分别为距煤层顶板 1.6~19.66 m，厚 18.06 m 的中砂岩、细砂岩及粗砂岩；距顶板 26.65~

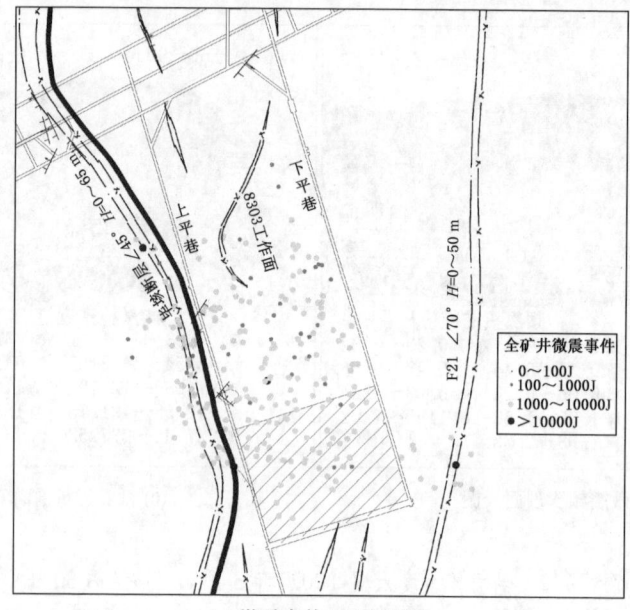

(a) 微震事件平面投影图

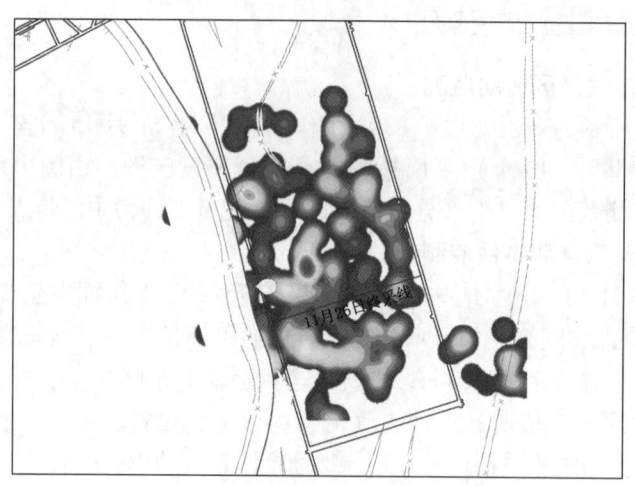

(b) 微震能量密度云图

图 5-13 区域微震平面分布图

45.35 m，厚 18.7 m 的中砂岩及细砂岩；距顶板 62.37~82.89 m，厚 21.52 m 的粉砂岩及细砂岩)，判定为顶板上方"关键控制层"。为分析工作面矿压显现与 3

第五章 实践应用

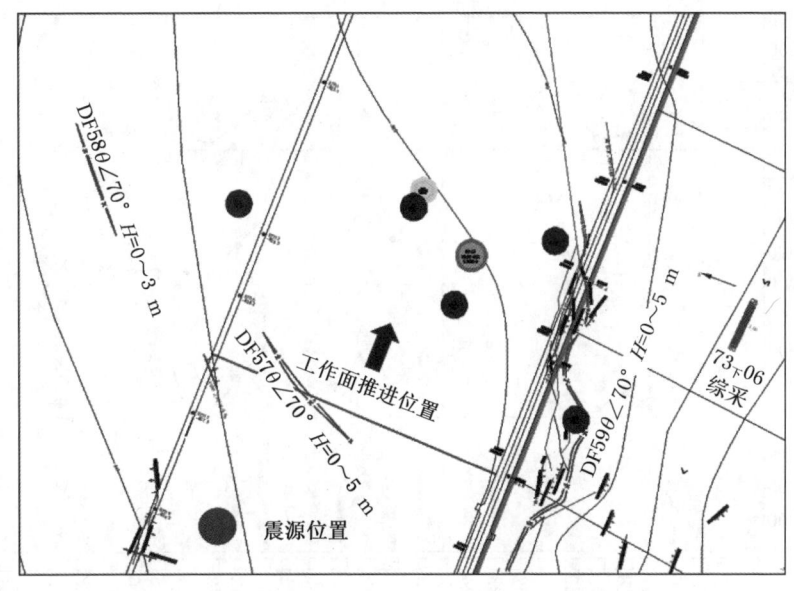

图 5-14　大能量震动事件平面位置图

组硬岩层破断的关联性，选取 2020 年 5 月 13 日至 6 月 13 日微震监测数据，将 3 组硬岩层内每日微震总能量进行统计，分别绘制每层硬岩微震能量时序图与 3 组硬岩微震总能量柱状图（图 5-15），图中灰色竖直虚线为记录的工作面周期来压。统计周期内共记录 8 次周期来压，其中 7 次来压阶段微震能量明显升高；通过分析每组硬岩微震能量变化发现：第 1 组、第 2 组硬岩各有 5 次微震能量升高，第 3 组有 3 次微震能量升高。说明第 1 组、第 2 组硬岩组与工作面动力显现更为密切。

微震监测系统于 2020 年 5 月 1 日、6 月 1 日、6 月 5 日监测到能量大于 5000 J 的事件共 3 个，对事件剖面投影（图 5-16）发现事件均分布在第 1 组硬岩中。由上述震源位置分布可知，$73_{下}07$ 工作面顶板上方三组硬岩层中第一组硬岩层对本工作面动力显现影响最大。

三、地音监测应用案例

（一）千米深井掘进工作面地音监测

滕东煤矿地音系统布置在 117 掘进工作面轨道巷，共设置 4 个地音传感器（1 号、2 号、3 号、4 号），最前方传感器距离迎头 15 m 左右，后方 3 个传感器的间距一般为 55~60 m，移组时，最后方传感器移组至迎头处。

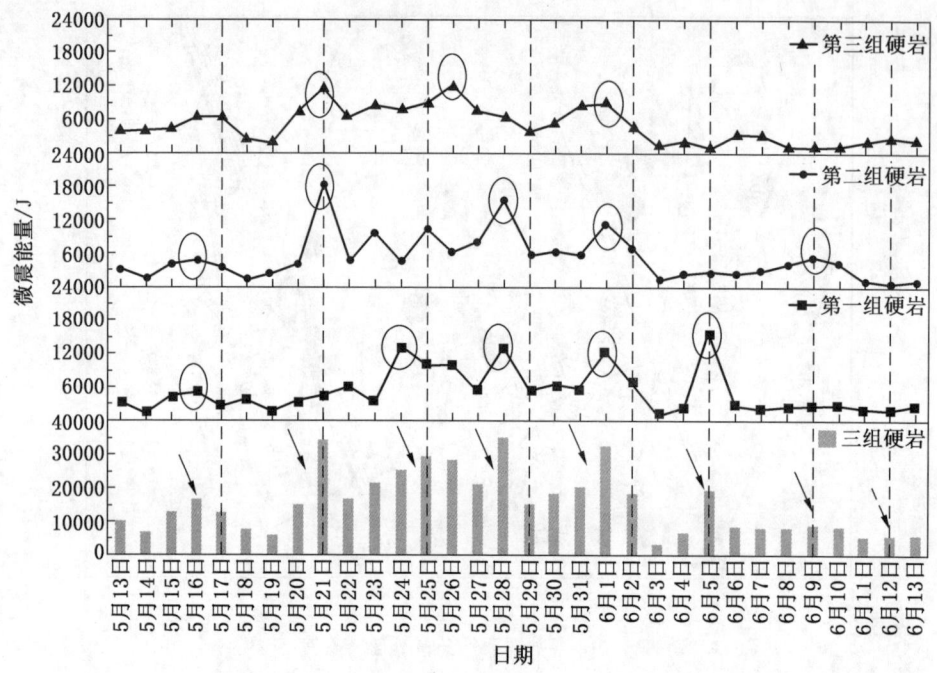

图 5-15　三组硬岩内微震能量时序变化特征图

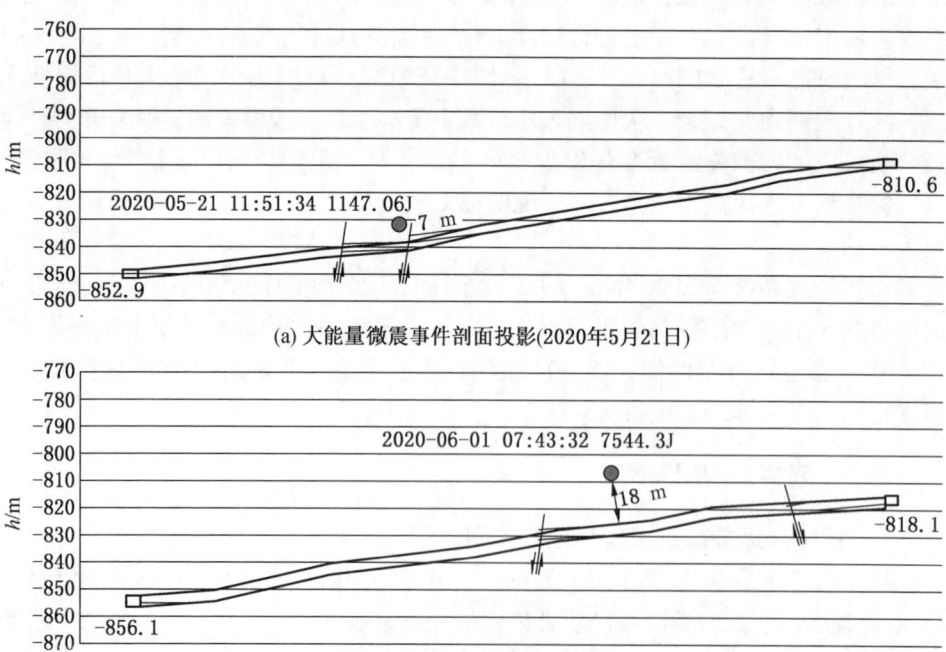

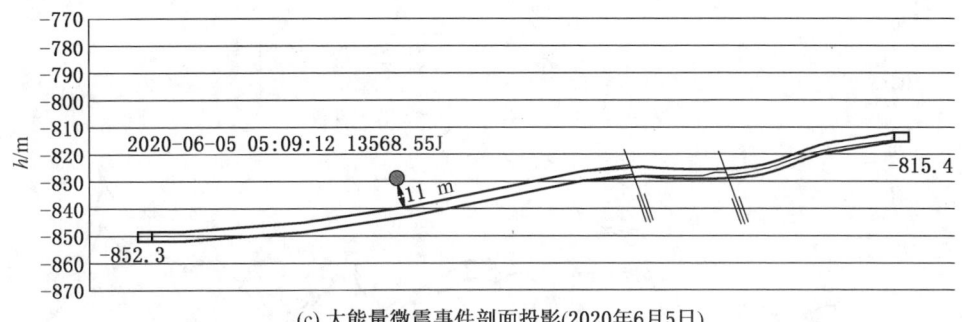

(c) 大能量微震事件剖面投影(2020年6月5日)

图 5-16　能量大于 5000 J 微震事件剖面投影

对 2019 年 6 月 1 日至 2019 年 6 月 30 日的震动事件进行统计分析，统计的单通道触发事件、二通道触发事件、三通道触发事件和四通道触发事件数量如图 5-17 所示。从图中可以明显看出，2019 年 6 月 12 日和 2019 年 6 月 28 日出现异常，而且异常前为"积累型"预警（地音事件的频次在不断增加，然后达到某一较大值），地音事件的增加，表明掘进工作面煤体在一定应力场条件下，出现了更多破裂现象，这一破裂现象与地质条件及超前支承压力关系密切，如果前方煤体本身就处于地质构造的偏应力场（或异常应力场）条件下，在巷道掘进到此处时，与超前支承压力叠加，就会出现更多的震动事件，而这种现象就可以对冲击危险性进行预警。这一点与相关文献中说明的，掘进工作面大部分冲击地压事故发生在地质构造处相吻合。

117 采煤工作面轨道巷地质素描图表明，2019 年 6 月 12 日和 2019 年 6 月 28 日掘进位置均为断层构造处，表明监测有效，做出了正确的预测。

为了更加直观地表示图 5-17 的指标变化，利用趋势评估法，计算得到的危险预警结果如图 5-18 所示。图中显示，2019 年 6 月 11 日提示预警信息，2019 年 6 月 12 日出现异常；2019 年 6 月 26 日提示预警信息，2019 年 6 月 18 日出现异常，趋势评估方法适用成功。

（二）工作面巷道沿空掘巷地音监测

内蒙古某矿井 31120 工作面回风巷沿空巷道掘进期间危险程度较高，采用地音、动态支护力和煤体应力进行监测，共布置 3 个监测断面。每个断面布置 8 个地音传感器，其中巷道的顶板、两帮各布置 1 个地音传感器和 1 个锚杆索传感器，实体煤帮布置 1 个普通应力计和 1 个钻孔应变计。

31120 工作面回风巷正掘第 1 断面地音监测设备于 2020 年 5 月 26 日早班安

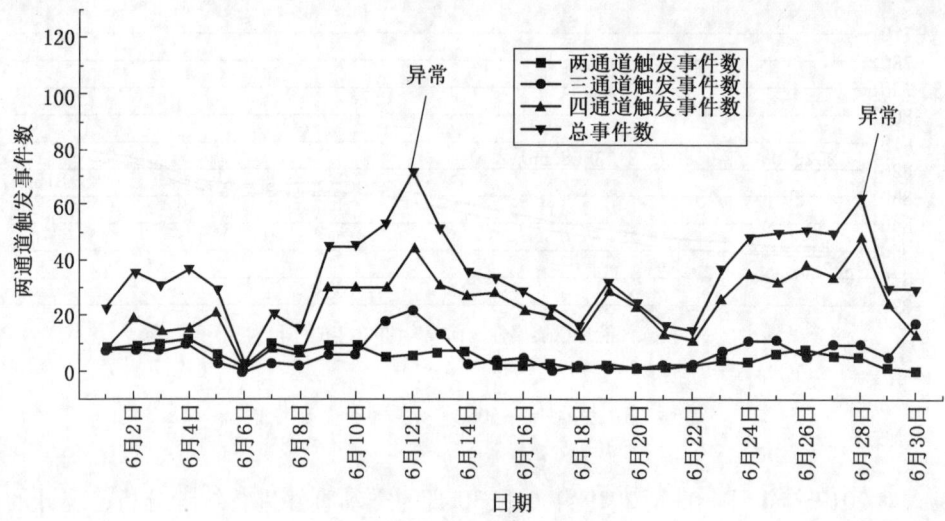

图 5-17 震动事件数量变化图

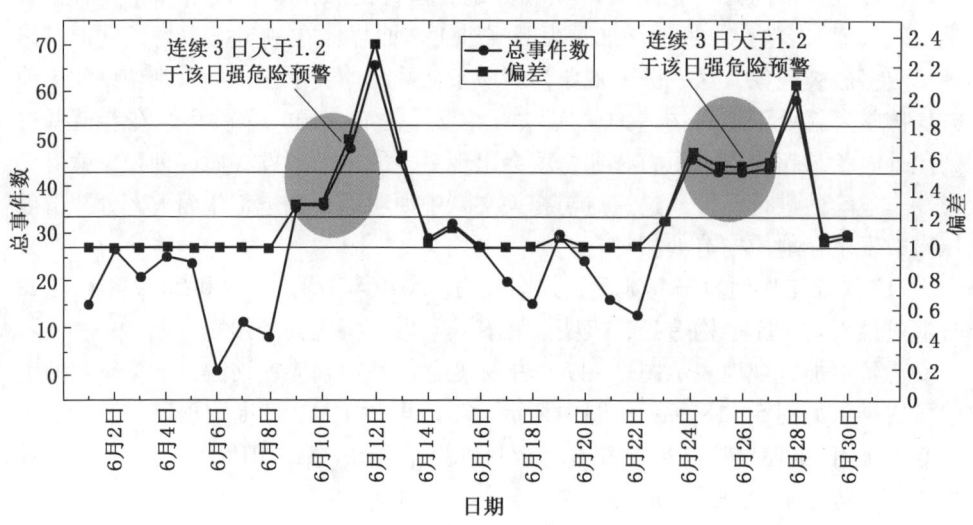

图 5-18 趋势评估法预警结果

装,以自然天为单位,对第 1 断面 2020 年 5 月 26 日至 2020 年 6 月 21 日间地音监测数据进行初步分析,地音事件(以三通道同时触发事件为基础)频次/能量与迎头位置关系如图 5-19、图 5-20 所示。

第五章 实 践 应 用

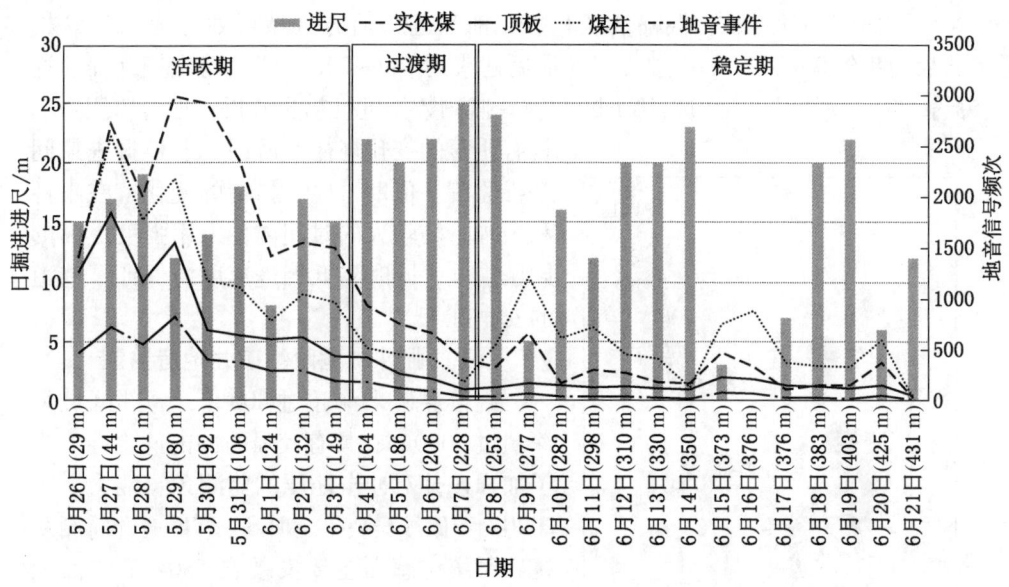

图 5-19 第 1 断面地音事件频次与时间（及掘进头位置）关系图

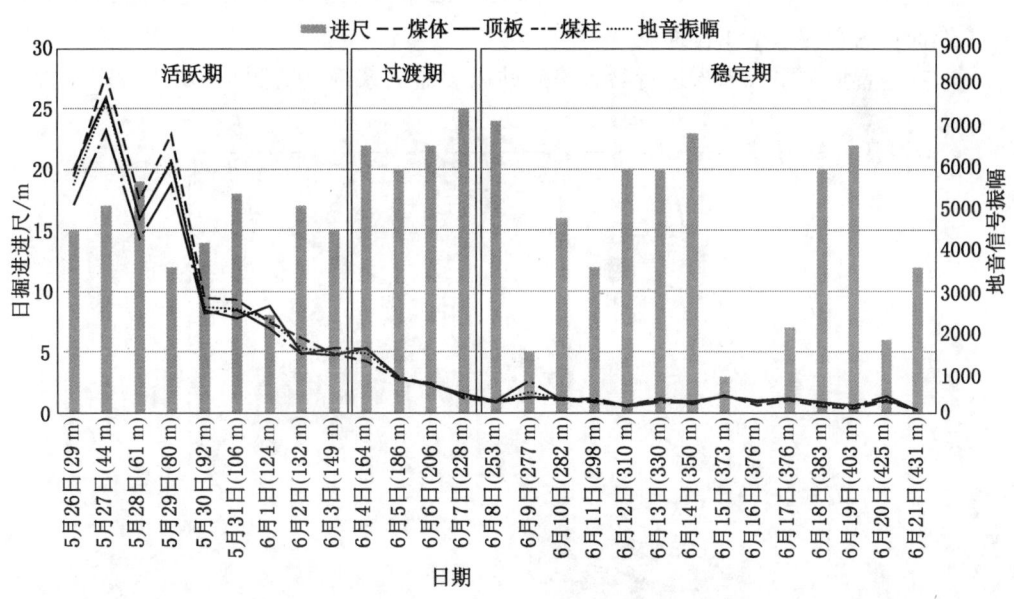

图 5-20 第 1 断面地音事件振幅与时间（及掘进头位置）关系图

根据地音事件频次/振幅活跃程度,滞后迎头后方区域可划分为"活跃期(滞后迎头约 0~149 m)""过渡期(滞后迎头约 149~228 m)""稳定期(滞后迎头约 228 m 以外)"。通过对第 1 断面地音监测数据进行初步分析,地音监测数据具有明显的变化规律,适用于巷道掘进期间进行监测。借助于地音指标的变化,在事件和振幅量均较大的时间内,采用强度更高的卸压措施,同时降低掘进速度,保证了巷道的安全施工。

（三）强冲击危险性矿井地音监测

赵楼煤矿采深超过 800 m,局部区域采深超过 1000 m;具有较强的冲击危险性。为了加强矿井对冲击地压的监测预警能力,于 2020 年 10 月安装了 ARES-5/E 地音监测系统,系统传感器主要安装在 5304 工作面轨道巷、运输巷,7301 工作面轨道巷、运输巷,7303 工作面掘进头,共计安装地音传感器 10 个;传感器具体安装情况如图 5-21 和图 5-22 所示,其中 7301 工作面和 5304 工作面均为单侧采空工作面。

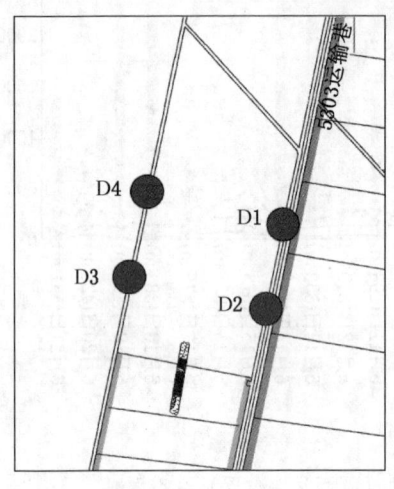

图 5-21 采区地音传感器布置图

在地音监测系统投入运行后,该矿井微震监测系统共监测到 10^4 J 微震事件

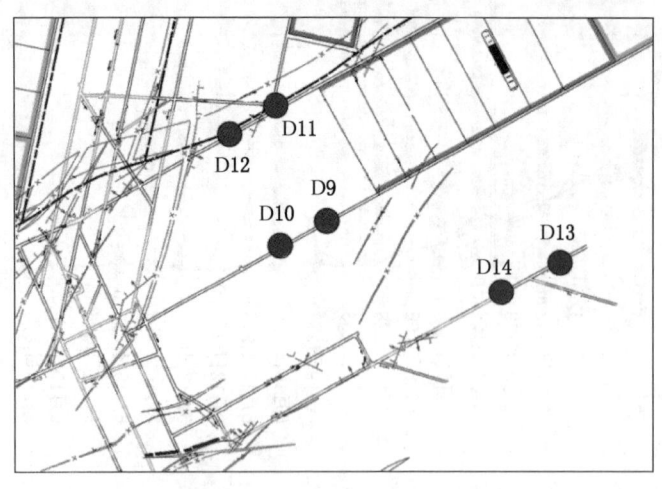

图 5-22 采区地音传感器布置图

7个,选取位于工作面运输巷侧4个高能微震事件,并选取运输巷的地音传感器的监测数据进行对比分析,利用地音异常指数作为预警指标对高能微震事件的发生进行预警分析。

图5-23和图5-24所示分别为7301工作面运输巷11月1日至1月10日地

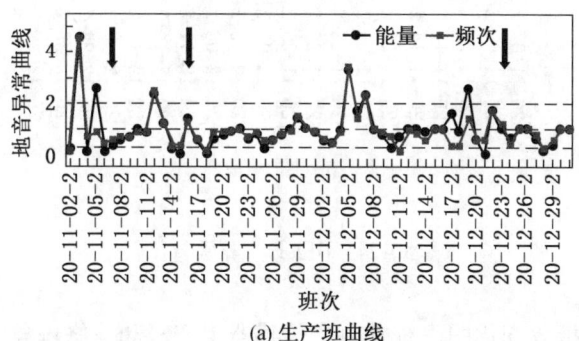

(a) 生产班曲线

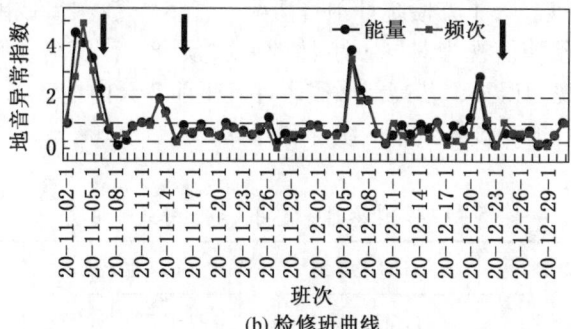

(b) 检修班曲线

图5-23 D11地音异常指数

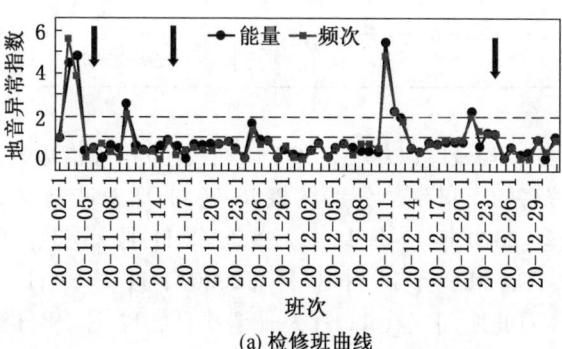

(a) 检修班曲线

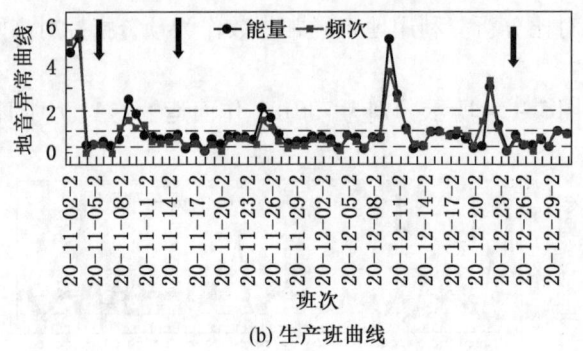

(b) 生产班曲线

图 5-24 D12 地音异常指数

音传感器的异常指数变化图。统计每个传感器生产班和检修班异常指数超预警线的时间段见表 5-1。为了方便统计预警情况，若多个传感器在相近时间段内（2天以内）均超过预警值视为对同一事件的一次预警，若发出预警 2 天内未出现高能微震事件可视为误报，若高能微震事件发生前 2 天内地音未发出预警信号视为漏报，依此进行地音预警效率的统计和计算。

表 5-1 各传感器异常指数超预警线时间段

序号	D11 生产班	D11 检修班	D12 生产班	D12 检修班
1	11 月 3 日至 5 日	11 月 3 日至 11 月 6 日	11 月 2 日至 3 日	11 月 3 日至 5 日
2	11 月 12 日	12 月 6 日至 12 月 7 日	11 月 9 日	11 月 10 日
3	12 月 5 日至 7 日	12 月 21 日	11 月 25 日	12 月 11 日至 12 日
4	12 月 19 日		12 月 10 日至 11 日	12 月 21 日
5			12 月 22 日	

由表 5-1 可见，若简单以单一传感器某个班的异常指数超预警线作为预警指标，将会出现较高的误报率，分别在 2020 年 11 月 3 日至 2020 年 11 月 6 日，2020 年 11 月 9 日至 2020 年 11 月 12 日，2020 年 11 月 25 日，2020 年 12 月 5 日至 2020 年 11 月 7 日，2020 年 12 月 10 日至 2020 年 11 月 12 日，12 月 19 日至 22 日发出 6 次预警。而此期间仅在 11 月 3 日至 6 日，12 月 19 日至 22 日预警后 3 日内出现了高能微震事件，预警准确率约为 33%（预警 6 次，发生 2 次），但对

于 11 月 17 日的微震事件未能有效预警。

但若提升预警标准，以该区域的两个地音传感器的某个班异常指数均超过预警线作为预警指标，则仅在 2020 年 11 月 3 日至 2020 年 11 月 6 日，2020 年 11 月 9 日至 2020 年 11 月 12 日，2020 年 12 月 19 日至 2020 年 12 月 22 日发出预警，报准率将会提升至 66%（预警 3 次，发生 2 次），显著降低了误报率。

（四）综放工作面地音监测

在地音监测数据与大能量微震事件活动相关性分析的基础上，分别利用趋势预警法对石拉乌素煤矿 2020 年 8 月的 $211_{上}03$ 综采工作面地音监测预警情况进行分析。

由 8 月份 D1 - D4 传感器地音综合预警等级看，各传感器的地音危险等级（a 级最安全，d 级最危险）在 2020 年 8 月 1 日至 2020 年 8 月 2 日、2020 年 8 月 6 日至 2020 年 8 月 8 日、2020 年 8 月 18 日至 2020 年 8 月 19 日、2020 年 8 月 27 日至 2020 年 8 月 29 日达到 c 级以上，地音监测发出 3 次预警。各通道变化情况存在差异，分析可能是由于震源位置在两巷位置的差异所致。

在地音预警后 $211_{上}03$ 综采工作面在 2020 年 8 月 2 日、2020 年 8 月 8 日和 2020 年 8 月 27 日分别发生超过 4×10^4 J 的微震事件，高能微震事件发生后地音危险等级逐渐下降至 b 级和 a 级，危险程度降低。

通过统计对于 3 个 4×10^4 J 的微震事件，地音监测危险等级均能表现出超前预警信息（危险等级的提升），尤其是对于 2020 年 8 月 2 日和 2020 年 8 月 8 日的微震事件，地音监测危险等级的超前变化更加明显，地音监测的整体预警准确度超过 67%（图 5 - 25）。

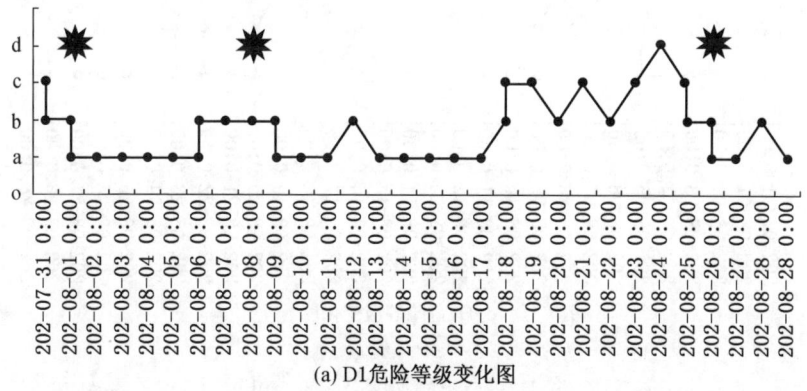

(a) D1 危险等级变化图

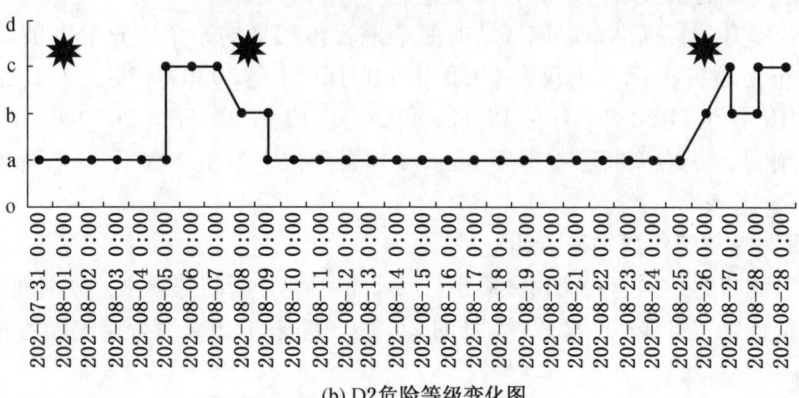

(b) D2危险等级变化图

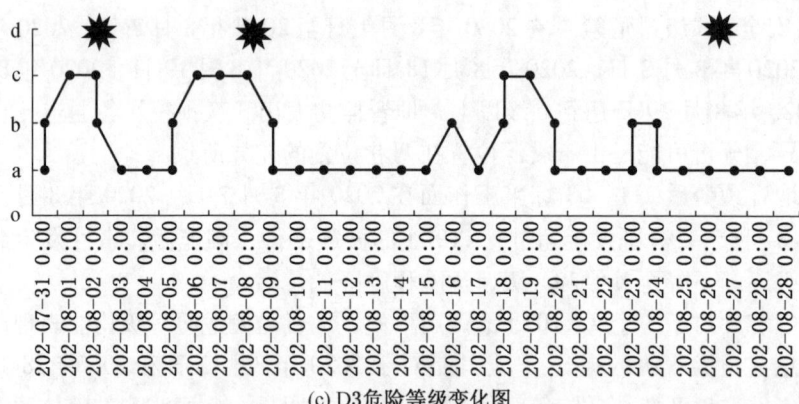

(c) D3危险等级变化图

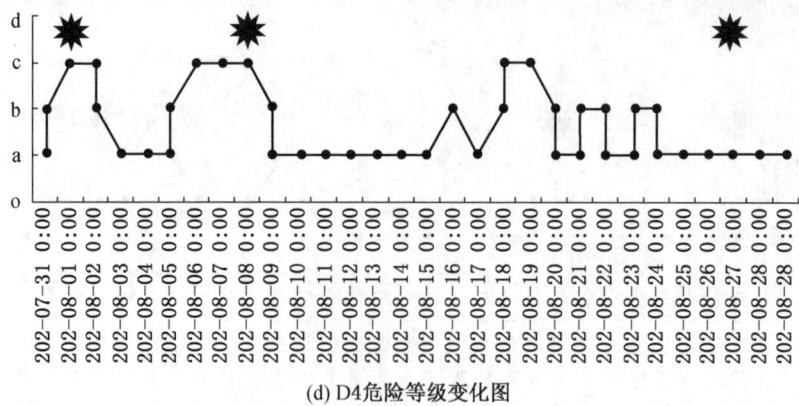

(d) D4危险等级变化图

图 5-25 地音危险等级变化图

第二节 煤体应力类应用

一、超前支承压力监测

(一) 工程概况

跃进煤矿 25110 工作面煤层走向 112°~127°，倾向 202°~217°，倾角 12.3°~14.4°，平均 13°。工作面煤层厚度为 7.4~13.8 m，平均煤厚 11.6 m。伪顶为砂质泥岩，厚 0.2 m 左右，局部夹石英砂岩，直接顶为泥岩，厚 18 m 左右，灰色块状易破碎，局部裂隙和节理发育，基本顶以砂、砾岩为主，块状、灰白色，具含水性，直接底为泥岩、深灰色。工作面内存在 F2504、F2509、F2510 三条断层，且煤层及其顶底板具有冲击倾向性。该工作面的在回采期间曾发生过冲击地压灾害。

(二) 超前支承压力测点布置及监测

由于跃进煤矿在构造复杂、具有冲击危险的千米深部进行开采，存在严重的冲击危险性。因此，安装 KJ550 煤矿冲击地压监测系统，监测煤体内应力变化情况，进行冲击地压预警。

KJ550 煤矿冲击地压监测系统布置前 10 组，组间距为 15 m，后 10 组组间距为 25 m，共监测工作面前方约 400 m 范围内巷道应力变化，每组两个应力测点，测点深度分别为 12 m 和 18 m。组间距 15 m 测点主要布置在工作面断层影响带内，目的是监测工作面内断层影响区，在回采扰动时工作面煤体应力变化和分布规律。测点位置示意图如图 5-26 所示。

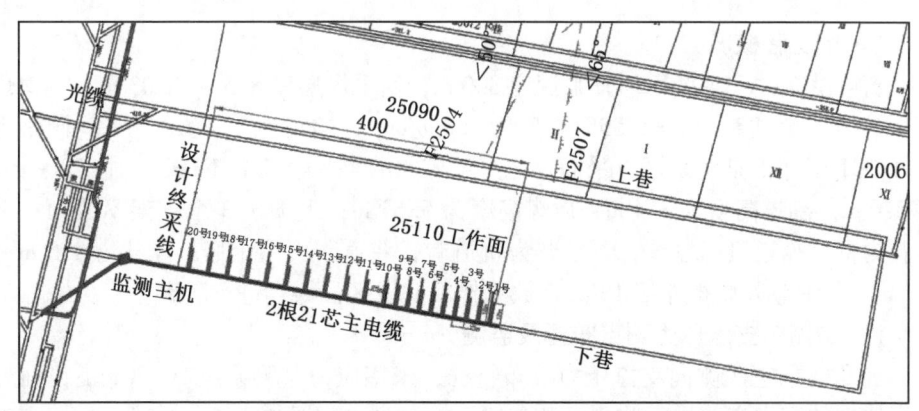

图 5-26 测点布置位置示意图

通过 KJ550 应力监测，工作面前方实际支承压力曲线如图 5-27 所示，可以看出上覆关键岩层的超前断裂引起的多个支承压力峰值。在图中 5 号、6 号测点处在支承压力波谷位置，故其监测压力值较低，并且压力变化较小。工作面超前支承压力曲线随着工作面的回采而向前移动，甚至某些测点会出现应力降低现象；6 号测点相邻的 7 号、8 号、9 号测点则出现应力增长较快或者应力较高现象，分析其原因即上覆岩层的超前断裂引起的应力突变，超前支承压力曲线出现多个波峰和波谷。

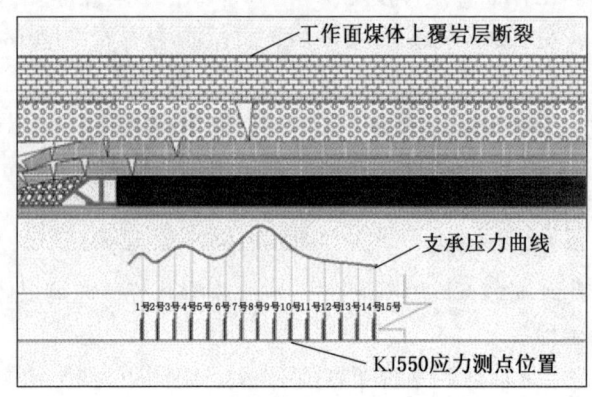

图 5-27　工作面应力监测布置位置及应力变化曲线

二、侧向支承压力监测

（一）工程概况

新巨龙矿井一采区平均开采深度 800 m，回采煤层厚 8.5~10.03 m，平均煤厚 9.03 m。普式系数 $f=1.59$，密度为 1.6 g/cm³，倾角为 2°~13°，平均倾角为 5°。1301 工作面是一采区首采面，也是该矿井的第一个综放工作面，长 2800 m，宽 220 m，割煤高度为 3.4 m，放煤高度为 5.63 m；上端头 3 个支架不放顶；上平巷为带式输送机运输巷，下平巷为轨道巷，巷道断面为矩形，尺寸为 4.5 m×3.4 m，下平巷外侧拟布置 1302 综放工作面并以区段煤柱进行隔离。

（二）侧向支承压力测点布置及监测

为掌握采空区侧向支撑压力分布特征，采用应力监测系统对 1301 工作面外侧煤体中的应力变化进行监测。共布置两个测站，间距为 155 m。其中测站Ⅰ安装 4 个应力传感器，安装深度分别为 6 m、10 m、13 m、16 m（编号依次为Ⅰ-1、Ⅰ-2、Ⅰ-3、Ⅰ-4）；测站Ⅱ安装 5 个应力传感器，安装深度分别为 6 m、

10 m、13 m、16 m、20 m（编号依次为Ⅱ-1、Ⅱ-2、Ⅱ-3、Ⅱ-4、Ⅱ-5）。连续监测45d后，测站Ⅰ进入采空区192 m，测站Ⅱ进入采空区38 m。测站Ⅰ各个应力传感器的相对垂直应力变化曲线如图5-28所示。

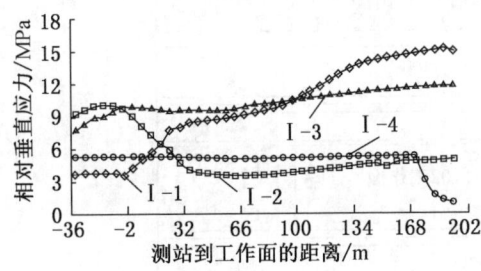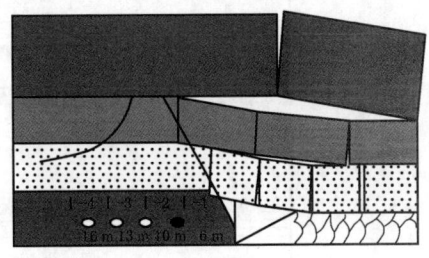

图5-28 煤体中相对垂直应力变化曲线及侧向支承压力分布

从图5-28可以看出工作面推到测站前方约17 m处时，煤体中10 m深处的应力达到峰值，此后应力急剧下降，表明此处的煤体开始进入屈服状态，应力开始向深部转移；工作面推进到测站前方2 m左右时，煤体中13 m深处的应力达到峰值，此后出现小幅下降，表明此处的煤体开始进入屈服状态；随着工作面的推进，煤体中16 m深处的应力一直保持平稳，直到工作面推进到测站后方约175 m时，此处应力出现急剧下降，表明此处的煤体开始进入屈服状态，煤体应力进一步向深部转移。因此，最终采空区侧支承压力峰值位置到巷帮的距离一定大于16 m，距采空区外侧0~16 m范围为卸压区，即低应力区。

三、采空区滞后应力分布监测

（一）工程概况

某矿首采煤层为3-1煤层，平均埋深563 m。31102工作面为该矿第二个采煤工作面，工作面长247 m，走向长度约3000 m，煤层厚度平均5.6 m。31102工作面受到初次来压、初次见方、二次见方、水仓煤柱、顶板疏放水、区段宽煤柱、断层等因素影响，容易诱发矿压显现，且31102工作面北部为已回采完成的31101工作面采空区，南侧为31103接续工作面，区段煤柱宽度为20 m。31102工作面辅运巷道作为接续工作面31103工作面回风巷道，工作面回采过程中需加强其安全管理，研究支承压力对该条巷道的影响，确保尾巷安全，是31102工作面冲击地压防治重点之一。

（二）采空区滞后应力测点布置及监测

31102工作面辅助运输巷道煤柱侧和实体煤侧各布置两组应力计，每组4个应力计,安装深度分别为 7 m、9 m、11 m、13 m。同侧两组应力计间距约 25 m,每组应力计间距为 1 m,如图 5-29 所示。

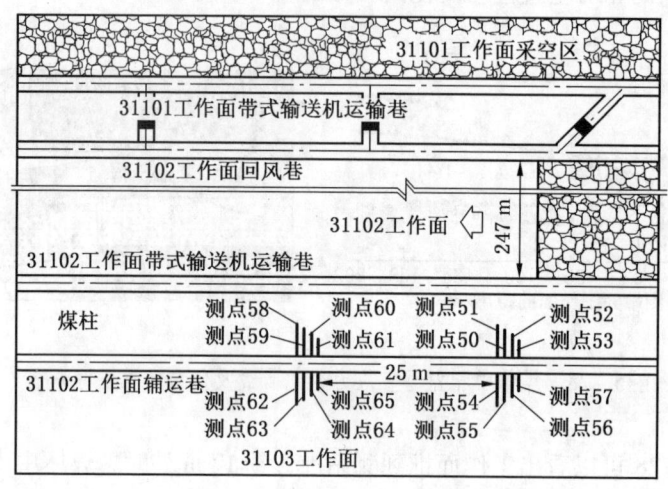

图 5-29 应力监测点安装布置情况

图 5-30a 所示为辅助运输巷道煤柱侧 50~53 号应力测点实测应力值随距工作面距离变化曲线。由图可见,4 个测点在超前工作面大于 111 m 时,应力值开始升高,在超前工作面约 35 m 时,应力值显著升高且增幅较大,采空区滞后应力随着采空区面积的增大持续升高,且在 -118 m 时有突变型增大;辅助运输巷道煤柱侧 58~61 号应力测点实测应力值随距工作面距离变化曲线如图 5-30b 所示,测点 58~61 号具有类似特征。

四、煤柱稳定性监测

(一) 工程概况

王楼煤矿七采区开采深度为 -900~-1150 m,采区内地质构造简单,整体为单斜构造,走向沿东北方向,倾向西北方向。区内主采 $3_上$ 煤层,煤厚 1.95~4.48 m,平均 2.65 m,煤层结构简单,具有弱冲击倾向性。顶板以泥岩及砂质泥岩为主,厚 0.8~36.88 m,底板以泥岩和粉砂岩为主,厚度为 2.6~5.9 m,平均为 4.0 m,顶底板冲击倾向性高,回采过程中易引发冲击地压等灾害。

(二) 煤柱稳定性测点布置及数据监测

对王楼煤矿七采区下山煤柱进行应力监测,应用 KJ550 应力监测系统,调取

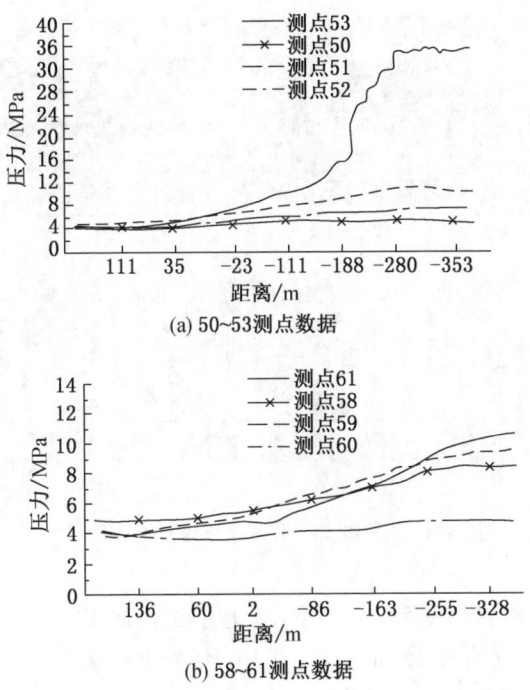

图 5-30 各个测点压力监测数据变化趋势

从2021年1月至2021年3月的煤柱应力监测曲线进行分析。KJ550应力监测界面如图5-31所示。

根据预警准则和预警判断流程，应力监测曲线基本保持在6.5 MPa左右，随时间推移无明显的应力突增或突降现象，可以确定：王楼煤矿七采区下山煤柱区巷道段应力值保持稳定，巷道应力未到达预警值，可正常生产。

五、底煤稳定性监测

（一）工程概况

4302工作面为长平煤矿四盘区第1个综放工作面，北部为辅助运输大巷、运输大巷及回风大巷，南部、西部、东部尚未布置工作面。工作面煤层倾斜长180 m，走向总长1237.5 m，煤层倾角1°~10°，平均4°，工作面煤层底板标高+561~+628 m，地面标高+895~+1006 m，盖山厚度为267~445 m，底板比压平均为35.95 MPa，煤层普氏系数为1~2。

（二）底板稳定性测点布置及监测

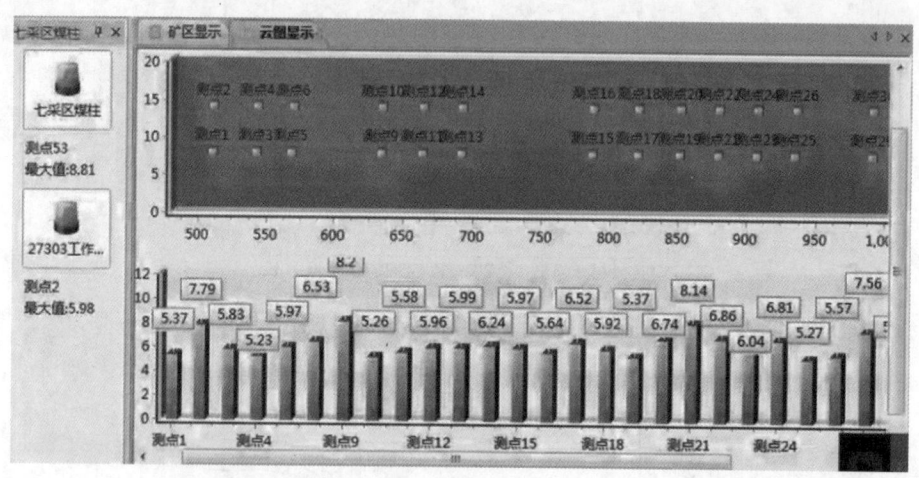

图 5-31　王楼煤矿七采区下山煤柱应力监测

底板应力测点布置如图 5-32a 所示，超前工作面 32 m，在 4203 巷斜向工作面打 10 个钻孔，钻孔直径 45 mm，其中 3～10 号钻孔安设钻孔应力计，1 号、2 号钻孔用来窥视。钻孔应力计观测数据从工作面前方 32 m 处开始，至推过测点 10 m 后结束观测，实测数据如图 5-32b 所示。

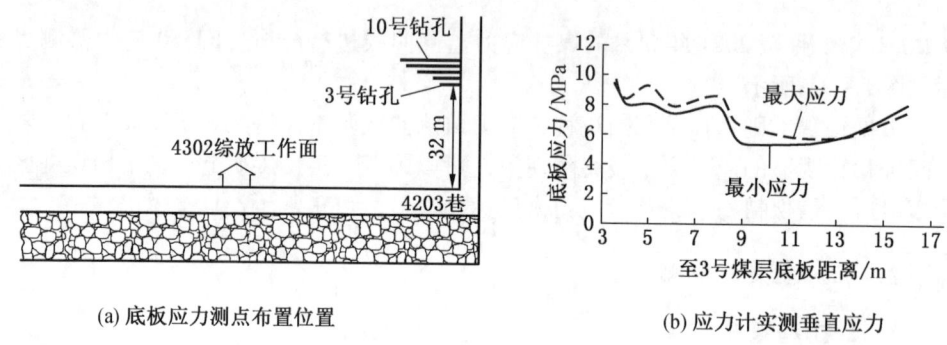

(a) 底板应力测点布置位置　　　　　　(b) 应力计实测垂直应力

图 5-32　底板应力测点布置位置及应力变化过程

可以看出，底板垂直应力随深度的变化先减少，后增加，越靠近煤层，底板应力越大。同一深度处底板垂直应力变化较小，说明综放开采条件下采动应力对底板应力影响较小。

六、硐室应力监测

（一）工程概况

下沟矿 4 采区煤层厚度及其变化规律为：煤层厚 0.1～43.8 m，平均 10.6 m。厚度变化规律是：向斜区沉积厚，背斜区沉积薄；近河道区变薄，分叉、尖灭，远离河道区加厚。表现为东西薄、中部厚，南部薄、北部厚，东区平均总厚 9.9 m，最大 15.1 m；南区平均总厚 8.2 m，最大 19.1 m；北区平均总厚 13.6 m，最大 43.8 m。

4 采区一般在上部与底部夹矸 1～2 层，最多 5 层。夹矸厚度小，一般为 0.1～0.2 m，最大 0.7 m。岩性为炭质泥岩、砂质泥岩及粉砂岩，东部及西南部河道区偶见细砂岩。其变化规律是：向斜区煤层厚，夹矸少而薄；近河道区煤层薄，夹矸多而厚。下沟矿 4 采区 40401 工作面地质概况如图 5-33 所示。

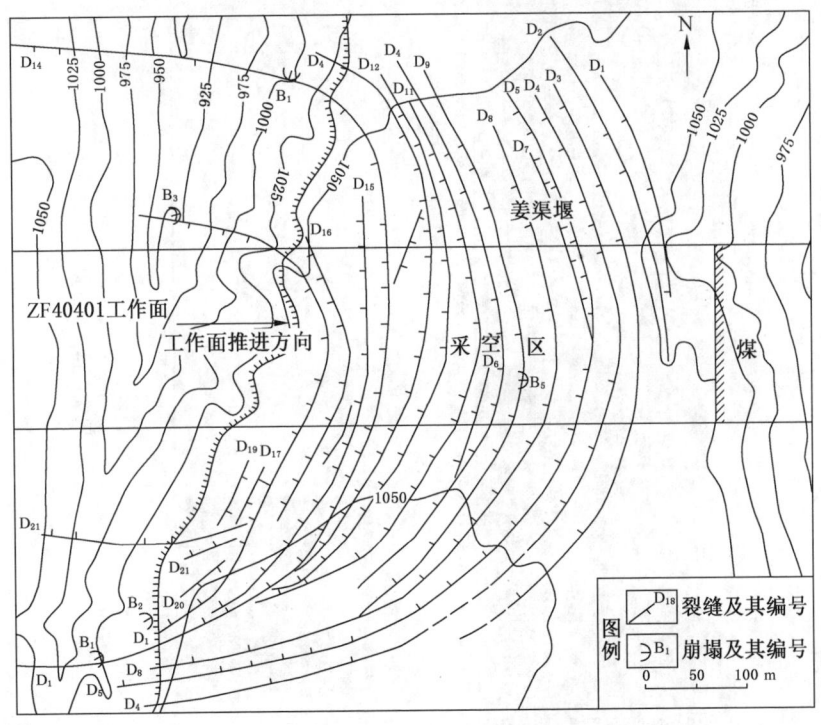

图 5-33 下沟矿 4 采区 40401 工作面地质概况

（二）硐室稳定性监测

针对下沟矿 401 采区变电室，主要矿压观测内容为垂直应力变化。其中应力测点有 2 处，应用 KJ550 进行测点监测的效果图如图 5-34 所示。

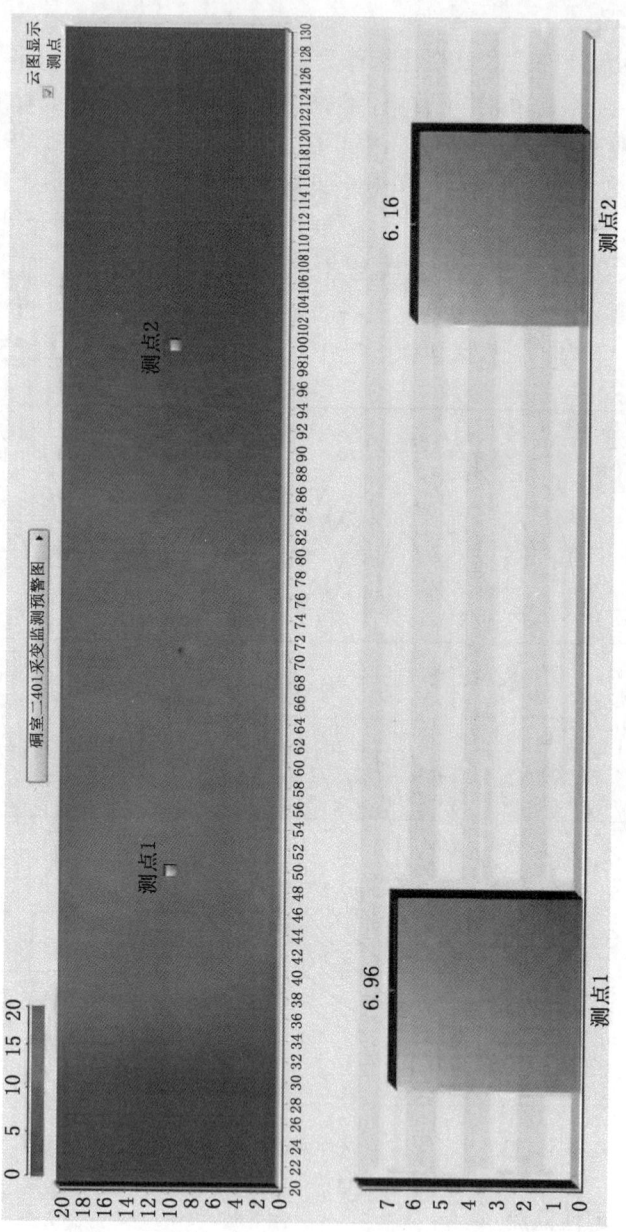

图 5-34 KJ550 下沟矿变电室应力监测

截取的应力监测时间为 2020 年 11 月 10 日至 2021 年 3 月 10 日，测点 1 与测点 2 的应力监测曲线，至 2020 年 12 月 8 日应力保持在 6 MPa 左右稳定，2020 年 12 月 10 日进行了一次应力计补压，补压应力为 7 MPa，直到 2021 年 3 月，测点 1 应力计监测稳定在 7 MPa，测点 2 应力计监测随时间变化而降低，降低至 6 MPa 后保持稳定。

由应力监测曲线（图 5-35）可以看出，硐室监测应力无明显变化，应力随时间变化基本一致，且保持在预警临界值以下。硐室应力状况稳定，可以进行安全生产。

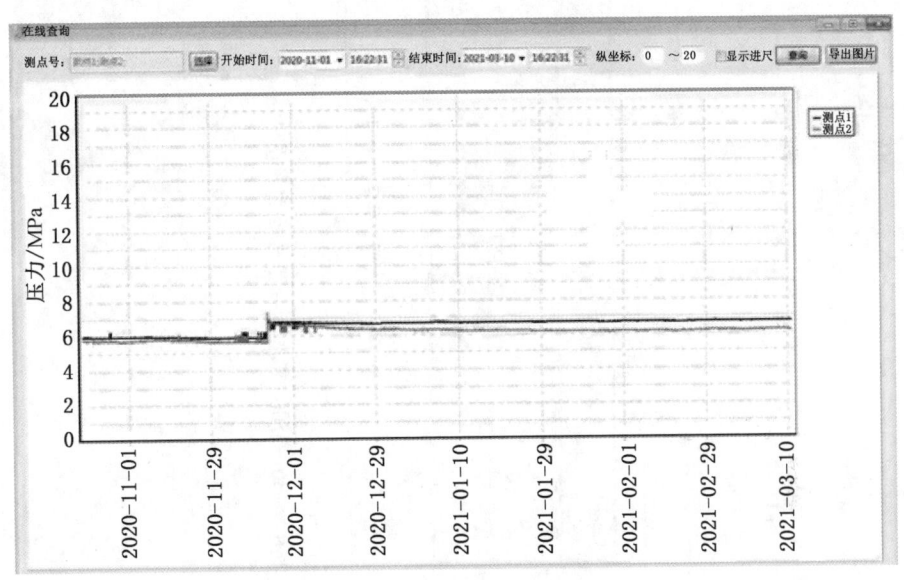

图 5-35 硐室测点应力变化曲线

七、梁宝寺煤矿工作面采掘期间钻屑法防冲案例

（一）35003 工作面概况

梁宝寺煤矿 35003 综放工作面位于 35000 采区中部（图 5-36）。工作面总推采长度为 1532.2 m，分为两段分别为：Ⅰ段 508.5 m，面长 100 m，斜面积为 50850 m²，可采储量为 443000 t；Ⅱ段 1023.7 m（剩余 641 m），面长 214.5 m，斜面积为 137494.5 m²，可采储量 1198000 t。

四邻采掘情况：西侧为 35000 轨道集中巷和 35000 回风集中巷，东北侧为

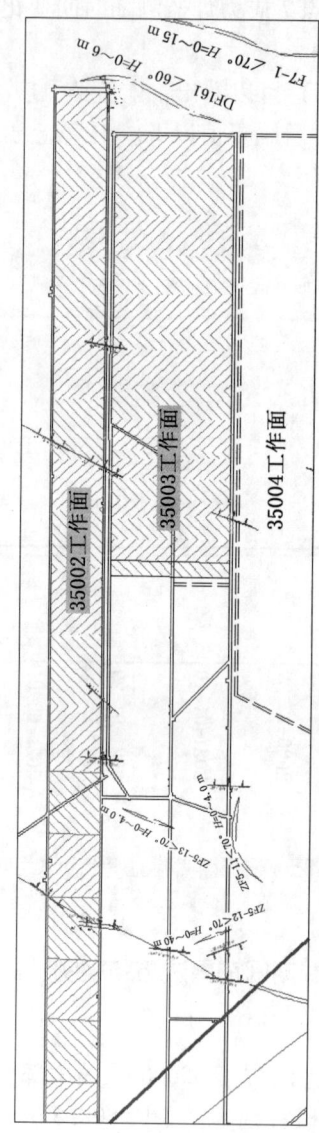

图 5-36 35003 工作面周边位置关系图

35002 工作面采空区，东南侧为 3316 工作面采空区、3314 工作面采空区，西南侧为正在施工的 35004 工作面带式输送机运输巷。工作面煤层底板标高 -834.3 ~ -964.9 m，工作面埋深约为 871 ~ 1002 m。

（二） 35003 采掘工作面钻屑预警值设定

梁宝寺煤矿 35003 工作面埋深 871 ~ 1002 m，煤层厚度为 4.1 ~ 7.4 m，平均厚度为 6.6 m，煤层厚度变化较稳定，无较大起伏；煤层倾角为 2° ~ 9°，平均 4°；煤层结构简单，煤层普氏硬度系数 $f = 1.8$。

根据中国矿业大学安全生产检测检验中心编制的《梁宝寺煤矿 3 号煤煤岩冲击倾向性检测报告》得知，3 煤单轴抗压强度为 12 MPa，冲击能量指数为 3.99，弹性能量指数为 3.05，煤层整体具有弱冲击倾向性。

梁宝寺煤矿为保证采掘期间的施工安全，在迎头施工大直径钻孔卸压，主要参数为：卸压钻孔深 20 m，钻孔直径为 150 mm，钻孔倾角平行于煤层施工，钻孔距离巷道底板高度为 1.2 ~ 1.5 m。为保持巷道稳定，不对煤层注水软化。

1. 35003 采掘工作面钻屑预警值理论计算

35003 工作面开采梁宝寺煤矿井田 3 煤层，煤层倾角近水平且厚度变化不大，煤层含水率不超过 45%，属于结构简单煤层，煤层稳定性较高。

为防止出现较大计算误差，依据钻屑量与煤体应力之间的定量关系，结合煤岩体在极限强度后的软化性质（即强度随应变增加而降低的性质），采用第三章第二节中式（3-14）进行计算，即

$$G = \gamma \pi a^2 \left\{ \left(1 - \frac{n-1}{2\pi}\right) + \frac{1+\upsilon}{E}\left[\sigma_c + \frac{q-1}{q+1}(2p - \sigma_c)\right] + \frac{n-1}{2\pi} \right\}$$

$$\left[1 + \frac{(2m+q-1)(2p-\sigma_c)}{\sigma_c^{1-m}[\sigma_c + (q-1)p]^m(q+1)}\right]^{\frac{2}{2m+Q-1}}$$

式中　　a——钻孔成孔后的半径，m；

γ——煤体视密度，N/m³；

n——煤体平均扩容系数；

E——煤的弹性模量，MPa；

υ——煤层泊松比，q 为系数，$q = \dfrac{1+\sin\varphi}{1-\sin\varphi}$；

φ——摩擦角；

m——塑性介质系数；

σ_c——煤的单轴抗压强度，MPa；

p——钻孔前的煤体应力。

根据梁宝寺煤矿现场的实际情况,对以上参数分别进行取值。现场钻屑施工采用42 mm 直径钻头,a 为 0.021 m;3 煤层弹性模量为 3.5 GPa,泊松比为 0.3,内摩擦角为 36.5°,单轴抗压强度为 12 MPa,煤质为褐煤,煤体视密度为 14.3 kN/m³;3 煤层扩容系数 n 取 1.1。

将上述参数代入式(7-10)得到理论最大钻屑值为 8.3 kg/m。

理论最大钻屑值指标与煤矿现场实际应用钻屑预警指标存在一定的差异,现场中随着钻头钻进距离应力集中区越来越近,最大钻屑量值应该越来越大。

2. 35003 采掘工作面现场试验钻屑预警值取值过程

依据《冲击地压测定、监测与防治方法》第六部分——钻屑法监测国标规定,正常煤粉量测定钻孔数应不少于 5 个,取各孔对应每米煤粉量的平均值,测定结果适用于对应的工作面,当工作面内地质条件发生明显变化时,需要重新标定正常煤粉量。

由于正常煤粉量的测定与多个因素有关,综合考虑煤层厚度、煤层单轴抗压强度、弹性能量指数、大直径卸压情况、周围采掘情况以及梁宝寺煤矿现有的钻屑法研究资料对钻屑预警值进行修正。

综合考虑影响钻屑量的各种因素后,取影响指数见表 5-2,计算得修正系数为 $Y=1.00$,得到 35003 采掘工作面钻屑指标见表 5-3。

表 5-2 35003 掘进工作面钻屑修正系数

钻屑法指标	影响钻屑量指标因素	影响因素定义	影响指数
Y_1	煤层厚度/m	6.6	1
Y_2	煤层单轴抗压强度/MPa	12	1
Y_3	弹性能量指数	3.05	1
Y_4	卸压情况	一般卸压	0.9
Y_5	塌孔情况	无	1
Y_6	巷道周边采掘关系	实体煤	1
Y_7	巷道埋深/m	887	1.1

计算钻屑量修正系数 $Y=(Y_1+Y_2+Y_3+Y_4+Y_5+Y_6+Y_7)/7=1.00$。

结合梁宝寺煤矿 35003 采掘工作面最大钻屑值理论计算结果及煤矿现场的试验监测数据分析,得梁宝寺煤矿 35003 掘进工作面钻屑值预警指标见表 5-3。

表5-3 梁宝寺煤矿35003采掘工作面钻屑值预警指标

工作面	煤层参数	钻孔深度/m	警示值/(kg·m^{-1})	预警/(kg·m^{-1})
35003 掘进工作面	厚煤层 (>3.5 m)	$L \leq 5$	4.0	5.5
		$5 < L \leq 10$	5.0	7.4
		$L > 10$	10.8	11.7

注：本次研究只针对42 mm钻屑孔进行研究，不对42 mm口径以上钻屑孔进行试验。

（三）35003采掘工作面钻屑法监测施工流程

1. 35003掘进工作面钻屑施工流程

原则上掘进工作面迎头应保证每10~20 m² 布置一个钻孔，钻孔个数不少于2个，监测频率始终满足掘进工作面迎头具有不少于5 m的超前监测距离；掘进工作面后方60 m范围内的两帮钻孔每次监测个数应不少于3个，钻孔间距为10~30 m，监测间隔时间为1~3天。掘进工作面钻屑孔布置如图5-37所示。

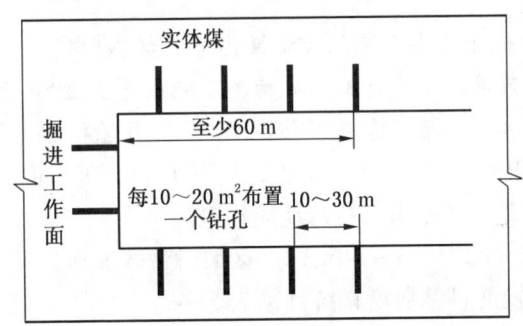

图5-37 掘进工作面迎头与巷道两帮钻屑孔布置

施工过程采用螺纹式连接的麻花钻杆，每节长1.0 m、ϕ44 mm的钻头。用胶结袋收集钻出的煤粉，测量体积，或用测力计称量煤粉的重量，每钻进1 m测量1次钻屑量，并且记录打眼过程中出现的钻杆跳动、卡钻、吸钻、劈裂声和微冲击等动力现象。

2. 35003采煤工作面钻屑施工流程

原则上采煤工作面煤壁仅在发生过冲击地压或者现场分析具有冲击地压危险时进行监测，钻孔间距为10~50 m，钻孔个数不少于3个，监测间隔时间为1~3天；回采巷道两帮监测区域应覆盖超前采动应力影响范围，且不小于100 m，钻孔间距为10~30 m，两帮每次钻孔监测个数应各不少于3个，监测间隔时间为 1~3 天。采煤工作面及回采巷道钻屑孔布置如图 5-38 所示。施工过程与 35003 掘进工作面钻屑施工过程一致。

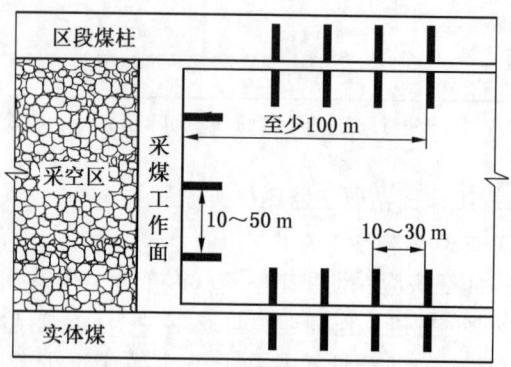

图 5-38 采煤工作面及回采巷道钻屑孔布置图

（四）35003 采掘工作面钻屑法监测冲击危险数据分析

1. 35003 工作面推采至无特殊地质构造区域钻屑法监测

梁宝寺煤矿 35003 采煤工作面于 2019 年 2 月开始推采，2019 年 7 月 1 日，工作面推采至距离开切眼 277.23 m 位置，7 月 26 日，工作面推采至 346.22 m 位置，277.23~346.22 m 区域内无特殊地质构造。

35003 工作面推采 277.23~346.22 m 区域时带式输送机运输巷及工作面最大钻屑值监测数据及较前日钻屑增幅统计见表 5-4。

表 5-4　35003 工作面推采 277.23~346.22 m 区域时带式输送机
运输巷及工作面最大钻屑值及较前日增幅统计表

日期	施工数量/个	最大值/kg	最大值位置/m	较前日增幅/kg
35003 工作面带式输送机运输巷				
2019-07-01	3	3.0	11	—
2019-07-02	3	3.5	11	0.5
2019-07-03	3	3.4	12	-0.1
2019-07-04	3	3.4	11	0
2019-07-05	3	3.9	12	0.5
2019-07-06	3	3.3	12	-0.6
2019-07-07	3	3.3	11	0

表5-4（续）

日期	施工数量/个	最大值/kg	最大值位置/m	较前日增幅/kg
2019-07-08	3	3.2	11	-0.1
2019-07-09	**3**	**3.7**	**7**	**0.5**
2019-07-10	3	3.9	11	0.2
2019-07-11	3	3.3	10	-0.6
2019-07-12	3	3.2	10	-0.1
2019-07-13	3	3.4	12	0.2
2019-07-14	3	3.2	10	-0.2
2019-07-15	—	—	—	—
2019-07-16	—	—	—	—
2019-07-17	—	—	—	—
2019-07-18	3	3.5	12	—
2019-07-19	3	3.3	11	-0.2
2019-07-20	3	3.4	10	0.1
2019-07-21	3	3.7	10	0.3
2019-07-22	3	3.8	4	0.1
2019-07-23	3	3.8	11	0
2019-07-24	3	3.5	12	-0.3
2019-07-25	3	3.2	10	-0.3
2019-07-26	3	3.3	10	0.1
35003工作面				
2019-07-15	1	3.2	10	—
2019-07-16	1	3.3	10	0.1
2019-07-17	1	3.3	10	0
2019-07-18	1	3.2	10	-0.1
2019-07-19	1	3.3	10	0.1
2019-07-20	1	3.4	9	0.1
2019-07-21	1	3.3	9	-0.1
2019-07-22	1	3.2	8	-0.1
2019-07-23	1	3.2	12	0
2019-07-24	1	3.3	11	0.1
2019-07-25	1	3.2	12	-0.1
2019-07-26	1	3.8	11	0.6

35003 工作面推采 277.23~346.22 m 区域时带式输送机运输巷最大钻屑值监测曲线如图 5-39 所示,较前日钻屑增幅曲线如图 5-40 所示。

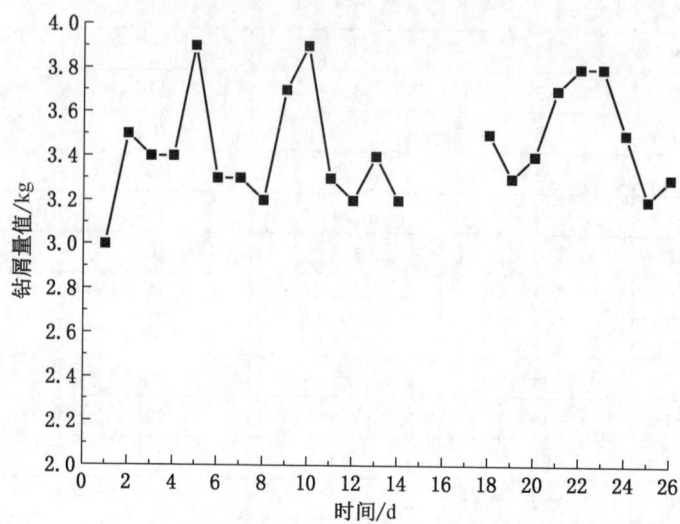

图 5-39　35003 工作面推采 277.23~346.22 m 区域时带式输送机运输巷最大钻屑值监测曲线图

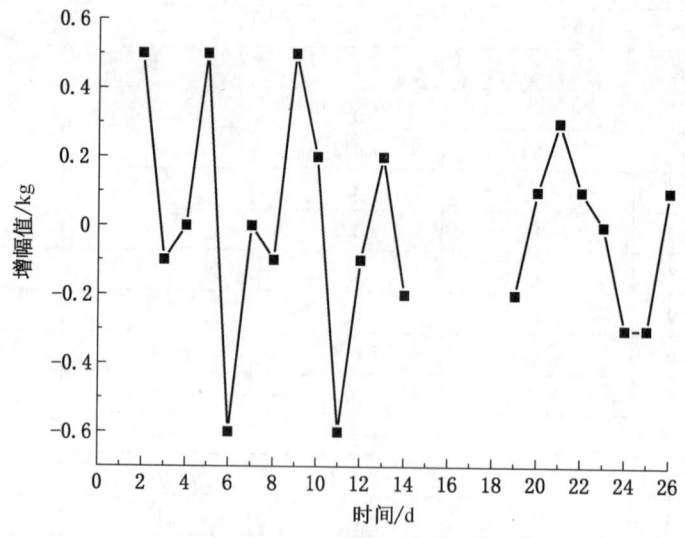

图 5-40　35003 工作面推采 277.23~346.22 m 区域时带式输送机运输巷最大钻屑值较前日增幅曲线图

35003 工作面推采 277.23~346.22 m 区域期间，带式输送机运输巷内每天施工 3 个深度为 12 m 的钻屑孔，施工过程中测定最大钻屑值深度大部分处于 10~12 m 位置，表明 35002 采空区侧向峰值压力区域位于 35003 工作面内距离带式输送机运输巷左帮煤壁 10~12 m 位置，其中有两次最大钻屑值位于 7 m 和 4 m，表明该区域煤体内存在应力异常区。

根据钻屑监测曲线和钻屑增幅曲线得知，35003 工作面在回采过程中钻屑最大值未超出钻屑预警阈值，且最大钻屑值最大增幅为 0.5 kg/m，最大增幅处于较低水平，最大钻屑值增幅曲线属于起伏波动曲线，无明显急剧上升趋势。因此，可以判定该区域发生冲击地压危险的可能性较小。

35003 工作面推采 277.23~346.22 m 区域时工作面最大钻屑值监测曲线如图 5-41 所示，钻屑最大值较前日增幅曲线如图 5-42 所示。

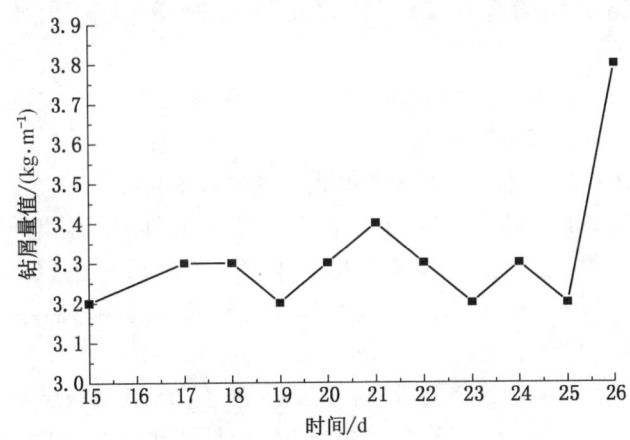

图 5-41　35003 工作面推采 277.23~346.22 m 区域时工作面最大钻屑值监测曲线图

根据最大钻屑值监测曲线和最大钻屑值较前日增幅曲线得知，35003 工作面推采 277.23~346.22 m 区域时，2019 年 7 月 26 日最大钻屑值达到了监测期间的最大峰值 3.8 kg/m，剩余时期最大钻屑值集中在 3.2~3.4 kg/m 区间。从数据上来看，最大钻屑值峰值未超出 35003 工作面钻屑预警阈值。

2019 年 7 月 26 日，最大钻屑值较前日增幅达到了监测期间最大峰值 0.6 kg/m，剩余时期均保持在较低的增长幅度上，表明了 2019 年 7 月 26 日 35003 工作面推采区域应力较之前有一定的增长。从数据上来看，最大钻屑值较前日增幅峰值在监测期间保持在较低的水平上，且未超出预警阈值。

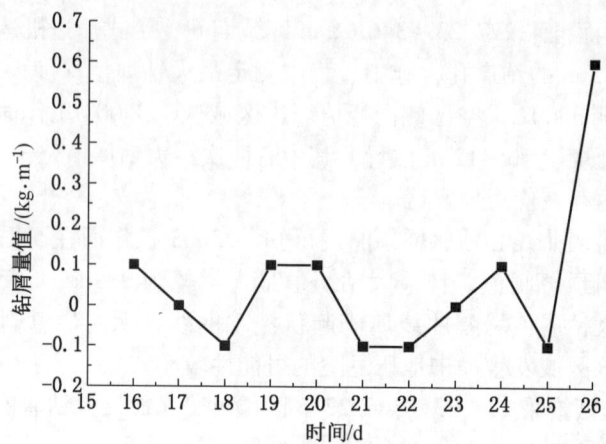

图 5-42　35003 工作面推采 277.23～346.22 m 区域工作面最大钻屑值较前日增幅曲线图

通过上述数据分析，可以判定 35003 工作面推采 277.23～346.22 m 区域时发生冲击地压危险的可能性较小。

2. 35003 工作面推采至断层构造附近区域钻屑法监测

梁宝寺煤矿 35003 采煤工作面于 2019 年 8 月 26 日推采至距离开切眼 366.12 m 位置，9 月 26 日推采至距开切眼 435.62 m 位置，366.12～435.62 m 区域内存在 f140 断层，落差为 5.5 m，倾角为 65°，属于可靠控制的小型断层，断层方位与 35003 工作面走向相互垂直。

根据以往工程经验，断层附近存在应力异常区，尤其是断层上下盘存在峰值压力影响区域，钻屑法监测过程中往往会表现出钻屑孔难以施工且最大钻屑值比无地质构造区域高，最大钻屑值较前日增幅增长较快等特征。

35003 工作面推采 366.12～435.62 m 区域时带式输送机运输巷最大钻屑值数据及较前日增幅值统计见表 5-5。

表 5-5　35003 工作面推采 366.12～435.62 m 区域带式输送机运输巷最大钻屑值及较前日钻屑增幅数据统计表

日　　期	施工数量/个	最大值/kg	最大值位置/m	较前日增幅/(kg·m^{-1})
35003 工作面带式输送机运输巷				
2019-08-26	3	3.4	12	—
2019-08-27	3	—	—	—
2019-08-28	3	3.9	12	—

表 5-5（续）

日　　期	施工数量/个	最大值/kg	最大值位置/m	较前日增幅/(kg·m^{-1})
2019-08-29	3	4.2	6	-0.3
2019-08-30	3	4.9	7	0.7
2019-08-31	3	6.6	12	1.7
2019-09-01	3	—	—	—
2019-09-02	3	—	—	—
2019-09-03	3	7.8	12	—
2019-09-04	3	7.4	12	-0.4
2019-09-05	3	6.7	10	-0.7
2019-09-06	3	4.7	11	-2.0
2019-09-07	3	3.8	11	-0.9
2019-09-08	3	3.8	10	0
2019-09-09	3	3.7	11	-0.1
2019-09-10	3	3.7	11	0
2019-09-11	3	2.9	11	-0.8
2019-09-12	3	2.9	11	0
2019-09-13	3	3.1	11	0.2
2019-09-14	3	3.2	11	0.1
2019-09-15	3	3.2	11	0
2019-09-16	3	3.2	11	0
2019-09-17	3	3.0	12	-0.2
2019-09-18	3	3.1	9	0.1
2019-09-19	3	3.3	12	0.2
2019-09-20	3	3.2	11	-0.1
2019-09-21	3	2.9	8	-0.3
2019-09-22	3	2.9	11	0
2019-09-23	3	2.9	10	0
2019-09-24	3	3.5	12	0.4
2019-09-25	3	3.3	12	-0.2
2019-09-26	3	3.3	10	0
2019-09-27	3	3.3	11	0
2019-09-28	3	3.6	12	0.3
2019-09-29	3	3.5	12	-0.1
2019-09-30	3	3.4	12	-0.1

35003工作面推采366.12~435.62 m区域带式输送机运输巷最大钻屑值监测曲线如图5-43所示，最大钻屑值较前日增幅曲线如图5-44所示。

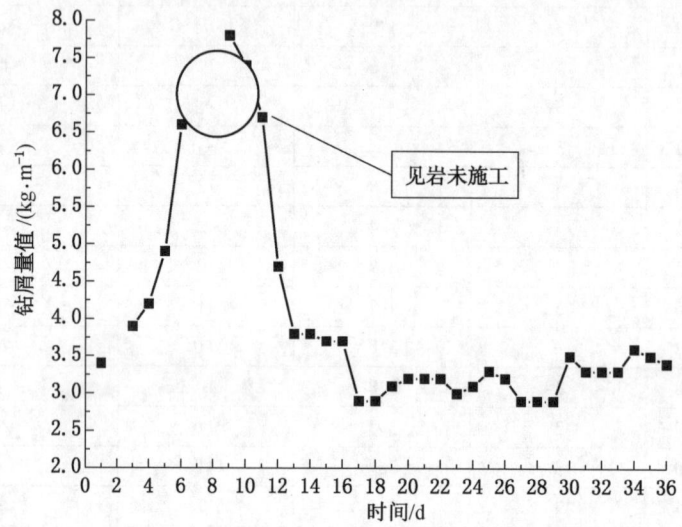

图5-43　35003工作面推采366.12~435.62 m区域带式输送机运输巷最大钻屑值监测曲线图

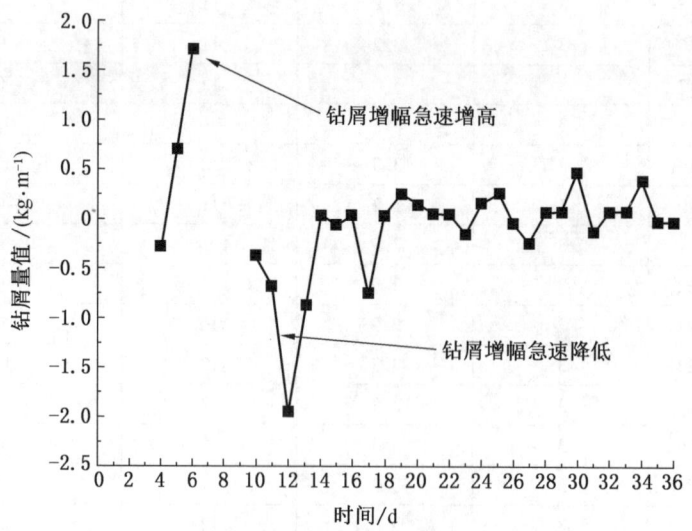

图5-44　35003工作面推采366.12~435.62 m区域带式输送机运输巷最大钻屑值较前日增幅曲线图

根据最大钻屑值监测曲线和最大钻屑值增幅曲线得知,35003 工作面推采 366.12~435.62 m 区域期间,监测曲线均出现了较大幅度波动,具体表现为:过断层前,最大钻屑值监测曲线呈现出单一正相关线性增加,过断层后呈现出单一负相关线性降低直至降低到起伏波动状态。最大钻屑值增幅曲线表现为:过断层前急剧增高,过断层后急剧降低直至平稳变化。

从数据上来看,35003 工作面过断层期间,带式输送机运输巷最大钻屑值数据集中在 6.0~8.0 kg/m 范围内,最大钻屑值最大峰值为 7.8 kg/m,较前日钻屑增幅集中在 0.5~2.0 kg/m 范围和 -0.5~-2.0 kg/m 范围,最大钻屑值较前日增幅为 1.7 kg/m,最大降幅为 -2.0 kg/m,均未超出钻屑预警阈值,但最大钻屑值峰值和较前日增幅值均表明:断层附近存在应力异常区。因此,建议此后工作面过断层时一定要加强钻屑法监测强度和频率,以保证工作面推采安全。

3. 35003 工作面掘进期间无特殊地质构造区域钻屑法监测

梁宝寺煤矿 35003 工作面带式输送机运输巷于 2018 年 1 月 1 日开始掘进,截止到 2018 年 1 月 31 日未揭露断层等特殊地质构造。因此,统计该月内最大钻屑值及较前日增幅数据,分析普通条件下工作面掘进期间最大钻屑值监测曲线和较前日钻屑增幅曲线变化特征。

35003 工作面掘进期间无特殊地质构造区域轨道巷迎头最大钻屑值监测数据统计见表 5-6。

表 5-6 35003 工作面掘进期间轨道巷迎头最大钻屑值监测数据统计

日 期	施工数量/个	最大值/kg	最大值位置/m	较前日增幅/kg
35003 工作面轨道巷道掘进迎头				
2018-01-01	1	4.1	12	—
2018-01-02	1	4.1	11	0
2018-01-03	2	4.1	11	0
2018-01-04	2	3.7	10	-0.4
2018-01-05	2	4.1	12	0.4
2018-01-06	2	3.8	11	-0.3
2018-01-07	2	4.2	11	0.4
2018-01-08	2	4.6	12	0.4
2018-01-09	2	4.1	11	-0.5
2018-01-10	2	4.0	12	-0.1
2018-01-11	2	3.7	11	-0.3

表 5-6（续）

日 期	施工数量/个	最大值/kg	最大值位置/m	较前日增幅/kg
2018-01-12	2	3.5	11	-0.2
2018-01-13	2	3.7	11	0.2
2018-01-14	2	3.3	12	-0.4
2018-01-15	2	3.4	12	0.1
2018-01-16	2	3.8	12	0.4
2018-01-17	2	3.8	11	0
2018-01-18	2	3.5	12	-0.3
2018-01-19	2	3.3	12	-0.2
2018-01-20	2	3.1	12	-0.2
2018-01-21	2	3.6	11	0.5
2018-01-22	2	3.7	11	0.1
2018-01-23	2	3.1	12	-0.6
2018-01-24	2	3.3	12	0.2
2018-01-25	2	3.4	12	0.1
2018-01-26		—	—	—
2018-01-27	2			
2018-01-28	2	3.5	11	—
2018-01-29	2	3.2	12	-0.3
2018-01-30	2	3.1	11	-0.1
2018-01-31	2	3.7	12	0.6

35003 工作面掘进期间无特殊地质构造区域带式输送机运输巷迎头最大钻屑值监测曲线如图 5-45 所示，最大钻屑值较前日增幅曲线如图 5-46 所示。

根据最大钻屑值监测曲线和最大钻屑值增幅曲线得知，35003 工作面带式输送机运输巷掘进至无特殊地质构造区域，第 8 天带式输送机运输巷迎头最大钻屑值为 4.6 kg/m，此后最大钻屑值监测曲线呈现下降趋势，直至下降到 3.6 kg/m 时，曲线呈现出起伏波动特征。从数据上来看，最大钻屑值自始至终均未超出预警阈值；最大钻屑值较前日增幅曲线一直呈现出波动起伏特征，最大上限值为 0.6 kg/m，最大下限值为 -0.6 kg/m。因此，由上述数据可以判定 35003 工作面带式输送机运输巷该月份掘进至无特殊地质构造区域内发生冲击地压危险的可能性较小。

第五章 实践应用

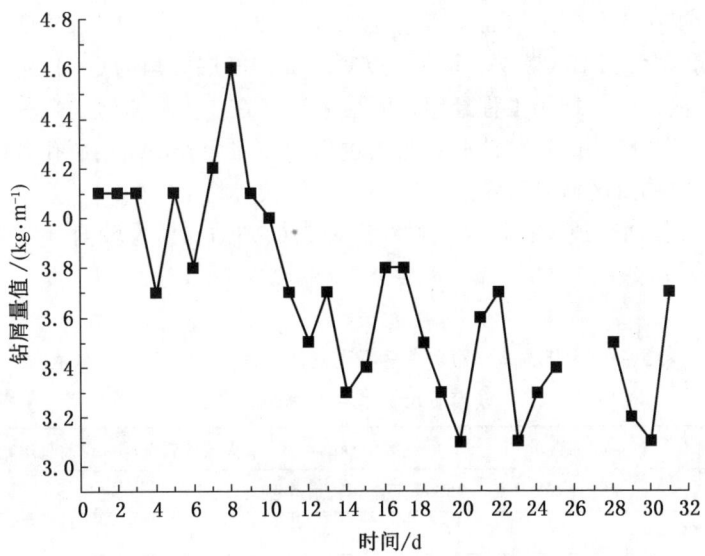

图 5-45　35003 工作面掘进期间带式输送机运输巷迎头最大钻屑值监测曲线图

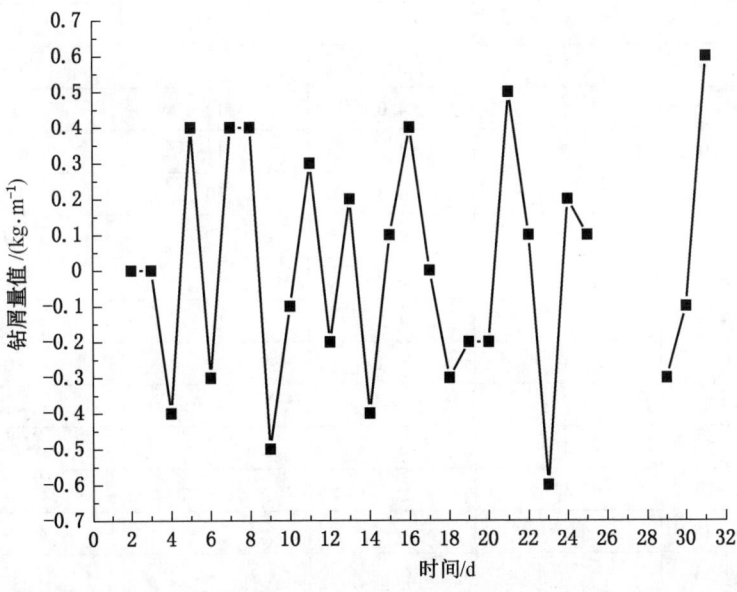

图 5-46　35003 工作面掘进期间带式输送机运输巷迎头最大钻屑值较前日增幅曲线图

4. 35003 工作面轨道巷掘进期间过断层钻屑法监测

梁宝寺煤矿 35003 工作面轨道巷在 2018 年 2 月 8 日至 2 月 28 日处于掘进区域,该区域内存在 F168 断层,断层落差为 3 m,断层倾角为 60°,属于较小可靠控制断层。根据以往现场工程经验,断层附近存在应力异常区,尤其是断层上下盘存在峰值压力影响区域,钻屑法监测过程中往往会表现出钻屑孔难以施工且钻屑值比无地质构造区域高,钻屑值增幅增长较快等特征。

35003 工作面轨道巷掘进期间过断层迎头最大钻屑值及较前日增幅监测数据统计见表 5-7。

表 5-7 35003 工作面轨道巷掘进期间过断层迎头最大钻屑值及较前日增幅监测数据统计表

日期	施工数量/个	最大值/kg	最大值位置/m	较前日增幅/(kg·m⁻¹)
35003 工作面轨道巷迎头				
2018-03-08	1	4.1	10	—
2018-03-09	2	4.3	10	0.2
2018-03-10	2	3.8	10	-0.5
2018-03-11	2	4.1	11	0.3
2018-03-12	2	3.9	11	-0.2
2018-03-13	2	4.1	12	0.2
2018-03-14	2	3.9	12	-0.2
2018-03-15	2	4.0	12	0.1
2018-03-16	2	4.2	11	0.2
2018-03-17	2	4.3	10	0.1
2018-03-18	2	4.3	10	0
2018-03-19	1	3.0	12	-1.3
2018-03-20	2	4.2	11	1.2
2018-03-21	2	4.2	11	0
2018-03-22	2	—		
2018-03-23	2	—		
2018-03-24	2	—		
2018-03-25	2	—		
2018-03-26	2	—		
2018-03-27	2	4.4	10	—

表 5-7（续）

日期	施工数量/个	最大值/kg	最大值位置/m	较前日增幅/(kg·m⁻¹)
2018-03-28	2	4.8	12	0.4
2018-03-29	2	4.9	11	0.1
2018-03-30	2	6.9	12	2.0
2018-03-31	2	8.4	11	1.5
2018-04-01	2	7.4	10	-1.0
2018-040-2	2	6.9	11	-0.5
2018-04-03	2	5.7	12	-1.2
2018-04-04	2	4.8	12	-0.9
2018-04-05	2	4.4	12	-0.4
2018-04-06	2	4.3	11	-0.1
2018-04-07	2	4.1	12	-0.2
2018-04-08	2	4.2	11	0.1

35003 工作面轨道巷掘进期间过断层带式输送机运输巷迎头最大钻屑值监测曲线如图 5-47 所示，最大钻屑值较前日增幅曲线如图 5-48 所示。

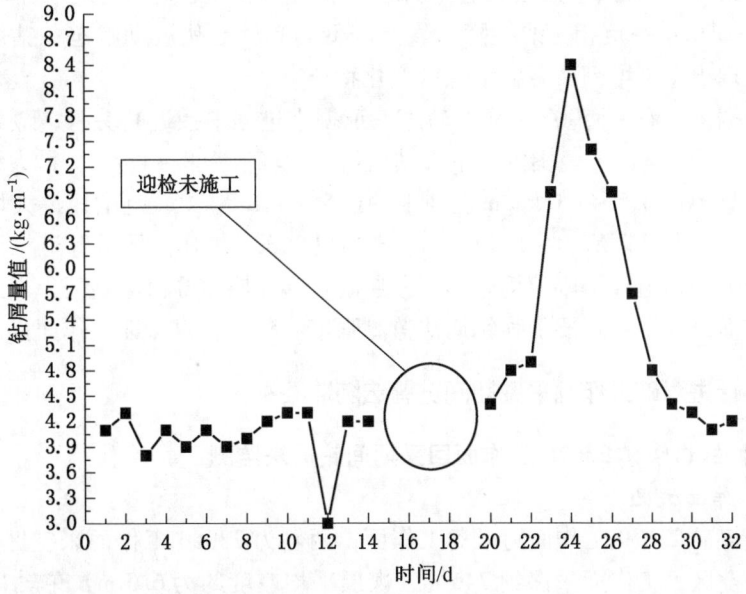

图 5-47　35003 工作面掘进期间过断层带式输送机运输巷迎头最大钻屑值监测曲线

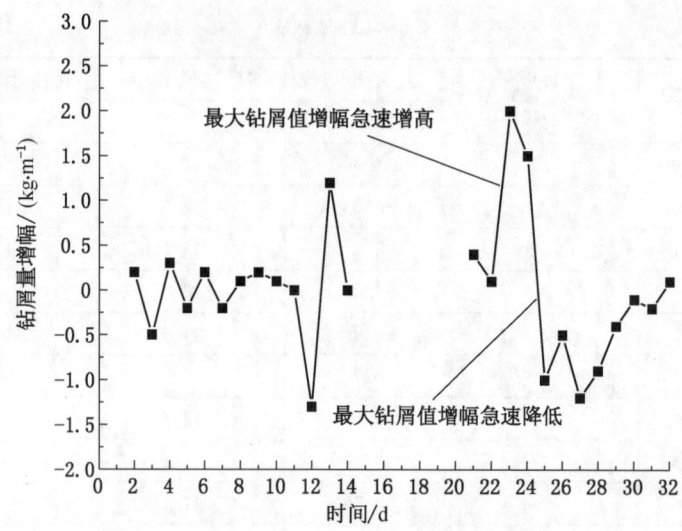

图 5-48 35003 工作面掘进期间过断层轨道巷迎头最大钻屑值增幅曲线

根据最大钻屑值监测曲线和最大钻屑值增幅曲线得知,35003 工作面轨道巷在 2018 年 3 月 8 日至 4 月 8 日掘进期间,监测曲线出现较大幅度波动,具体表现为:在第 20~23 天最大钻屑值监测曲线呈现出单一正相关线性增加,第 23~25 天又呈现出单一负相关线性降低直至降低到频繁起伏波动状态;钻屑增幅曲线同时表现出急剧增高后急剧降低的变化特征。

从数据上来看,35003 工作面轨道巷道掘进过程中接近断层时,最大钻屑值集中在 5.0~8.5 kg/m 范围内,最大钻屑值最大峰值为 8.4 kg/m,最大钻屑值较前日增幅集中在 0.5~2.0 kg/m 范围和 -0.5~-1.5 kg/m 范围,最大增幅值为 2.0 kg/m,最大降幅值为 -1.5 kg/m,未超出 35003 工作面轨道巷道钻屑预警阈值,但最大钻屑值和增幅值均表明:断层附近存在应力峰值影响区。因此,建议此后工作面过断层一定要加强钻屑法监测强度和频率,以保证工作面推采安全。

八、跃进煤矿工作面采掘期间钻屑法防冲案例

(一) 跃进煤矿 23070 工作面回采期间钻屑法监测

1. 工作面概况

跃进煤矿 23070 工作面为孤岛工作面,两侧为 23050 工作面采空区和 23090 工作面采空区,工作面采深约 746 m,煤层平均厚度约为 6.5 m,单轴抗压强度 28.6 MPa,弹性能量指数为 10.42。23070 采煤工作面布置如图 5-49 所示。

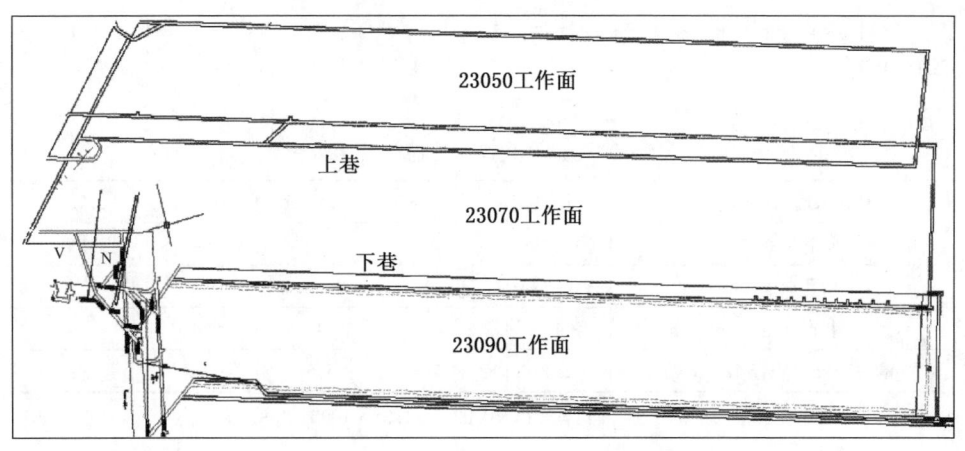

图 5-49 跃进煤矿 23070 采煤工作面布置示意图

2. 钻屑法研究

跃进煤矿 23070 工作面采用了钻孔卸压与煤层注水等方法对具有冲击地压危险区域进行卸压解危,具体参数如下:

钻孔卸压:孔深 30 m,孔径 133 mm,间距 0.6 m,距底板 0.5~1.5 m。

煤层注水:上帮间距 20 m,深度为 80 m,孔径 75 mm,钻孔沿煤层倾向向下布置,孔口距底板 0.8~1.2 m;下帮间距 20 m,深度为 140 m,孔径 75 mm,沿煤层倾向向上布置,孔口距底板 0.8~1.2 m。

综合考虑影响钻屑量的各种因素(表 5-8),取修正系数为 $Y = 0.9875$,得到 23070 回采工作面钻屑量理论值见表 5-9。

表 5-8 23070 采煤工作面下巷钻屑量修正系数

序号	钻屑法指标	影响钻屑量的指标	影响因素的定义	影响指数
1	Y_1	煤层厚度/m	6.5	1
2	Y_2	单轴抗压强度/MPa	28.6	1
3	Y_3	弹性能量指数 W_{ET}	10.42	1
4	Y_4	卸压情况	高度卸压	0.7
5	Y_5	注水情况	注水	0.8
6	Y_6	塌孔情况	无塌孔	1
7	Y_7	巷道两侧情况	两侧均为采空区	1.3
8	Y_8	巷道采深/m	746	1.1

经计算得钻屑量修正系数 $Y = (1 + 1 + 1 + 0.7 + 0.8 + 1 + 1.3 + 1.1)/8 = 0.9875$。

表5-9 23070采煤工作面钻屑量指标

钻孔深度/巷道高度	1.5	1.5~2.25	2.25~3	3~3.75	3.75~5
钻粉率指数	>1.5	2.0	3	4	5
钻孔深度/m	0~6	6~9	9~12	12~15	15~20
巷道高度/m	4	4	4	4	4
钻屑量指标/kg（直径42 mm钻孔）	2.8	3.7	5.5	7.4	9.3

注：直径42 mm钻孔，每米正常钻粉（kg）= $3.14 \times 0.021^2 \times 1.35 \times 1000 = 1.87$ kg。

将其理论钻屑量指标简化成直线，可得直径为42 mm的钻屑检验孔钻屑量指标（表5-10），其钻屑量直线图如图5-50所示。

表5-10 跃进煤矿23070工作面42 mm钻孔钻屑量理论值

钻孔深度/m	4	5	6	7	8	9
钻屑量/kg	2.8	3.4	4.0	4.6	5.2	5.8
钻孔深度/m	10	11	12	13	14	15
钻屑量/kg	6.3	6.9	7.5	8.1	8.7	9.3

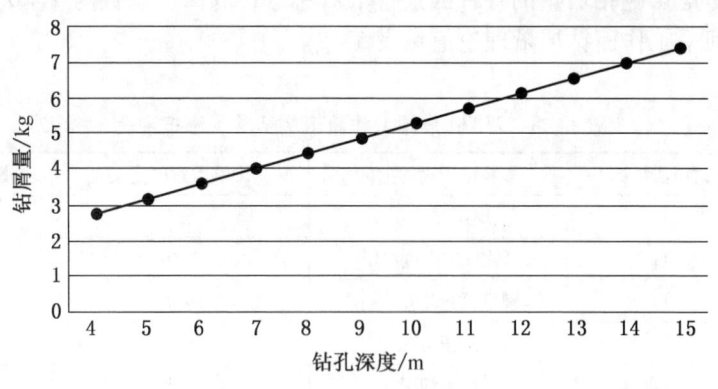

图5-50 23070回采工作面42 mm钻孔钻屑量直线图

第五章 实 践 应 用

3. 实施方案

根据目前 23070 工作面的实际情况,在工作面超前 50~250 m 范围内上巷下帮和下巷上帮间距 40 m 各布置 5 组测点,共计 10 组 20 个检测孔。23070 采煤工作面总计钻屑孔 20 个。

4. 实测数据结果

(1) 23070 工作面 45 mm 钻屑量数据结果如图 5-51 所示。

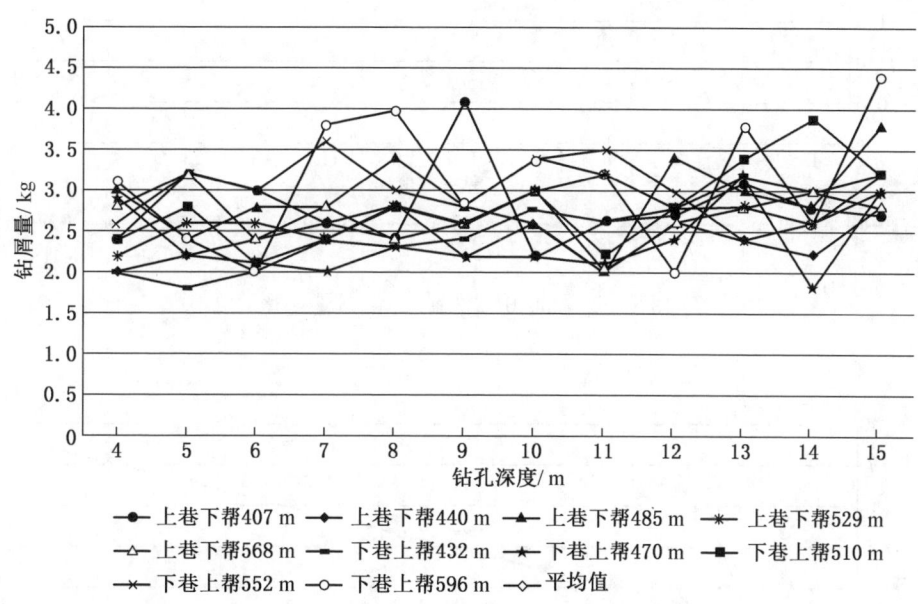

图 5-51　23070 工作面钻屑量数据

(2) 23070 工作面上巷 45 mm 钻屑量数据结果如图 5-52 所示。

(3) 23070 工作面上巷 45 mm 钻屑量实测数据与理论值对比如图 5-53 所示。

(4) 23070 工作面下巷 45 mm 钻屑量数据结果如图 5-54 所示。

(5) 23070 工作面下巷 45 mm 钻屑量实测数据与理论值对比如图 5-55 所示。

5. 数据分析

对 23070 采煤工作面上巷 45 mm 钻孔钻屑量数据进行分析,实测 45 mm 钻孔钻屑量与理论值吻合,无须进行修正。最终得出 23070 采煤工作面上巷 45 mm 钻屑量预警指标见表 5-11。

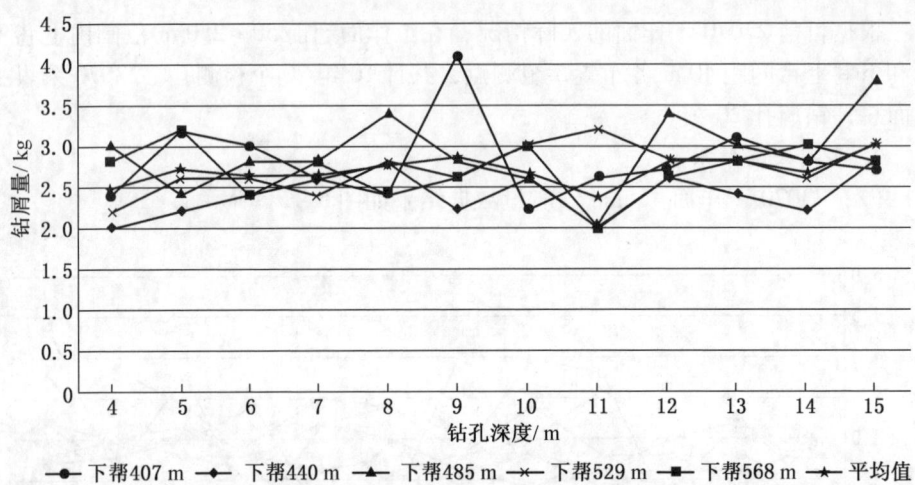

图 5-52 23070 工作面上巷钻屑量数据

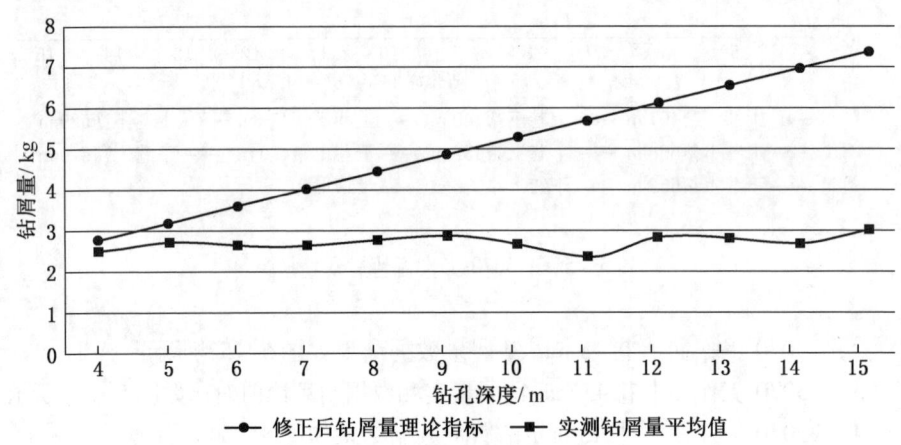

图 5-53 23070 工作面上巷钻屑量实测数据与理论值对比

表 5-11 23070 采煤工作面上巷 45 mm 钻屑量预警指标

钻孔深度/m	0~6	6~9	9~12	12~15
钻屑量指标/kg（直径 42 mm 钻孔）	2.8	3.7	5.5	7.4

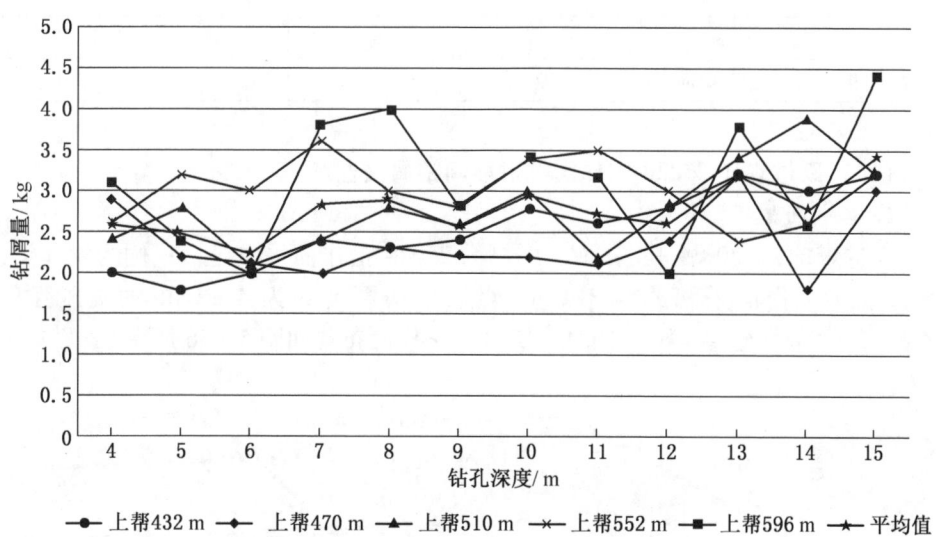

图 5-54 23070 工作面下巷钻屑量数据

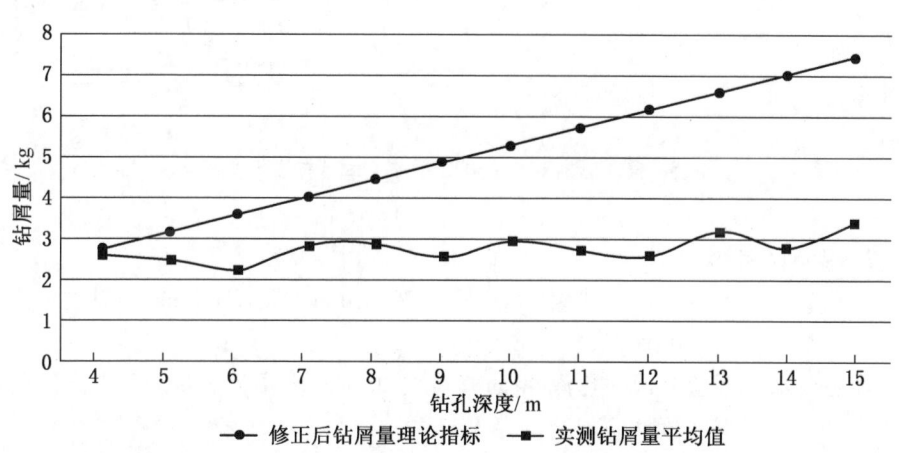

图 5-55 23070 工作面下巷钻屑量实测数据与理论值对比

对 23070 采煤工作面下巷 45 mm 钻孔钻屑量数据进行分析,实测 45 mm 钻孔钻屑量与理论值吻合,无须进行修正。最终得出 23070 采煤工作面下巷 45 mm 钻孔钻屑量预警指标见表 5-12。

表5-12　23070采煤工作面下巷45 mm钻屑量预警指标

钻孔深度/m	0~6	6~9	9~12	12~15
钻屑量指标/kg（直径42 mm钻孔）	2.8	3.7	5.5	7.4

（二）跃进煤矿25020工作面掘进期间钻屑法监测

1. 工作面概况

跃进煤矿25020掘进工作面，一侧为25040工作面采空区，一侧为实体煤，25020掘进工作面采深约为814 m，煤层平均厚度约为4 m，单轴抗压强度28.6 MPa，弹性能量指数为10.42。25020工作面布置如图5-56所示。

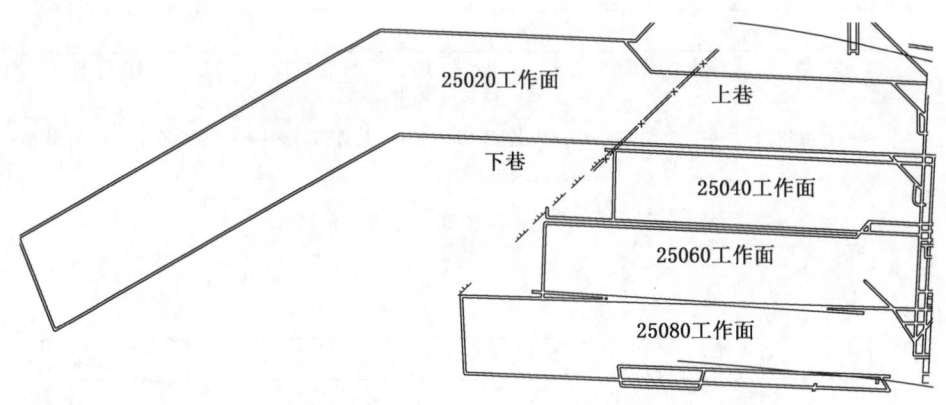

图5-56　跃进煤矿25020掘进工作面布置示意图

2. 钻屑法研究

钻孔卸压：下巷上帮，孔深20 m，孔间距2.4 m，孔径133 mm，钻孔沿煤层倾角13°钻进，孔口距巷道底板0.8~1.2 m。

煤层注水：下巷上帮，孔深40 m，间距20 m，孔径75 mm，孔口高度距底板0.8~1.2 m左右，倾角为13°。

综合考虑影响钻屑量的各种因素后，取影响指数见表5-13，计算得修正系数为 $Y=0.9875$，得到25020掘进工作面钻屑指标见表5-14。

经计算得钻屑量修正系数 $Y=(1+1+1+0.9+0.8+1+1.1+1.1)/8=0.9875$。

对其理论钻屑量指标简化成直线（图5-57、表5-15），可得直径为42 mm的钻屑检验孔钻屑量指标如图5-58所示。

表5-13 25020掘进工作面下巷钻屑量修正指数

序号	钻屑法指标	影响钻屑量指标	影响因素的定义	影响指数
1	Y_1	煤层厚度	4 m	1
2	Y_2	单轴抗压强度	28.6	1
3	Y_3	弹性能量指数 W_{ET}	10.24	1
4	Y_4	泄压情况	一般泄压	0.9
5	Y_5	注水情况	注水	0.8
6	Y_6	塌孔情况	无塌孔	1
7	Y_7	巷道两侧情况	一侧为采空区	1.1
8	Y_8	巷道采深	814 m	1.1

表5-14 25020掘进工作面钻屑量指标

钻孔深度/巷道高度	1.5	1.5~2.25	2.25~3	3~3.75	3.75~5
钻屑率指数	>1.5	2.0	3	4	5
钻孔深度/m	0~6	6~9	9~12	12~15	15~20
巷道高度/m	4	4	4	4	4
钻屑量指标/kg（直径42 mm 钻孔）	2.8	3.7	5.5	7.4	9.3

注：直径42 mm 钻孔，每米正常钻粉(kg) = 3.14 × 0.021² × 1.35 × 1000 = 1.87 kg。

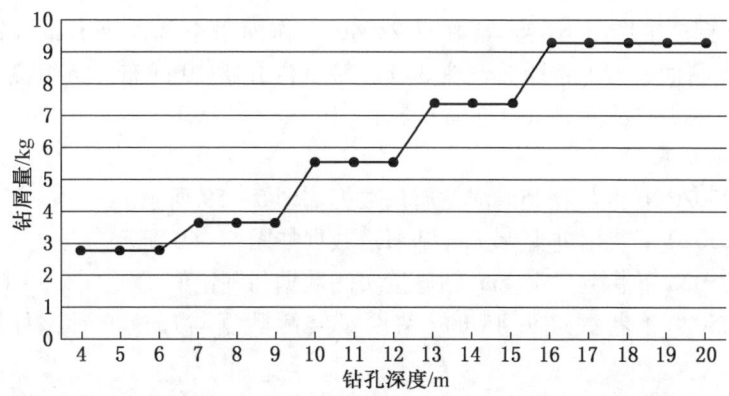

图5-57 25020掘进工作面42 mm钻孔钻屑量理论值

表 5-15　跃进煤矿 25020 工作面 42 mm 钻孔钻屑量理论值

钻孔深度/m	4	5	6	7	8	9
钻屑量/kg	2.8	3.4	4.0	4.6	5.2	5.8
钻孔深度/m	10	11	12	13	14	15
钻屑量/kg	6.3	6.9	7.5	8.1	8.7	9.3

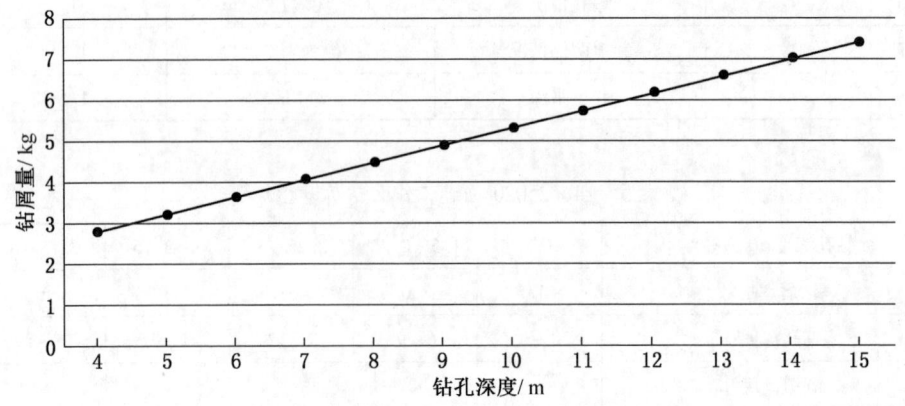

图 5-58　25020 掘进工作面 42 mm 钻孔钻屑量直线图

3. 实施方案

25020 掘进工作面下巷下帮临近 25040 工作面采空区，故不布置钻屑检测孔。对于上帮而言，上帮滞后迎头 300 m 范围内孔距 40 m 布置 7 组测点；掘进迎头布置 3 组循环测点，共计布置检测孔 20 个。

4. 数据结果

（1）25020 下巷上帮 45 mm 钻屑量数据如图 5-59 所示。

（2）25020 下巷掘进头 45 mm 钻屑量数据如图 5-60 所示。

（3）25020 下巷上帮 45 mm 钻屑量实测数据与理论值对比如图 5-61 所示。

（4）25020 下巷掘进头 45 mm 钻屑量实测数据与理论值对比如图 5-62 所示。

（5）25020 掘进头 45 mm 钻屑量实测数据与理论值对比如图 5-63 所示。

5. 结果分析

对 25020 掘进工作面下巷上帮 45 mm 钻孔钻屑量数据进行分析，实测 45 mm

第五章 实践应用

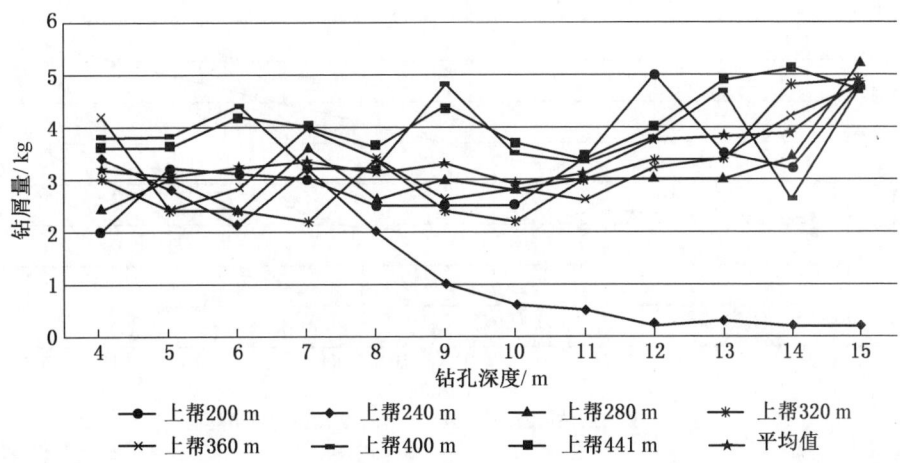

图 5-59 25020 上帮钻屑量数据

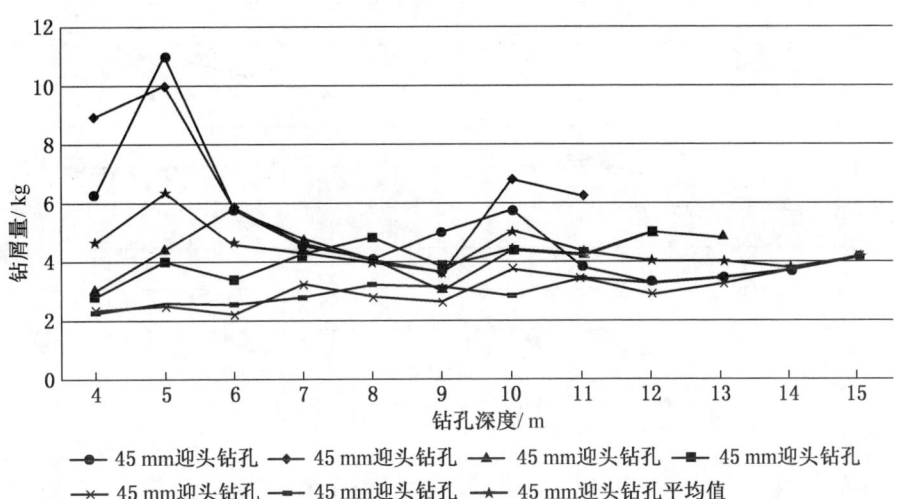

图 5-60 25020 下巷掘进头钻屑量数据

钻孔钻屑量在 4 m 处的平均值为 3.2 kg，且取屑过程正常。根据此数据将理论值 0~6 m 范围内的 2.8 kg 修正为 3.2 kg，最终得出 25020 掘进工作面下巷上帮 45 mm 钻孔钻屑量预警指标见表 5-16。

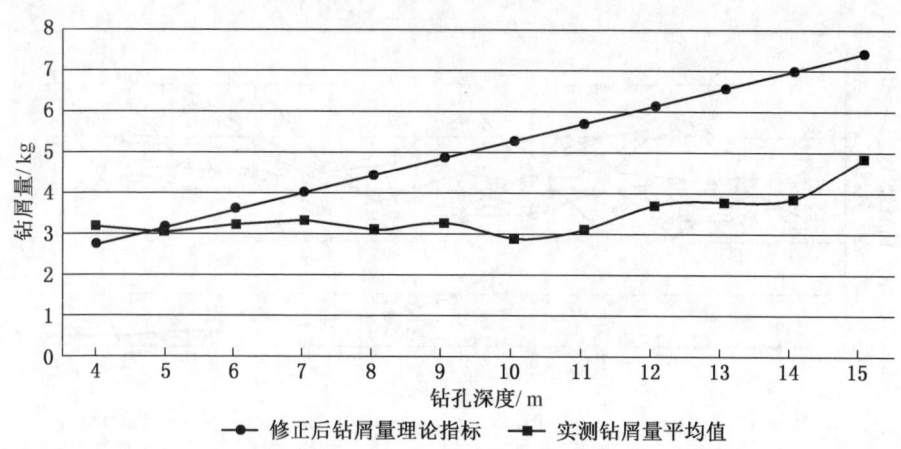

图 5-61　25020 下巷上帮钻屑量数据

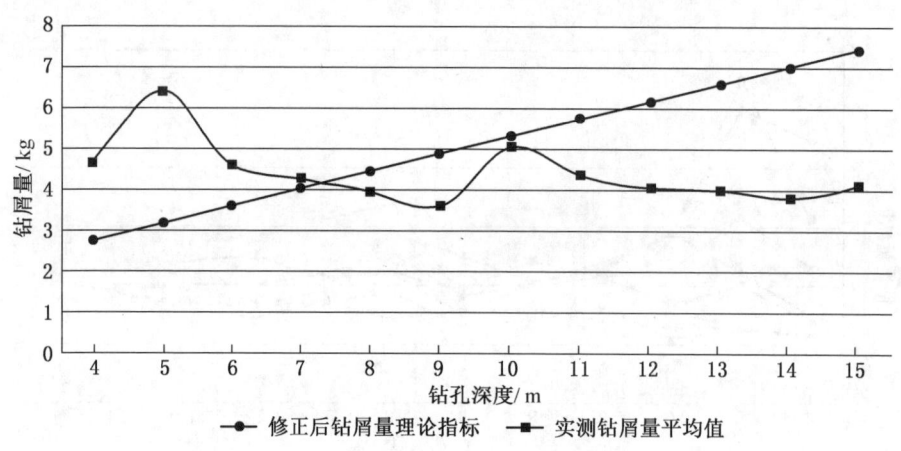

图 5-62　25020 下巷掘进头钻屑量数据

表 5-16　25020 掘进工作面下巷上帮 45 mm 钻屑量预警指标

钻孔深度/m	0~6	6~9	9~12	12~15
钻屑量指标/kg（直径 45 mm 钻孔）	3.2	3.7	5.5	7.4

对 25020 掘进工作面下巷掘进头 45 mm 钻孔钻屑量数据进行分析，实测

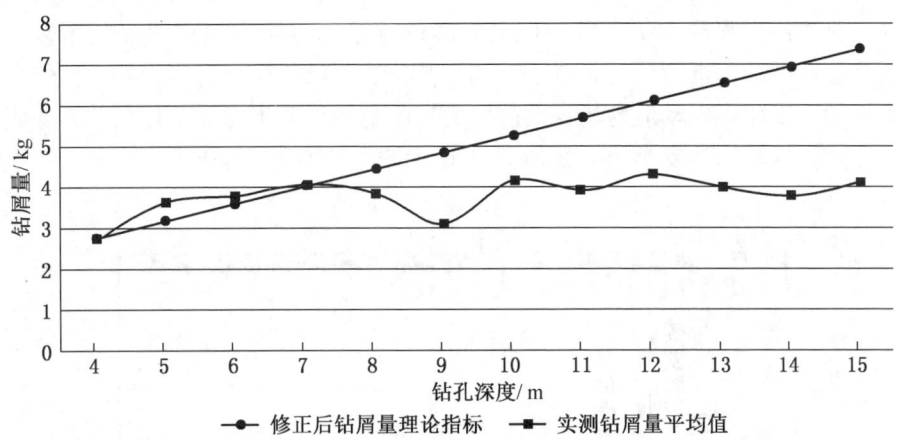

图 5-63 25020 掘进头钻屑量数据

45 mm 钻孔钻屑量在 4~6m 处的钻屑量平均值均大于理论值,造成此种现象的原因为在迎头处有 2 个 45 mm 钻孔在取屑过程中压力较大,出粉量已经明显超标,故造成平均值高于理论值的现象。将此数据剔除,得出实测数据在 4 m 处钻屑量平均为 2.7 kg,5 m 处钻屑量平均 3.6 kg,6 m 处钻屑量平均 3.8 kg,7 m 处钻屑量平均 4.1 kg。根据这些实测数据对理论值进行修正,最终得出 25020 掘进工作面下巷掘进头 45 mm 钻孔钻屑量预警指标见表 5-17。

表 5-17 25020 掘进工作面下巷掘进头 45 mm 钻屑量预警指标

钻孔深度/m	0~6	6~9	9~12	12~15
钻屑量指标/kg(直径 45 mm 钻孔)	3.8	4.1	5.5	7.4

九、千秋煤矿 21 区缆车下山钻屑法防冲案例

下山煤柱区在两翼工作面回采结束后,形成如图 5-64 所示的覆岩空间结构,该空间结构内未破碎的煤岩体类似于工字形。下山两侧工作面推采接近下山时,顶板为工字的上横,其上作用有楔形巨厚砾岩的自重力,底板为工字的下横,下山煤柱为工字的竖"丨",两边工作面距离下山煤柱的距离不同,称为"不对称工字形结构"。工字形结构内存在低位岩层结构和高位岩层结构:低位岩层结构随着工作面推采周期性断裂、运动,低位岩层结构在工作面回采结束后

自成稳定结构,由动态结构转变为静态结构;高位岩层结构随着低位岩层结构的运动变化而产生离层、下沉等,但是,高位巨厚砾岩层未出现明显的断裂、运动,高位岩层结构近似认为是静态结构。高位岩层结构形成静应力场,低位岩层结构运动、变化形成动应力场,动静应力场的叠加形成了采煤工作面前方的应力场,即高、低结构的支承压力叠加形成了工作面前方的支承压力。

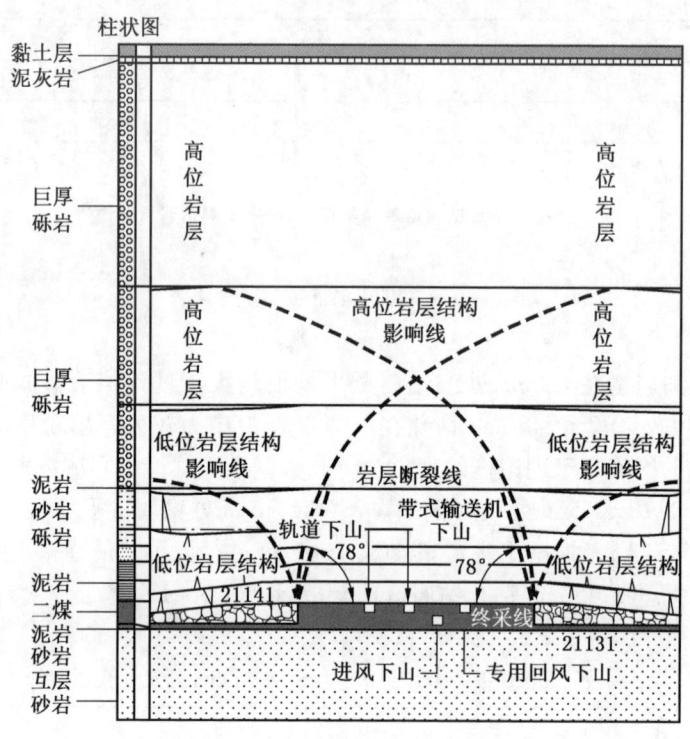

图5-64 下山煤柱区域不对称工字形结构示意图

下山两翼工作面回采形成了不对称工字形结构,不对称工字形岩层结构形成的支承压力分布区域将随着工作面的推采移动,并产生量值变化,工作面设计终采线距离下山较近时,两翼支承压力叠加总应力值达到或超过煤体冲击临界值,可能导致下山煤柱区巷道发生冲击地压,故需在下山煤柱区域布置钻屑量检测孔,预警下山煤柱巷道区域的冲击地压危险。

(一) 千秋煤矿21区缆车下山概况

千秋煤矿21区缆车下山随下山的延伸,采深越来越大。

(二) 钻屑法研究

选取缆车下山 +300 m、+600 m、+900 m 水平对其钻屑量指标进行研究。

1. 21 区缆车下山 +300 m 水平

综合考虑影响钻屑量的各种因素，并根据表 5-18，取修正系数 $Y=1.075$，得到 21 区缆车下山 +300 m 水平钻屑量理论值，见表 5-19。

表 5-18　21 区缆车下山 +300 m 水平钻屑量修正系数

序号	钻屑法指标	影响钻屑量的指标	影响因素的定义	影响指数
1	Y_1	煤层厚度/m	11.5	1.1
2	Y_2	单轴抗压强度/MPa	21.96	1
3	Y_3	弹性能量指数 W_{ET}	2.35	1.1
4	Y_4	卸压情况	未卸压	1
5	Y_5	注水情况	未注	1
6	Y_6	塌孔情况	无塌孔	1
7	Y_7	巷道两侧情况	两侧均为采空区	1.3
8	Y_8	巷道采深/m	585.8	1.1

经计算得钻屑量修正系数 $Y=(1.1+1+1.1+1+1+1+1.3+1.1)/8=1.075$。

表 5-19　21 区缆车下山 +300 m 水平钻屑量指标

钻孔深度/巷道高度	1.5	1.5~2.25	2.25~3	3~3.75	3.75~5
钻粉率指数	>1.5	2.0	3	4	5
钻孔深度/m	0~6	6~9	9~12	12~15	15~20
巷道高度/m	4	4	4	4	4
钻屑量指标/kg（直径 42 mm 钻孔）	3	4	6	8	10
钻屑量指标/kg（直径 75 mm 钻孔）	9.6	12.8	19.2	25.6	32

注：直径 42 mm 钻孔，每米正常钻（kg）= $3.14\times0.021^2\times1.35\times1000=1.87$ kg；直径 75 mm 钻孔，每米正常钻粉量（kg）= $3.14\times0.0375^2\times1.35\times1000=5.96$ kg。

2. 21 区缆车下山 +600 m 水平

综合考虑影响钻屑量的各种因素，并根据表 5-20，取修正系数 $Y=1.0125$，得到 21 区缆车下山 +600 m 水平钻屑量理论值见表 5-21。

表5-20 21区缆车下山+600 m水平钻屑量修正系数

序号	钻屑法指标	影响钻屑量的指标	影响因素的定义	影响指数
1	Y_1	煤层厚度/m	16	1.1
2	Y_2	单轴抗压强度/MPa	21.96	1
3	Y_3	弹性能量指数 W_{ET}	2.35	1.1
4	Y_4	卸压情况	高度卸压	0.7
5	Y_5	注水情况	未注水	1
6	Y_6	塌孔情况	无塌孔	1
7	Y_7	巷道两侧情况	一侧为采空区	1.1
8	Y_8	巷道采深/m	653.8	1.1

经计算得钻屑量修正系数 $Y = (1.1 + 1 + 1.1 + 0.7 + 1 + 1 + 1.1 + 1.1)/8 = 1.0125$。

表5-21 21区缆车下山+600 m水平钻屑量指标

钻孔深度/巷道高度	1.5	1.5~2.25	2.25~3	3~3.75	3.75~5
钻粉率指数	>1.5	2.0	3	4	5
钻孔深度/m	0~6	6~9	9~12	12~15	15~20
巷道高度/m	4	4	4	4	4
钻屑量指标/kg（直径42 mm钻孔）	2.8	3.7	5.7	7.6	9.5
钻屑量指标/kg（直径75 mm钻孔）	9	12	18	24	30

注：直径42 mm钻孔，每米正常钻（kg）= $3.14 \times 0.021^2 \times 1.35 \times 1000 = 1.87$ kg；直径75 mm钻孔，每米正常钻粉量（kg）= $3.14 \times 0.0375^2 \times 1.35 \times 1000 = 5.96$ kg。

3. 21区缆车下山+900 m水平

综合考虑影响钻屑量的各种因素，并根据表5-22，取修正系数 $Y = 1.025$，得到21区缆车下山+900 m水平钻屑量理论值见表5-23。

表5-22 21区缆车下山+900 m水平钻屑量修正系数

序号	钻屑法指标	影响钻屑量的指标	影响因素的定义	影响指数
1	Y_1	煤层厚度/m	18	1.1
2	Y_2	单轴抗压强度/MPa	21.96	1

表 5-22（续）

序号	钻屑法指标	影响钻屑量的指标	影响因素的定义	影响指数
3	Y_3	弹性能量指数 W_{ET}	2.35	1.1
4	Y_4	卸压情况	高度卸压	0.7
5	Y_5	注水情况	未注水	1
6	Y_6	塌孔情况	无塌孔	1
7	Y_7	巷道两侧情况	两侧均为采空区	1.3
8	Y_8	巷道采深/m	670.9	1.1

经计算得钻屑量修正系数 $Y = (1.1 + 1 + 1.1 + 0.7 + 1 + 1 + 1.3 + 1.1)/8 = 1.0375$。

表 5-23 21 区缆车下山 +900 m 水平钻屑量指标

钻孔深度/巷道高度	1.5	1.5~2.25	2.25~3	3~3.75	3.75~5
钻粉率指数	>1.5	2.0	3	4	5
钻孔深度/m	0~6	6~9	9~12	12~15	15~20
巷道高度/m	4	4	4	4	4
钻屑量指标/kg（直径 42 mm 钻孔）	2.9	3.8	5.7	7.7	9.6
钻屑量指标/kg（直径 75 mm 钻孔）	9.1	12.2	18.3	24.4	30.5

注：直径 42 mm 钻孔，每米正常钻(kg) = $3.14 \times 0.021^2 \times 1.35 \times 1000 = 1.87$ kg；直径 75 mm 钻孔，每米正常钻粉量(kg) = $3.14 \times 0.0375^2 \times 1.35 \times 1000 = 5.96$ kg。

（三）实施方案

在 21 区缆车下山巷道 +300 m、+600 m 和 +900 m 水平各施工 5 组钻孔，每组钻孔布置 75 mm 钻孔（孔深 20 m）和 42 mm 钻孔（孔深 15 m）各一个，孔间距 1.5~2 m，各组钻孔间距 10 m，共计 50 个检测孔。

（四）数据结果

(1) 21 区缆车下山 +300 m 水平钻屑量数据如图 5-65~图 5-67 所示。

(2) 21 区缆车下山 +600 m 水平钻屑量数据如图 5-68~图 5-70 所示。

(3) 21 区缆车下山 +900 m 水平钻屑量数据如图 5-71~图 5-73 所示。

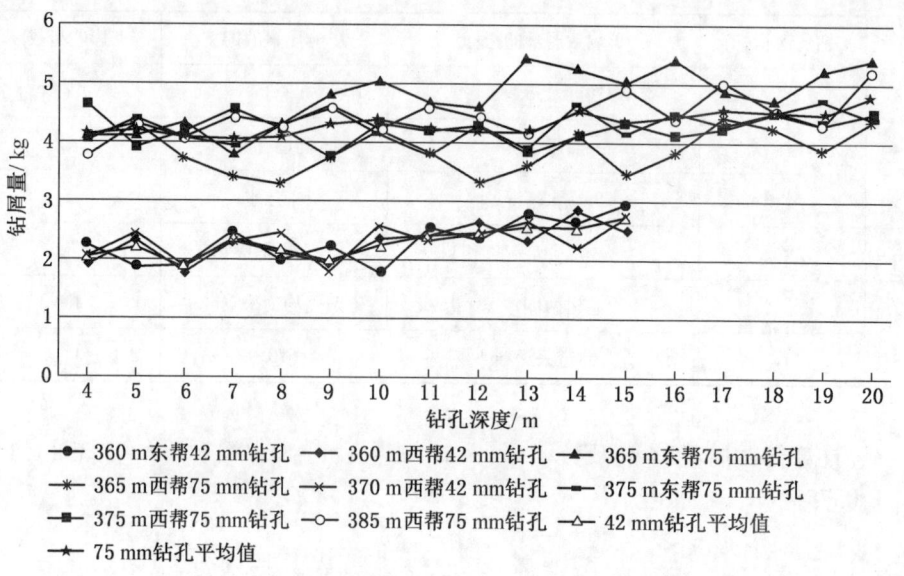

图 5-65 21 区缆车下山 +300 m 水平钻屑量数据图

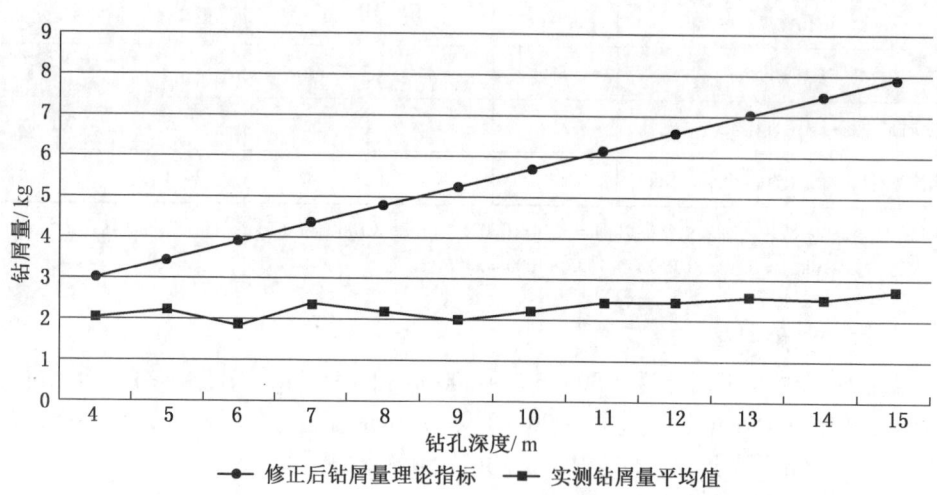

图 5-66 21 区缆车下山 +300 m 水平 42 mm 钻屑量
实测数据与理论值对比

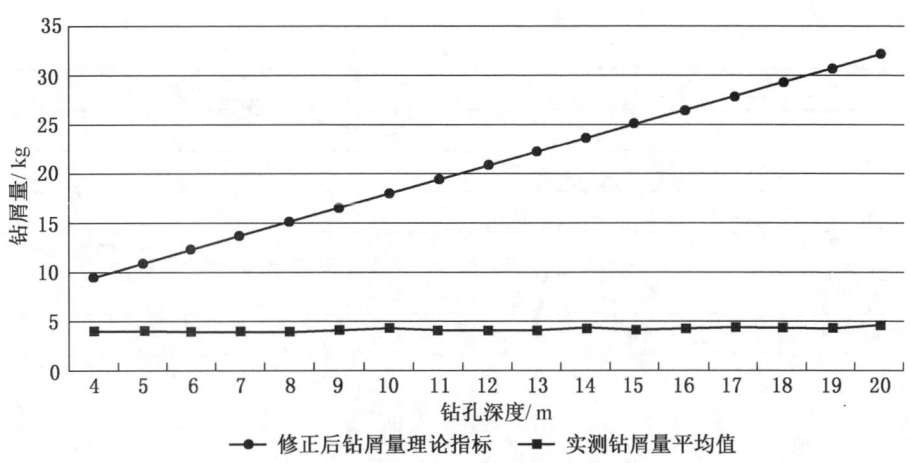

图 5-67 21 区缆车下山 +300 m 水平 75 mm 钻屑量实测数据与理论值对比

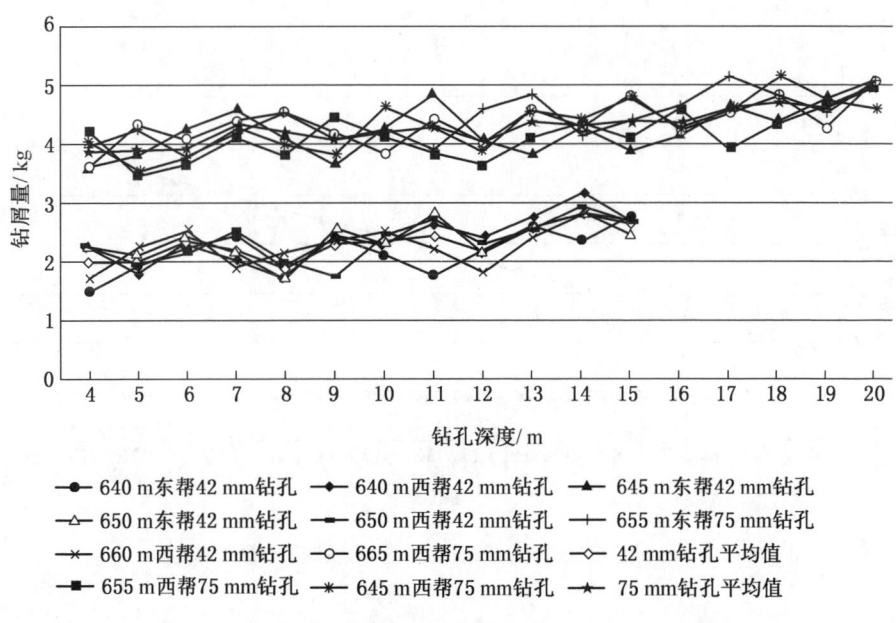

图 5-68 21 区缆车下山 +600 m 水平钻屑量数据图

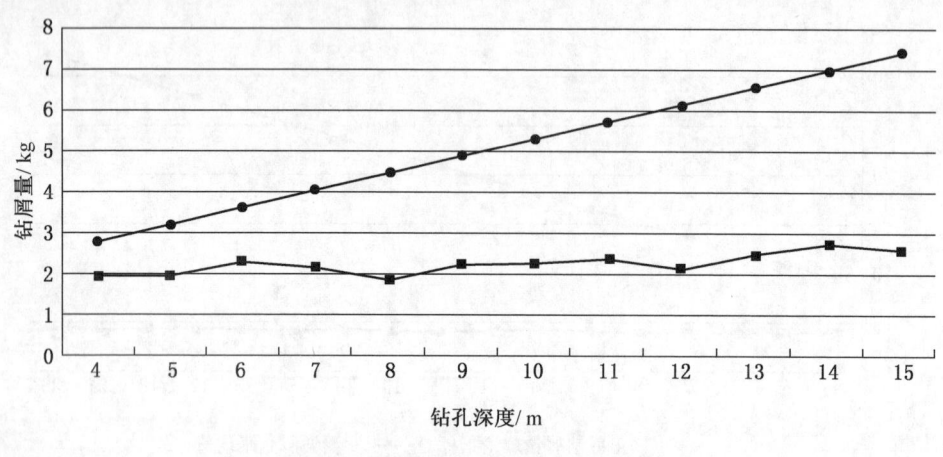

图 5-69　21 区缆车下山 +600 m 水平 42 mm 钻屑量
实测数据与理论值对比

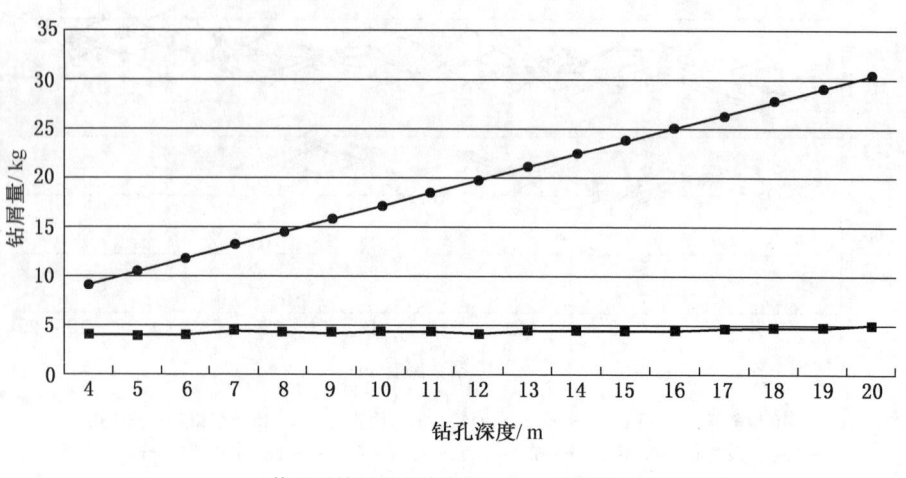

图 5-70　21 区缆车下山 +600 m 水平 75 mm 钻屑量
实测数据与理论值对比

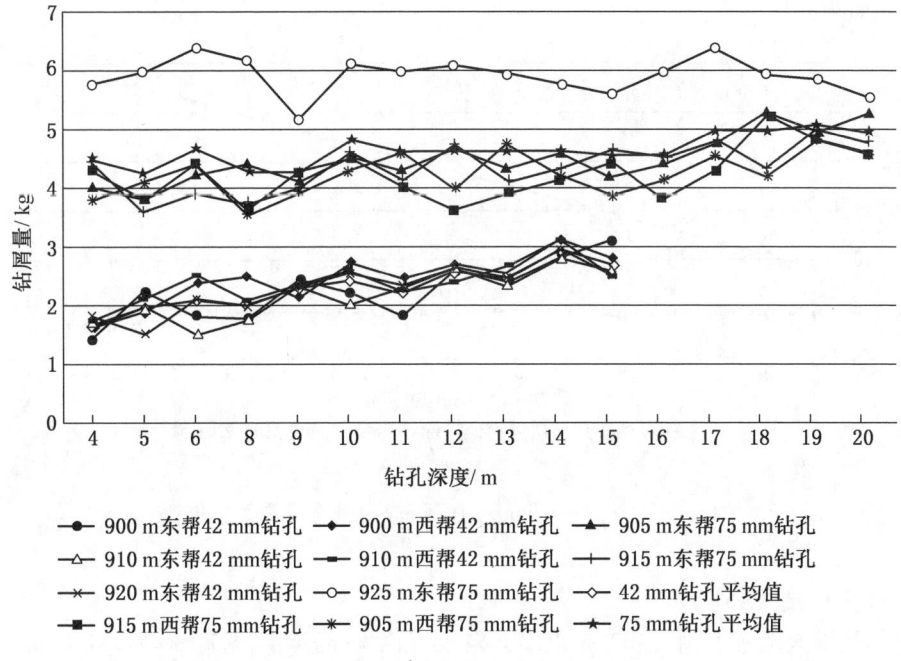

图 5-71 21 区缆车下山 +900 m 水平钻屑量数据图

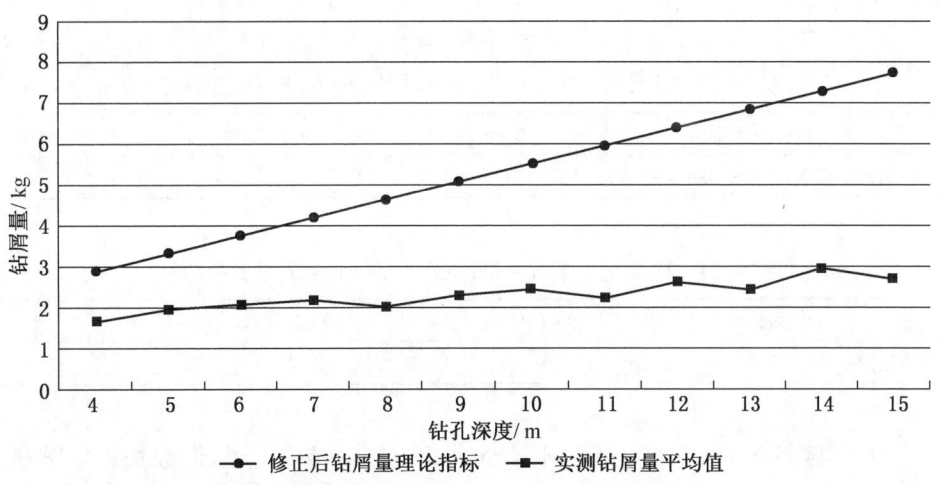

图 5-72 21 区缆车下山 +900 m 水平 42 mm 钻屑量实测数据与理论值对比

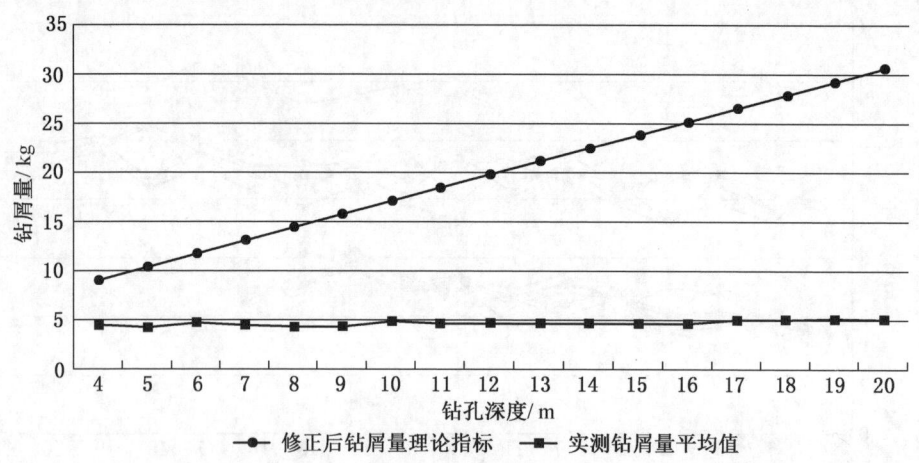

图 5-73 21 区缆车下山 +900 m 水平 75 mm 钻屑量实测数据与理论值对比

(五) 结果分析

对 21 区缆车下山 +300 m 水平 42 mm 和 75 mm 钻孔钻屑量数据进行分析,实测 42 mm 和 75 mm 钻孔钻屑量与理论值吻合,无须进行修正。最终得出 21 区缆车下山 +300 m 水平 42 mm 和 75 mm 钻孔钻屑量预警指标见表 5-24、表 5-25。

表 5-24 21 区缆车下山 +300 m 水平 42 mm 钻屑量预警指标

钻孔深度/m	0~6	6~9	9~12	12~15
钻屑量指标/kg(直径 42 mm 钻孔)	3	4	6	8

表 5-25 21 区缆车下山 +300 m 水平 75 mm 钻屑量预警指标

钻孔深度/m	0~6	6~9	9~12	12~15	15~20
钻屑量指标/kg(直径 75 mm 钻孔)	9.6	12.8	19.2	25.6	32

对 21 区缆车下山 +600 m 水平 42 mm 和 75 mm 钻孔钻屑量数据进行分析,实测 42 mm 和 75 mm 钻孔钻屑量与理论值吻合,无须进行修正。最终得出 21 区缆车下山 +600 m 水平 42 mm 和 75 mm 钻孔钻屑量预警指标见表 5-26 和表 5-27。

表5-26 21区缆车下山+600 m水平42 mm钻屑量预警指标

钻孔深度/m	0~6	6~9	9~12	12~15
钻屑量指标/kg（直径42 mm钻孔）	2.8	3.7	5.7	7.6

表5-27 21区缆车下山+600 m水平75 mm钻屑量预警指标

钻孔深度/m	0~6	6~9	9~12	12~15	15~20
钻屑量指标/kg（直径75 mm钻孔）	9	12	18	24	30

对21区缆车下山+900 m水平42 mm和75 mm钻孔钻屑量数据进行分析，实测42 mm和75 mm钻孔钻屑量与理论值吻合，无须进行修正。最终得出21区缆车下山+900 m水平42 mm和75 mm钻孔钻屑量预警指标见表5-28和表5-29。

表5-28 21区缆车下山+900 m水平42 mm钻屑量预警指标

钻孔深度/m	0~6	6~9	9~12	12~15
钻屑量指标/kg（直径42 mm钻孔）	2.9	3.8	5.7	7.7

表5-29 21区缆车下山+900 m水平75 mm钻屑量预警指标

钻孔深度/m	0~6	6~9	9~12	12~15	15~20
钻屑量指标/kg（直径75 mm钻孔）	9.1	12.2	18.3	24.4	30.5

第三节 覆岩运动类应用

一、采煤工作面初次来压、周期来压与冲击地压关系

（一）厚黄土覆盖下工作面来压与冲击地压关系案例

以某矿为例，该矿地表大部分被黄土覆盖，地层由老到新分别为奥陶系中统上马家沟组、石炭系中统本溪组、石炭系上统太原组、二叠系下统山西组、二叠系下统下石盒子组、二叠系上统上石盒子组、第四系中上更新统、第四系全新

统。通过统计分析该工作面应力、微震监测数据得到工作面周期来压与冲击地压的关系，详细如下：

某月度工作面回采期间出现应力增长明显测点共5个，分别为带式输送机运输巷5浅孔、带式输送机运输巷6深浅孔、带式输送机运输巷7深浅孔、轨道巷4深浅孔，均为靠近工作面测点且带式输送机运输巷（沿空侧）应力变化测点多于轨道巷道侧。测点统计结果见表5-30，曲线如图5-74所示。

表5-30 应力测点信息统计表（2018-11-01—2018-11-27）

测　　点	开始受到影响时超前距离/m	最大值/MPa	应力增幅/%
带式输送机运输巷6浅孔	36.0	9.0	32
带式输送机运输巷6深孔	37.0	8.0	29
带式输送机运输巷7浅孔	75.2	7.5	11
带式输送机运输巷7深孔	76.2	7.5	7
轨道巷4浅孔	24.9	7.8	27
轨道巷4深孔	25.9	6.8	7

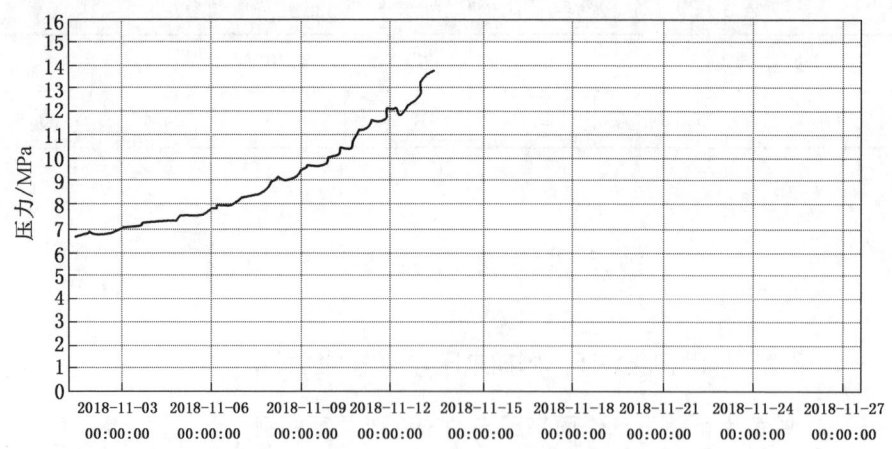

(a) 带式输送机运输巷测点5浅孔应力监测曲线

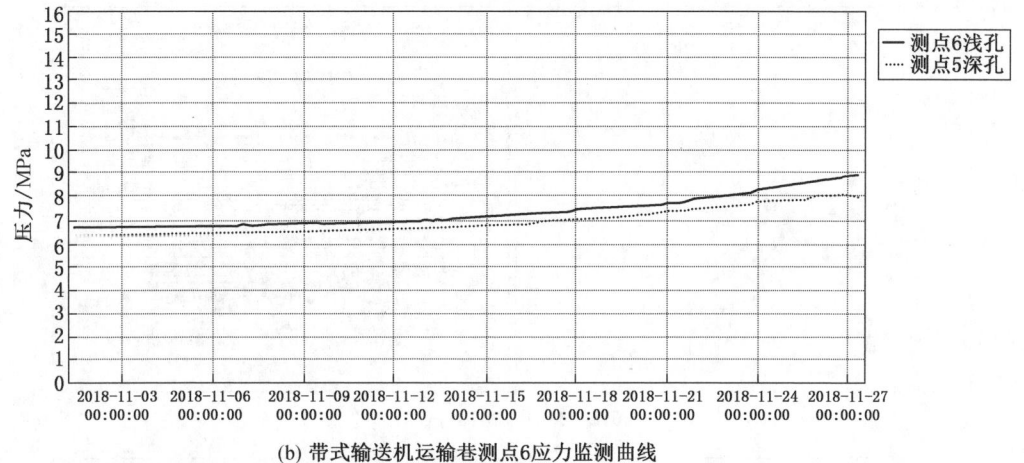

(b) 带式输送机运输巷测点6应力监测曲线

图 5-74 本月度工作面测点变化曲线统计（2018-11-01—2018-11-27）

1. 应力监测规律总结

（1）基于应力监测统计发现，带式输送机运输巷超前支承压力影响范围更大，这是由于采动应力、采空区侧向支承压力、采空区滞后应力联合影响下造成的应力影响距离增大。

（2）基于统计发现浅孔测点应力变化程度较深孔明显，说明侧向支承压力影响下浅孔应力变化更明显。

（3）基于应力监测统计的工作面耦合应力影响范围为超前约 80 m，纯采动应力影响超前距离约 30 m。

（4）上述数据仅为 2018 年 11 月 1 日—2018 年 11 月 27 日监测期间数据统计。

2. 微震监测预警规律总结

微震监测系统事件分布统计如图 5-75 所示，周期来压与矿压监测数据统计示意图如图 5-76 所示。

通过图 5-75 统计发现，微震事件主要集中在带式输送机运输巷，工作面顶板约 180~240 m 处存在小的微震事件集聚区。基于钻孔 T19 可知，该区域工作面顶板为粗粒砂岩和粗砂质泥岩，事件集聚区上部岩性为 6 m 厚粉砂岩和 19 m 厚黄土层，因此基于微震事件监测统计判断采动影响下震动事件发育至接近地表。另外 4203 工作面上部微震事件呈现拱形结构，分析原因为 4203 上部微震事件可能为采动影响下与 4202 采空区覆岩裂隙衔接造成，即高位顶板裂隙拱发育阶段。

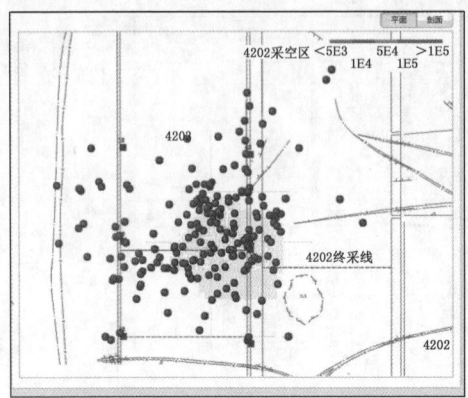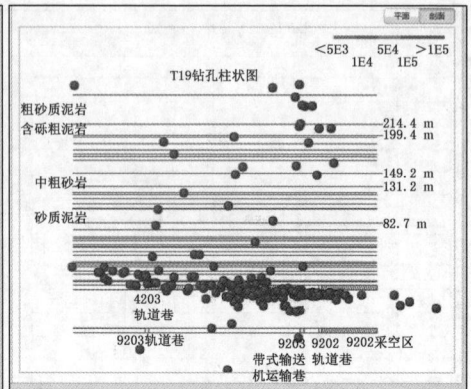

2018-11-01—2018-11-07

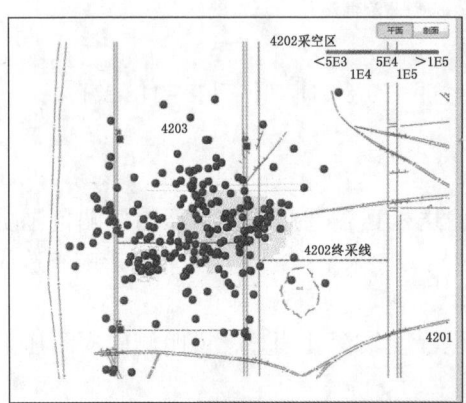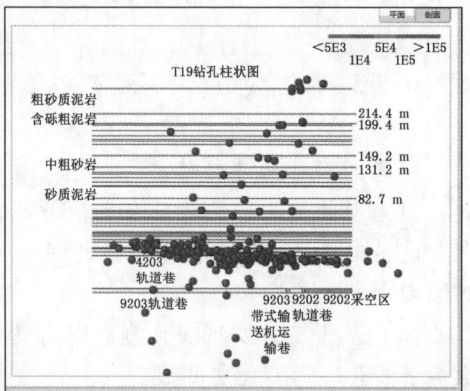

2018-11-08—2018-11-14

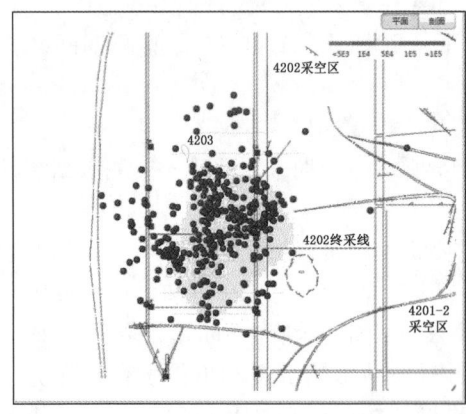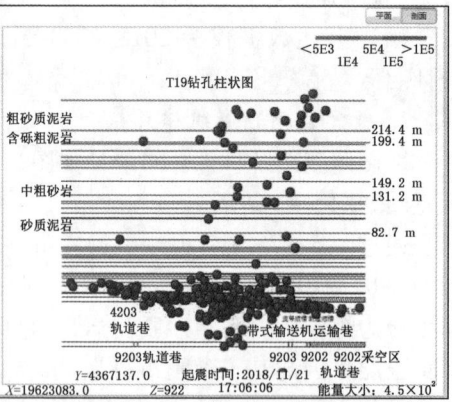

2018-11-15—2018-11-21

第五章　实践应用

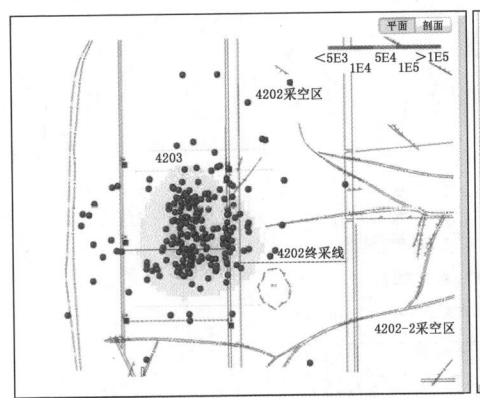
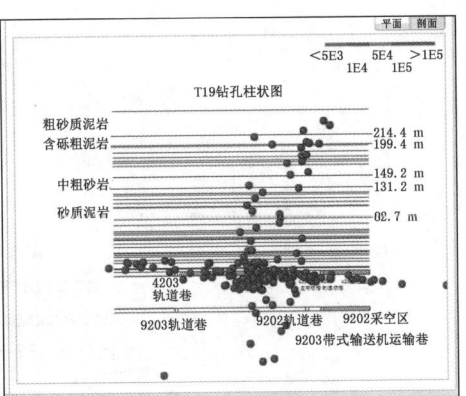

2018-11-22—2018-11-27

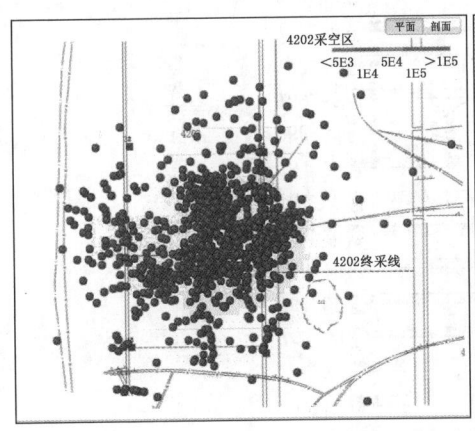
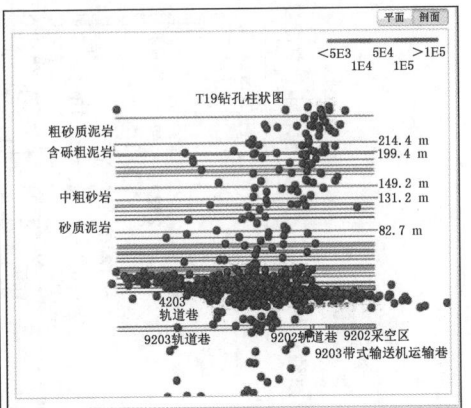

2018-11-01—2018-11-27

图 5-75　微震监测系统事件分布统计

（1）基于本月度内微震监测事件统计结果可知，在回采速度 2.5 m/天的情况下，工作面周期来压步距为 14~18.5 m，周期来压时间间隔约为 6~9 天。

（2）基于微震监测事件统计，在保证测点数量且全自动定位条件下日均事件能量为 17097 J。基于图 5-76 的统计发现，回采速度日均 2.5 m/天的条件下，事件接收能量一般为 12500~15000 J/天。

（二）基于来压特征的巨厚砾岩顶板下工作面冲击危险区分析

河南某矿为典型的冲击地压矿井，主采煤层直接顶为厚度超过 20 m 的泥岩，

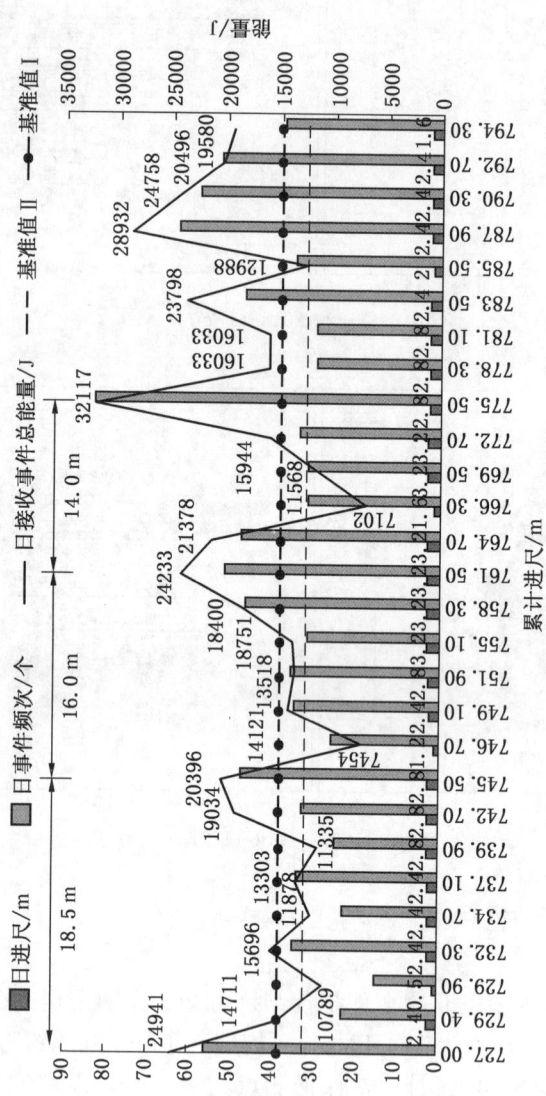

图 5-76 周期来压与矿压监测数据统计示意图

回采中随采随冒，为基本顶悬露提供了有利条件；基本顶为巨厚的坚硬砾岩，砾岩的垮落与破断为冲击地压的发生提供了较强的动载荷。随着工作面的推进，基本顶发生周期性垮落，巨厚的坚硬砾岩因整体性较强，采后不易破断和冒落，更不利于形成离层空间。工作面回采过程中，采空区长度沿工作面走向逐渐增大，上方巨厚的砾岩层悬露出来，形成逐渐增长的悬臂梁，悬臂梁的形成大大增加了工作面的应力水平；当应力值超过悬臂梁的破断强度时，悬臂梁开始缓慢下沉并呈现出一定的周期性破断，即基本顶周期来压，此来压过程释放大量能量，容易在工作面或巷道附近造成一定的冲击显现。

相邻工作面开采的统计结果表明，此工作面开采中基本顶初次来压步距约79 m，周期来压步距约65 m，直接顶周期来压步距约39 m。基于此类基本条件，可认为该工作面回采过程中在以下 5 个区域存在较强的冲击地压危险。当工作面推进 79 m 左右时，基本顶将发生初次来压，一般情况下，初次来压强度较周期来压高，因此该区域为冲击地压发生的首个危险区；工作面推进 140 m 左右时，工作面煤壁处于采空区"见方"和基本顶周期来压的双重压力显现区域，因此，煤壁及其前后 50 m 巷道范围内具有较强的冲击危险性，为第二个强冲击危险区；工作面继续推进至距离开切眼 300 m 左右时，此时即将或正在发生第 5 次基本顶周期来压，受相邻采空区影响，将与相邻采空区形成二次"见方"，工作面应力水平异常大，同时巷道所受侧向支撑压力亦会增强，极容易在工作面前后巷道和端头处发生强烈的冲击地压。

在此之前建议采取一定的预卸压措施，如在两巷 300 m 位置前后实施大直径钻孔卸压措施。这一区域也称为工作面的第三个强冲击危险区；工作面继续推进至 500 m 左右时，本工作面与相邻的两个工作面共同形成"见方"，加之煤层上方存在巨厚且坚硬的砾岩岩层，容易垮落造成大面积失稳，释放大量能量后于工作面煤壁或巷道造成冲击显现。冲击危险划分示意如图 5-77 所示。

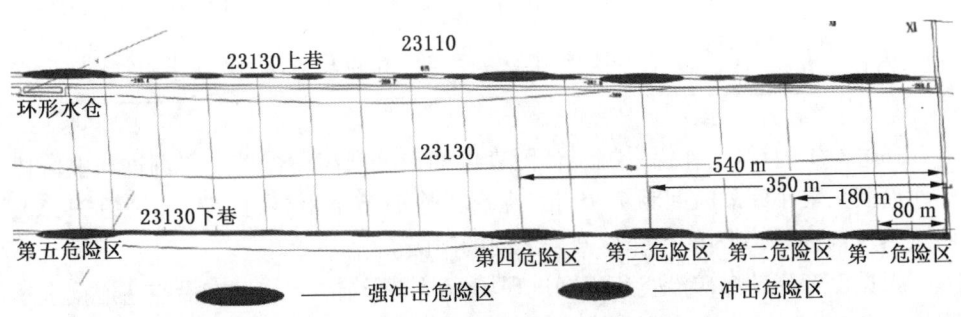

图 5-77　冲击危险划分示意图

二、掘进工作面滞后应力影响范围与冲击地压关系

为强化冲击地压源头防治,优化开拓布局,科学合理安排生产接续,实现冲击地压矿井安全有序生产。山东能源集团防冲中心组织各单位开展了采空区覆岩运动规律及采动应力分布特征研究,通过微震监测、应力监测、矿压监测及地表岩移观测成果的数据分析,辅助数值模拟计算等方法,经专家论证审查,确定了山东能源集团33处冲击地压矿井采煤工作面安全距离和沿空掘巷时间两个关键技术参数。

现阶段,蒙陕地区已有多个矿井采用沿空掘巷,例如巴彦高勒煤矿和石拉乌素煤矿。对蒙陕地区部分煤矿已开展的沿空采掘工作面掘进时机进行调研研究,成果如下。

(一)巴彦高勒煤矿沿空掘进时机分析

目前,巴彦高勒煤矿主采煤层(31煤)埋深约为650 m,已有多个工作面采用沿空掘巷,煤柱留设宽度为6 m和6.4 m两种。

以巴彦高勒煤矿所采31煤的13盘区为例,13盘区已完成回采3个工作面,分别为311305工作面、311306工作面和311307工作面,正在进行采掘工作的为311308采煤工作面和311304掘进工作面。13盘区工作面留设煤柱宽度为6 m,不同工作面回采时间及沿空巷道掘进时间见表5-31,如图5-78所示。

表5-31 13盘区工作面回采及沿空巷道掘进时间统计表

工作面	回采时间	临近工作面沿空巷道	掘 进 时 间	间隔时间/距离
311305	2019年6月—2020年12月	311304回风巷	2020年10月	16个月/2150 m
311306	2017年7月—2018年10月	311305回风巷	2018年9月—2019年5月	8个月/1545 m
		311307回风巷	2018年3月—2019年4月	7个月/1535 m
311307	2018年10月—2019年12月	311308回风巷	2019年10月—2020年8月	8个月/1805 m

通过对13盘区工作面采掘统计图表可知,巴彦高勒煤矿沿空掘进与上区段工作面回采最小间隔时间为7个月,滞后工作面最小距离为1535 m,为311307回风巷道掘进与311306工作面回采之间的间隔。

根据巴彦高勒煤矿沿空巷道掘进现场情况调研结果得出,在沿空巷道掘进过程中,巷道存在一定程度帮鼓及顶板下沉现象,巷道整体变形量相对较小,对巷道后续回采过程中的使用基本无影响。上述研究结果表明巴彦高勒煤矿沿空巷道

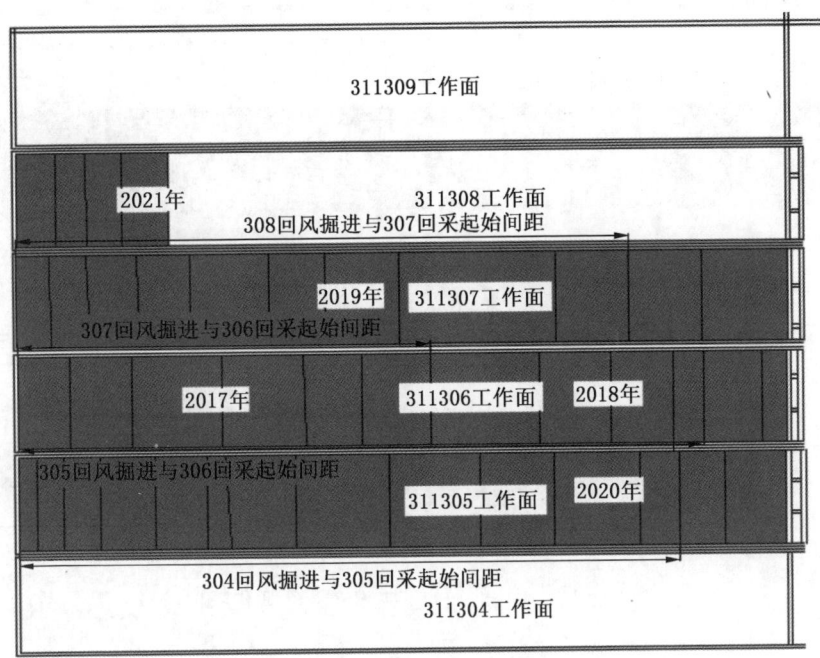

图 5-78 巴彦高勒煤矿 13 盘区工作面接续图

掘进时机选择较好。

(二) 石拉乌素煤矿沿空巷道掘进时机分析

目前,石拉乌素煤矿现采煤层(21 煤)埋深约为 640 m,矿井初步采用沿空掘巷,煤柱留设宽度为 5 m。

以石拉乌素煤矿所采 21 煤的 221 盘区为例,221 盘区北翼已完成回采 2 个工作面,分别为 $221_{上}17$ 工作面、$221_{上}18$ 工作面和 $221_{上}17$ 掘进工作面。13 盘区工作面留设煤柱宽度为 5 m,不同工作面回采时间及沿空巷道掘进时间见表 5-32,如图 5-79 所示。

表 5-32 221 盘区工作面回采及沿空巷道掘进时间统计表

工作面	回采时间	临近工作面沿空巷道	掘进时间	间隔时间/距离
$221_{上}17$	2016 年 9 月—2017 年 4 月	$221_{上}01$ 回风巷	2017 年 11 月	14 个月
$221_{上}01$	2018 年 3 月—2020 年 4 月	$221_{上}03$ 回风巷	2019 年 5 月—2020 年 11 月	12 个月/1228 m

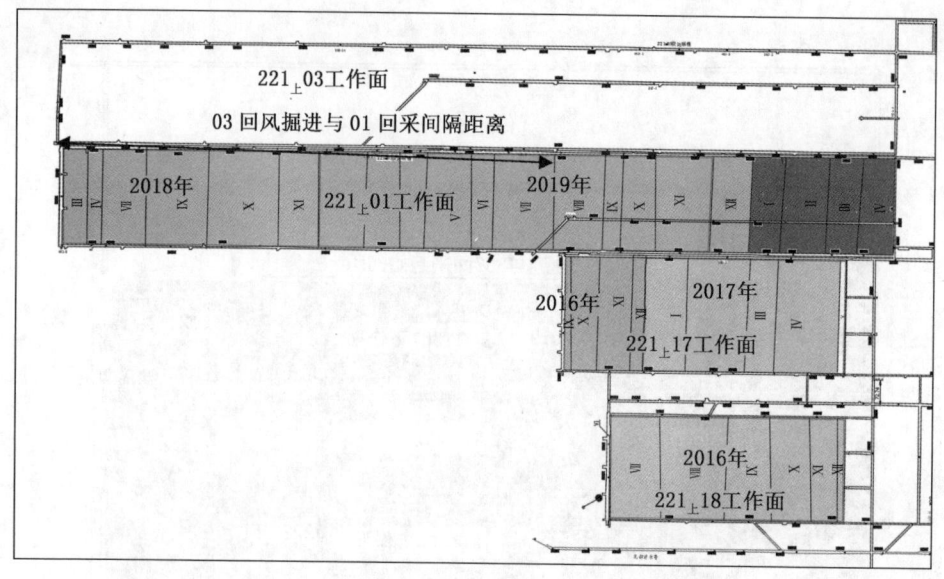

图 5-79 巴彦高勒煤矿 13 盘区工作面接续图

通过对 221 盘区工作面采掘统计图表分析可知，石拉乌素煤矿沿空掘进与上区段工作面回采最小间隔时间为 12 个月，滞后工作面最小距离为 1228 m，为 $221_上03$ 回风巷掘进与 $221_上01$ 工作面回采之间的间隔。

根据石拉乌素煤矿沿空巷道掘进现场情况调研结果得出，在沿空巷道掘进过程中，巷道存在一定程度帮鼓及顶板下沉现象，巷道整体变形量相对较小，对巷道后续回采过程中的使用基本无影响。上述研究结果表明石拉乌素煤矿沿空巷道掘进时机选择较好。

(三) 工作面开采设计应用

1. 判别标准

孤岛工作面形成后，孤岛从巷道煤壁开始向深部发展过程中一般依次形成破碎区、塑性区和弹性区。高应力状态下的煤体整体失稳冲击，是孤岛工作面的主要冲击表现形式。因此，当采动期间煤体中心位置存在弹性承载区时，工作面相对安全；当工作面宽度过小，两侧应力产生叠加造成弹性承载区宽度为零时，工作面危险程度较高。煤壁以内的深部煤体处于三向应力状态下，弹性承载区宽度（不受采动影响时）能否支撑上覆悬露岩层重量的判断标准通常为叠加应力不超过煤体三轴抗压强度。一般情况下，深部地下工程中三轴抗压强度 R_{3c} 为单轴抗压强度的 3~5 倍，在这取 3 倍单轴抗压强度，即 $R_{3c}=76.2$ MPa（母杜柴登煤矿

3-1 煤试样的单轴抗压强度平均值为 25.41 MPa），如图 5-80 所示。当应力达到三轴抗压强度时，认为弹性承载区宽度减小至零。图 5-80 所示 S_1 与 S_2 区域应力值超过 3 倍单轴抗压强度，为强矿压防治的重点工作区域。

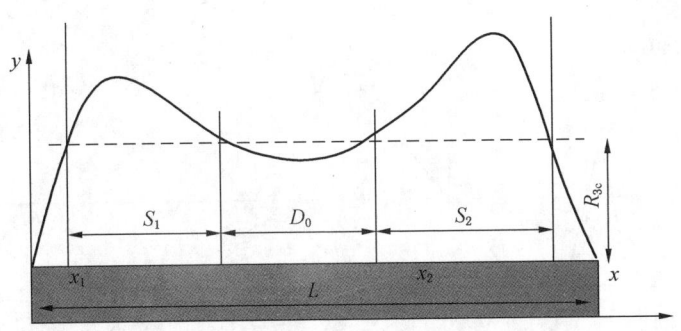

D_0—弹性承载区宽度；R_{3c}—三轴抗压强度

图 5-80 应力判别标准曲线图

2. 判别过程

1) 两巷侧向应力叠加前

经计算，带式输送机运输巷侧的侧向应力影响范围为 50 m，轨道巷侧的侧向影响范围为 236 m。据此得出，当工作面宽度大于 286 m 时，两巷侧向应力无叠加影响，$D_0 > 0$ m，以带式输送机运输巷煤壁为原点，垂直于煤壁向实体煤方向建立坐标系，如图 5-81（L = 450 m）所示。

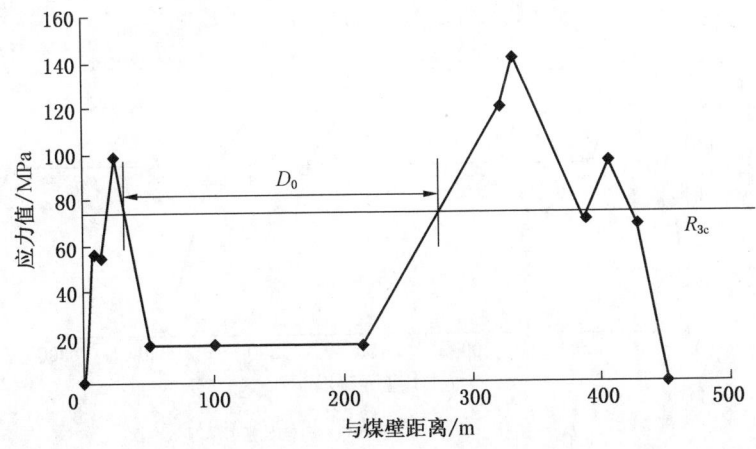

图 5-81 两巷侧向应力叠加前应力曲线图

2）两巷侧向应力开始叠加临界值

当工作面宽度为286 m时，两巷侧向应力开始产生叠加影响，但 $D_0 > 0$ m，仍有弹性承载区存在，如图5-82所示。

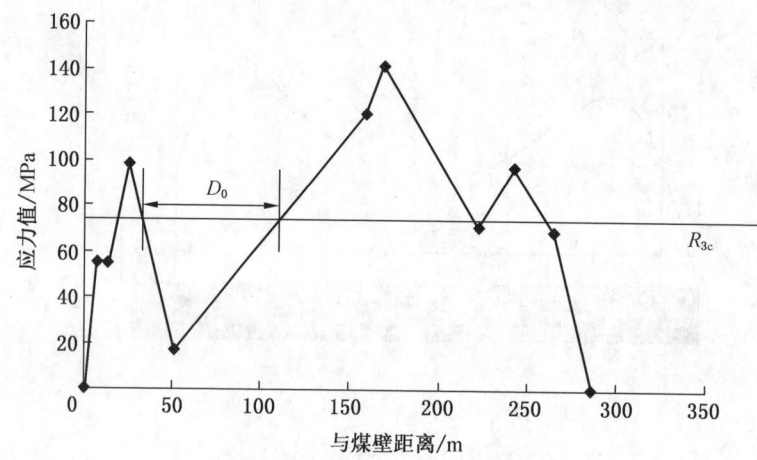

图5-82　两巷侧向应力开始叠加时应力曲线图

3）基于矿压防治的应力叠加临界值

当工作面宽度 $L = 245$ m时，两巷侧向应力叠加影响区达到临界危险值（3倍单轴抗压强度），此时弹性承载区宽度减小至零，弹性承载区消失，如图5-83所示。

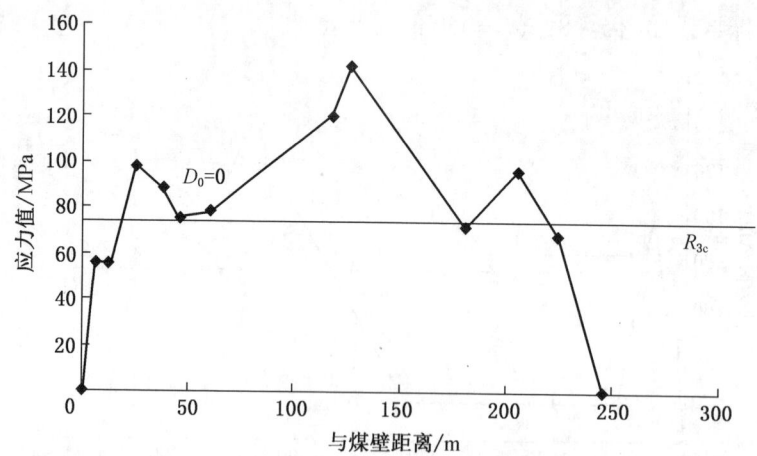

D_0—弹性承载区宽度；R_{3c}—三轴抗压强度

图5-83　基于强矿压防治的应力叠加临界曲线图

第四节 综合数据应用

前面已对冲击地压的围岩震动类监测、煤体应力类监测、覆岩运动类（矿压监测）等主流监测手段的应用进行了较系统的汇总与介绍。近年来，冲击地压领域的多参量数据的综合分析与综合应用，以其多参量、多类型、多同维的特点，日益得到业内广泛认可，围绕冲击地压多参量监测预警技术的研究及装备开发也取得了较大成果。以下以笔者所在团队在冲击地压多参量数据集成、综合预警、过程分析等方面的综合应用为主线，介绍本领域的技术沿革。

一、多参量综合监测背景与发展历程

（一）技术背景

我国冲击地压矿井大多已装备煤层应力、微地震等监测系统进行多参量的联合监测，这些装备对于冲击地压的防治起到了积极作用。近年来随着开采深度和强度的不断增加，冲击地压灾害发生的频度和烈度随之增加，矿井虽然装备了多种监测系统，但各监测系统相对独立，监测结果也很难进行有效的联合分析，虽已装备多参量监测设备，但未达到预期的监测效果。综上，冲击地压多参量联合监测预警与预测方法是未来的发展方向，也是冲击地压有效防控的重要手段。

目前煤矿在保证冲击地压监测工作落实到位的前提下，科学高效的预警预报机制可及时发现危险源，进而保证针对危险源的及时通知与处理，有效控制冲击地压事故的发生率。但是，冲击地压监测预警领域仍然存在以下突出问题：

（1）监测预警方法与冲击地压发生机理结合程度较差；
（2）监测数据未得到充分挖掘和有效利用；
（3）多系统实时联合监测效果差；
（4）数据分析效率低，导致冲击地压监管效率低。

综上，无须通过冲击危险性预警理论研究及云计算技术应用，研制开发一种兼容性强、数据集成与分析处理效率高的预警软件，实现"以计算机智能预警为主、人工预警为辅"的冲击地压危险性智能预警模式，这种智能预警模式的应用，对于冲击地压监测预警技术的提升起到至关重要的作用。

智能监测预警技术的出发点及总体目标是通过冲击地压危险性的精准预测预报，指导现场提前开展针对性工作，降低冲击地压灾害事故发生率，保证矿井安全生产，具体体现在以下几个方面。

（1）实现冲击地压监测数据全覆盖。全面集成与备份冲击地压相关地质、

生产、监测、卸压等相关的数据,实现历史数据的永久备查,为后期类似工作面冲击地压防治提供数据支持,同时为大数据案例库的建设提供数据基础。

(2) 全面提高多参量实时监测预警水平。针对冲击地压类型机理多变、监测手段和过程复杂的现状,开发普适性强的监测预警算法,例如参数可调的权重预警法,不同矿井甚至不同监测区,均可依据冲击地压影响因素及显现特征的不同,针对性论证调参,实现多参量实时精准预警。

(3) 完善预警处理机制,有预警必处理。实际生产过程中,临场预警区的解危措施落实情况,直接影响到冲击灾害的发生与否。基于平台开发闭环的危险区处理过程跟踪功能,对监测预警、专项措施制定、落实情况及效果检验的全过程进行持续跟踪,落实有危必除,先除后产的防治思路。

(4) 提高数据深层挖掘与应用效率,发挥技术指导作用。历史有效数据利用率低,是当前冲击地压监测预警领域的重要问题之一。通过预警平台开展监测数据的深度挖掘工作,为矿井冲击地压防治日常技术分析工作提供有效支持。

(二) 装备发展历程

以冲击地压为代表的矿井典型动力灾害经历了由最早的人工记录矿压信息、单参量在线装备监测,到目前的多参量联合监测的过程。早在20世纪50年代前后,国内外学者已开始提出多参量联合监测分析的理念,但是对于具体可操作的多参量预警判别方法研究、多参量监测预警系统的开发等起步较晚;近几年北京科技大学、中国矿业大学冲击地压防治工程研究中心、山东爱拓软件开发有限公司等冲击地压研究团队在多参量监测预警软件开发领域开展了大量工作,初步形成多参量监测预警系统,下面通过对徐州弘毅科技发展有限公司开发的"多参量综合监测预警云平台"、山东爱拓软件开发有限公司开发的"煤矿冲击地压大数据综合监测预警平台"以及笔者所在的北京安科兴业科技股份有限公司开发的"煤矿灾害监测预警平台"几套多参量平台系统主要实现的功能为例,介绍系统发展情况。

徐州弘毅科技发展有限公司开发的"多参量综合监测预警云平台"目前已在临矿集团古城煤矿,彬长集团胡家河、孟村煤矿等矿井进行应用。平台系统集成了微震、应力、支架阻力、地音、钻屑、大直径钻孔、卸压爆破等多种监测系统及数据信息,对信息和数据统一管理。针对不同的监测系统和监测方式,平台建立了科学合理的预警指标,包括微震监测的时空强预警指标、冲击变形能指标和震动波CT反演,以及应力预警指标、矿压预警指标等预警指标体系,并构建了基于冲击地压类型支持下的"三场"多参量带权重时空预警模型(图5-84)。

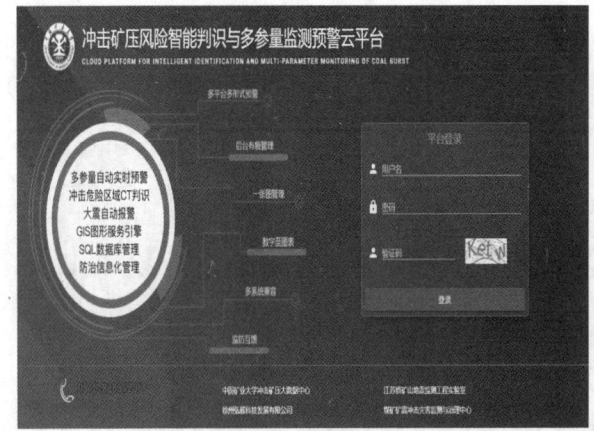
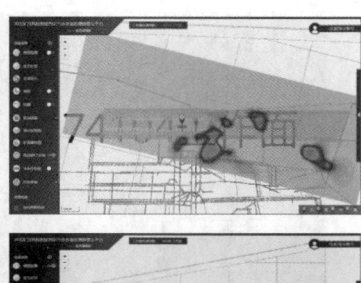

图 5-84　徐州弘毅公司"多参量综合监测预警云平台"软件截图

该平台系统主要优势为理论体系完善，依附中国矿业大学冲击地压防治工程研究中心防冲技术团队，核心算法引入"动静载叠加诱发冲击机理"，应力、震动、能量"三场"监测原理等，实现"时空强监测预警"，理论体系完善。该平台系统主要存在问题为特定监测环境下，受冲击地压矿井影响因素多且复杂限制，预警算法的匹配性有待提高，预警准确率有待验证。

山东思科赛德矿业安全工程有限公司开发的"煤矿冲击地压大数据综合监测预警平台"，已在唐口煤矿、新巨龙煤矿等矿井进行应用。平台系统分为矿井版及监管版两类。其中，矿井版汇总各类顶板/冲击地压监测系统的数据进入"一张图"；通过调度大屏动态显示采掘工程及监测装备运行状态，运用大数据、云计算等技术对冲击地压危险性进行动态诊断。监管版对各矿区冲击地压监测监控设备运行状态、数据质量进行监控，建立冲击地压防控模型，对各矿井冲击地压防控能力开展轮询与判定，以百分制的分值定量确定各矿井冲击防控能力（图5-85）。

该平台系统主要优势为可视化效果较好，软件可操作性强，在多矿井协同监测方面效果良好。该平台系统主要存在问题为防冲监测预警理论体系的完整性有待提高，多参量数据联合分析与预警技术有待深入研究。

北京科技大学冲击地压研究团队是国内最早开展类似工作的团队，自2013年开始冲击地压监测预警系统的设计与开发。北京安科兴业科技股份有限公司依托北京科技大学冲击地压研究团队技术成果开发了"煤矿灾害监测预警平台"：

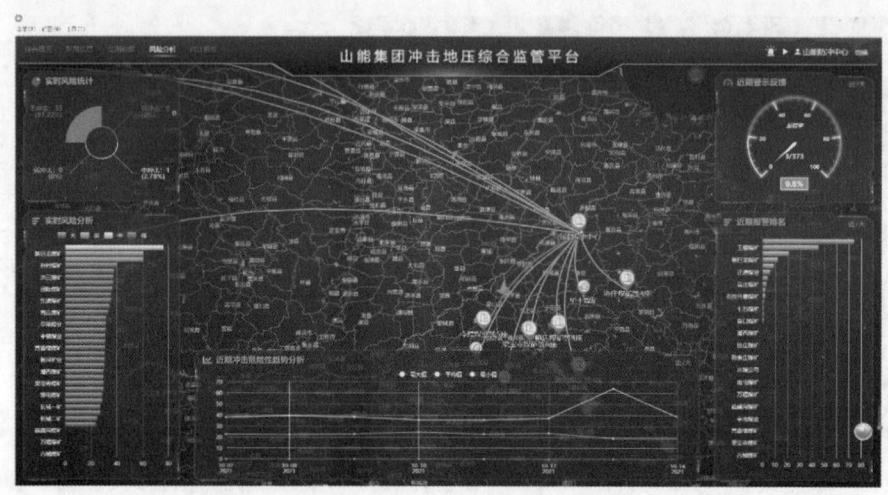

图 5-85 山东思科赛德矿业安全工程有限公司开发的"煤矿冲击地压大数据综合监测预警平台"软件截图

煤矿冲击地压监测预警平台（V1.0）自 2013 年 6 月开始规划，于 2014 年 6 月完成开发，并现场应用。该版本监测系统主要实现了冲击地压相关的煤层应力、微震、钻屑量数据的集成与简单的联合分析，初步形成多参量监测预警体系，截至目前仍有 30 余座矿井在用，在现场冲击地压防治工作中起到了积极作用。智能监测预警平台（V2.0）软件系统是在 V1.0 基础上的功能升级，在对近两年的现场应用效果和需求进行总结的基础上，自 2017 年 1 月开始规划，于 2018 年 12 月完成开发，并投入现场应用。监测系统分为矿井及安监两个版本，其中矿井版主要实现了冲击地压相关评价结果、地质、生产、监测、卸压等信息全集成，设计应用了普适性较强的主控因素权重判识法、风险数据库判识法两种多参量预警算法体系，实现了冲击地压与矿井突水等相关复合灾害的联动分析。安监版实现了数据的备查与矿井风险识别，定位于辅助集团公司或政府部门开展防冲管理工作，如图 5-86 所示。

二、多参量综合监测预警方法

综上，近几年围绕冲击地压多参量监测预警技术的研究及装备开发成果颇丰，以下以北京科技大学冲击地压研究团队开发的"煤矿灾害监测预警平台"为例，介绍多参量监测预警算法。

第五章 实 践 应 用

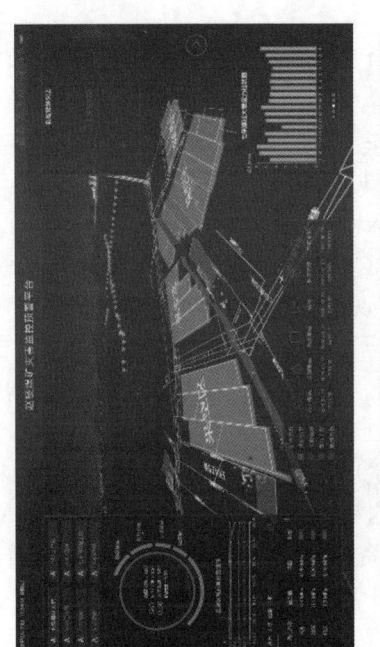
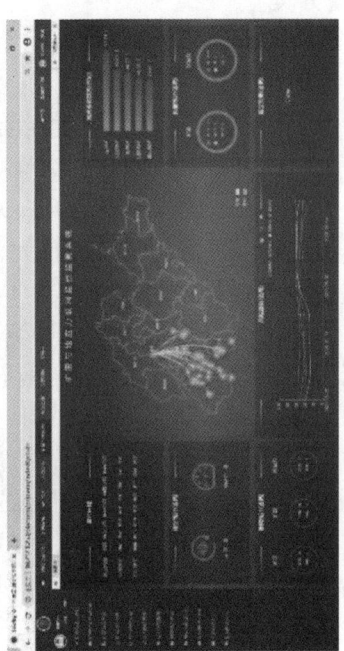
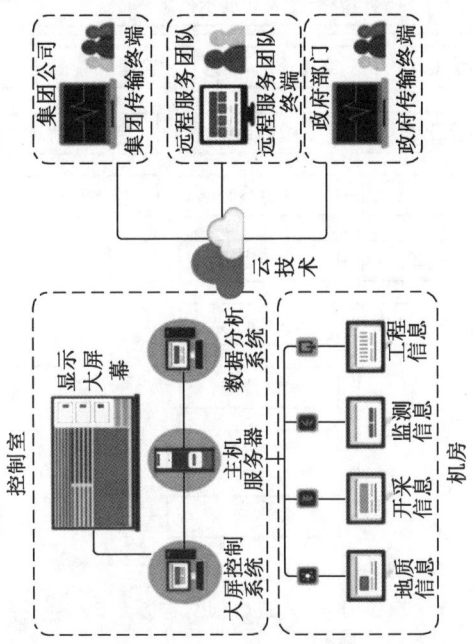

图 5-86 北京安科公司"煤矿灾害监测预警平台"软件截图

(一) 参量分类

随着冲击地压灾害威胁的日益严重，各煤矿企业广泛采用了多种监测预警手段，数据分析仍存在明显的方法单一、深度不够的情况。例如，实时预警基本以单系统单指标为主，多参量监测分析通常是通过日报表的形式定时完成；联合数据分析的参量也多以应力、微震等在线监测为主，往往忽略了与危险性息息相关的地质条件、生产信息、卸压信息等，丢失了大量直接有效的信息。

据此，多参量监测预警的实现，首先依赖数据集成的全面性。监控平台系统支持多种监测设备数据采集的接口，实现了当前使用频率较高的多种主流监测系统数据自动采集，常用动力灾害监测子系统全覆盖，数据统一管理。接入数据类型包括了矿山动力灾害相关的地质信息（褶曲、断层、富水区等）、开采信息（开采进尺、来压情况、接续计划等）、人工矿压监测数据（巷道变形、顶板离层、钻屑量监测、地表沉降等）一键数据录入、在线矿压监测数据（煤层应力、微地震、支架阻力等）自动采集、工程信息（煤层大直径卸压、顶板爆破、水力压裂等施工信息）、资料信息（冲击危险性评价等）。系统提供云存储模式，矿井监测数据可实时备份至云数据库存储，数据安全性高、易升级（图5-87）。

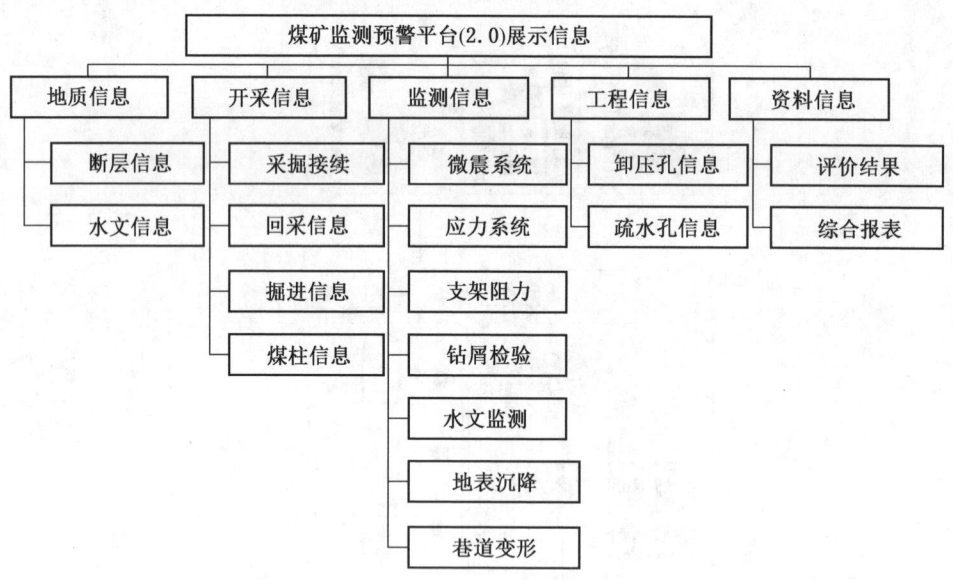

图5-87 集成数据结构图

(二) 监测分区

平台系统的软件中应用的多参量联合监测预警区域范围是全矿井，考虑同矿井不同区域存在冲击地压影响因素的差别造成的预警指标区别，需要对整个矿井基于预警进行分区。为提高冲击地压监测预警的准确性，解决预警空间域的划分，实现"分类预警"，提出了冲击地压监测大分区与小分区的理念。冲击地压监测大分区为测区划分，以单个掘进工作面、单个采煤工作面或上下山/大巷等为单位进行划分，大分区监测预警主要体现区域性整体冲击危险性，可以根据该区域冲击地压发生的类型、影响因素等，选择监测参量，配置预警权重及预警指标。冲击地压监测小分区为局部监测分区，主要按照有扰动与无明显扰动进行划分，预警的区域以实测数据空间位置为坐标，在设定的"时间域、空间域"内进行冲击地压多参量联合监测预警，注重体现局部区域的冲击危险性。冲击地压监测大分区与小分区划分及关系如图5-88所示。

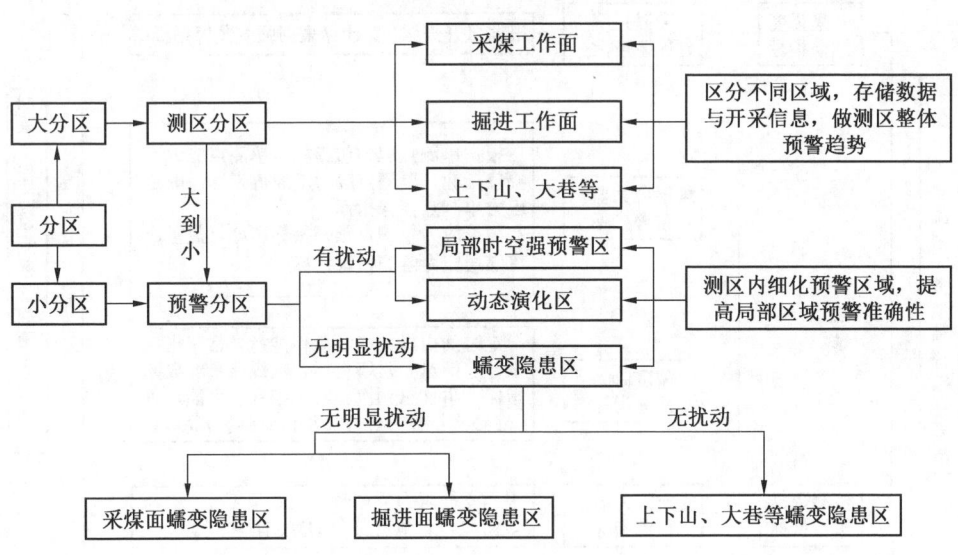

图5-88 平台预警分区简图

(三) 预警机制

1. 主控因素权重判识法

1) 主控因素权重判识法基本原理

(1) 主控因素权重判识法风险分析机制设计。预警机制采用"常规预警"与"特殊条件预警"相结合的方式进行设计。常规预警模型各预警指标采用权重法进行耦合计算,首先根据基础指标对于冲击危险的表征程度分配权重系数K;然后根据不同类型数据对冲击危险性影响程度进行权重K值分配,最终得到监测区域的整体危险程度。常规预警指标计算的数据类型、指标全面,其预警结果反映监测区域的整体冲击危险性。特殊条件预警是对常规预警方法的补充,规避了极端异常指标在权重法体系下被淹没的特殊情况,预警机制结构图如图 5-89 所示。

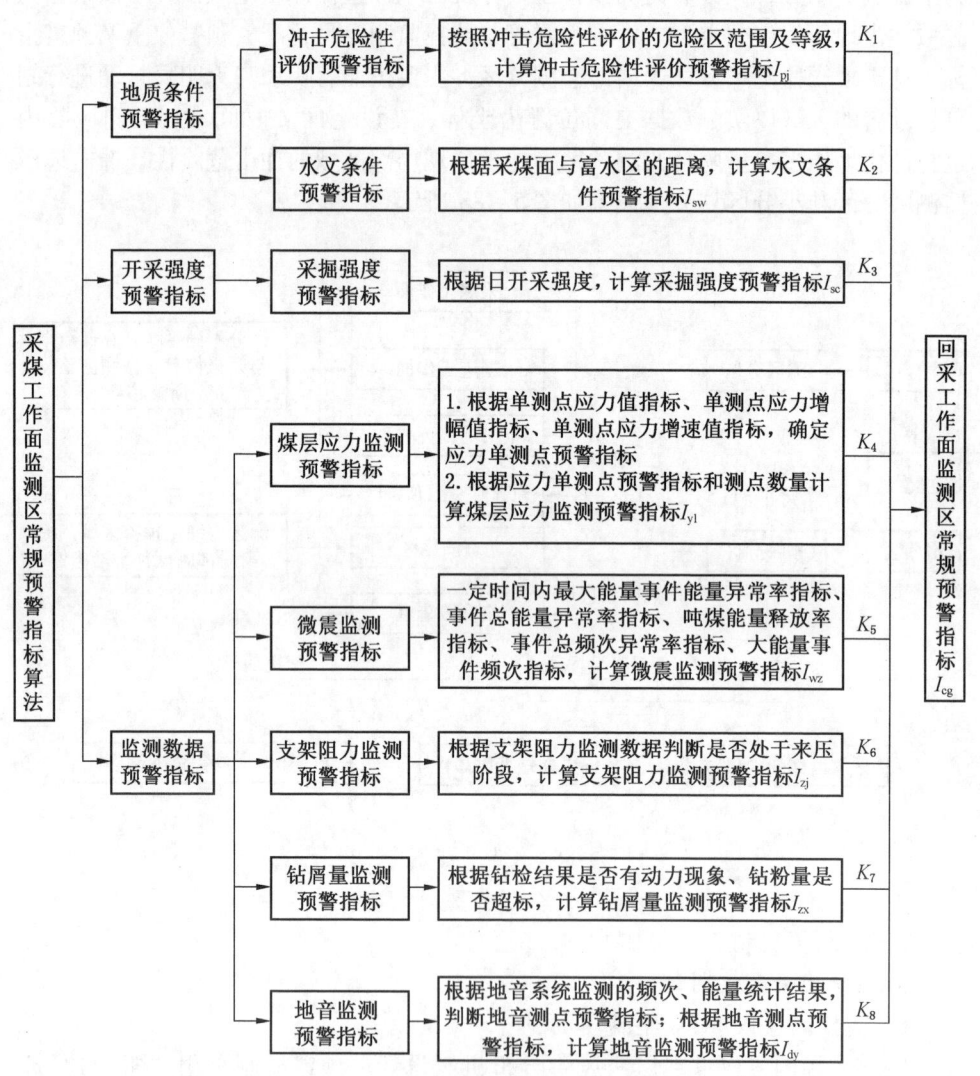

(a)常规预警指标运算机制

第五章 实 践 应 用

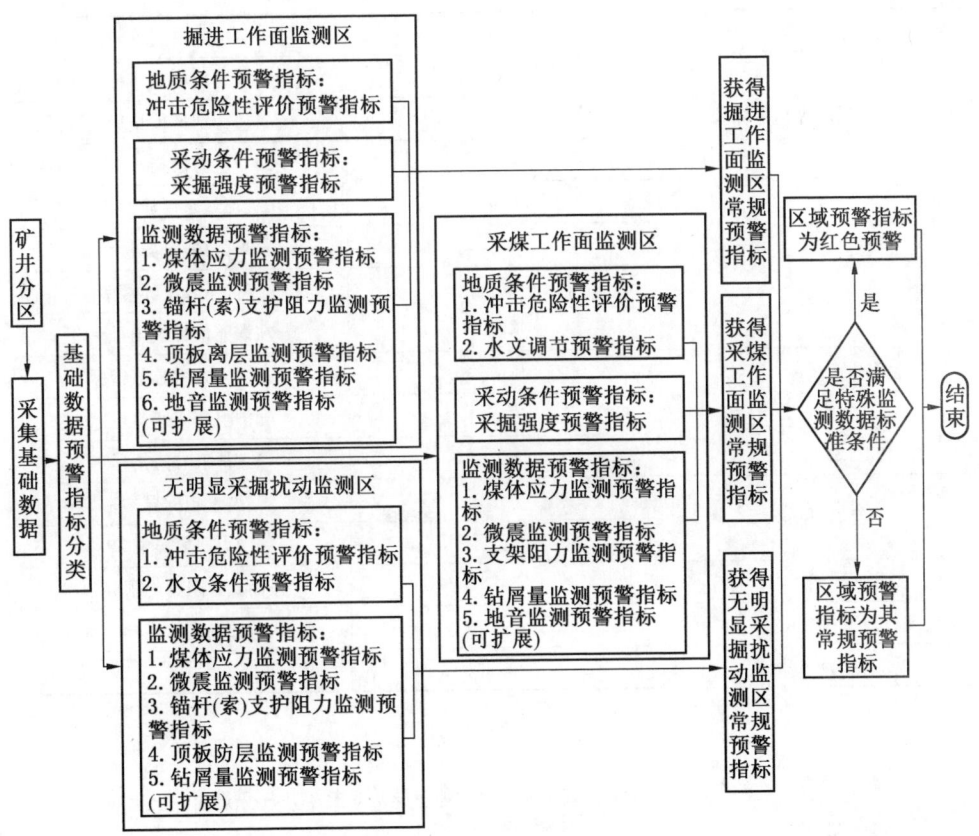

(b)特殊条件预警算法的判别流程

图 5-89 监测区权重法风险评估架构图

(2) 其实现过程如下：

对单系统数据进行危险指标运算。

例如，"静态信息"的危险性评价结果因素运算时，考虑不同区域地质条件的差异，引入监测区冲击危险性评价，根据评价报告所得的危险区及危险等级结果，获取冲击危险性评价指标（I评价），取值见表 5-33。

例如，"动态信息"的微震监测结果因素运算时，可根据实时微震数据情况进行统计分析，通过 5 个指标分配权重系数的方式，运算得到实时微震风险评估指标（I微震），如图 5-90 所示。

表5-33 监测区参与综合预警算法的参量列表（示意，可扩展）

系 统	权 重	参 量
应力风险评估指标	K_{Y1}	应力增幅值指标
	K_{Y1}	应力增速值指标
	K_{Y1}	应力值指标
微震风险评估指标	K_{W1}	大能量事件异常率
	K_{W1}	事件总能量异常率
	K_{W1}	事件总频次异常率
	K_{W1}	吨煤能量释放异常率
锚杆索支护力指标	K_{M1}	支护阻力增幅值指标
	K_{M1}	支护阻力增速值指标
	K_{M1}	支护阻力值指标
钻屑量指标	K_{Z1}	钻屑量超标异常率
	K_{Z2}	动力现象异常率
工作面支架阻力指标	……	工作面支架阻力超限异常率
采掘速度	……	回采或掘进速度异常率
其他可扩展因素	……	……

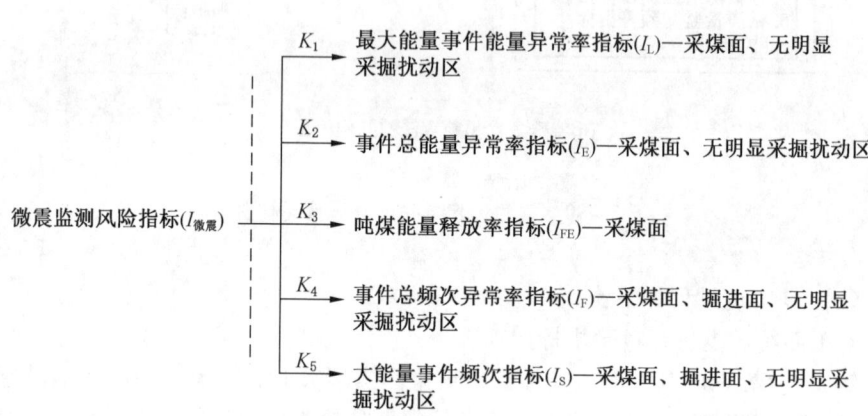

图5-90 实时微震风险指标（$I_{微震}$）运算架构图

（3）对监测区进行多参量危险指标运算。根据表5-33所示的架构，对每一个单系统危险指标进行权重系数分配，计算得到监测区多参量危险指标。

(4) 分级别危险性评估。根据《防治煤矿冲击地压细则》要求，根据监测区风险指数大小，对应划分为"无冲击地压风险""弱冲击地压风险""中等冲击地压风险""强冲击地压风险"四个风险级别，级别划分及建议处理措施见表5-34。

表5-34 预警级别判别标准及处理方法

指标/等级	无	弱冲击地压危险	中等冲击地压危险	强冲击地压危险
临界I值	[0, 2.5)	[2.5, 5)	[5, 7.5)	[7.5, 10]
预警颜色	蓝色	黄色	橙色	红色
建议防治措施	监测区域采/掘工作正常作业	非生产班或掘进班对预警区域采取钻屑检验，同时，加强监测预警关注度与防冲管理；可进行采/掘作业	严格控制预警区域人员数量，危险区域内必须制定强卸压、强支护措施，具体参数可根据各矿自身情况确定；可进行采/掘作业，但是，需降低采/掘速度	停止采/掘作业；针对预警区域制定相应的卸压解危措施，卸压解危后，应用钻屑检验冲击危险是否解除，解除危险后方可开展采/掘作业

2) 主控因素权重判识法权重系数的确定

权重系数的确定方法通常采用AHP层次分析法、现场数据统计分析法等方法来确定。以下通过某矿井权重系数确定的案例进行介绍。

(1) 基于监测数据统计分析的权重确定AHP层次分析法应用案例。

一是构建系统层次结构模型。为了解决目标层"A 综合预警指标"问题，设立了"B_1 冲击危险性评价预警指标""B_2 微震监测预警指标""B_3 煤体应力监测预警指标"和"B_4 钻屑监测预警指标"4个二级指标，如图5-91所示。每个二级指标下面又对应了若干个三级指标，如图5-92所示。

二是构建各层因素的判断矩阵，计算各因素权重。建立模糊层次分析结构模型之后，依靠每一层次中各因素两两比较的相对重要性得出恰当的判断（表5-35），并根据一定的比率标度将其量化，构成判断矩阵（表5-36）。

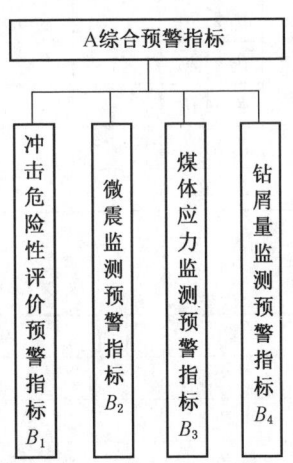

图5-91 综合预警指标目标层和二级指标

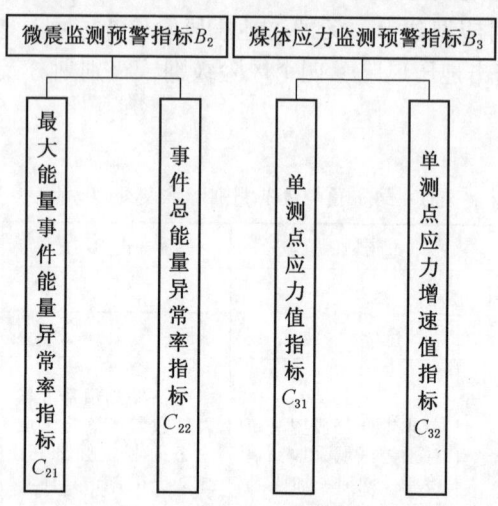

图 5-92 综合预警指标三级指标

表 5-35 条件层 B 相对于目标层 A 的判断数值表

重要性	不重要	中间值	稍重要	中间值	明显重要	中间值	重要得多	中间值	绝对重要
判断值	1	2	3	4	5	6	7	8	9
对比项目 B_2 对 B_1					√				
B_2 对 B_3		√							
B_2 对 B_4						√			
B_3 对 B_1				√					
B_3 对 B_4				√					
B_4 对 B_1			√						

表 5-36 条件层 B 相对于目标层 A 的判断矩阵

A	B_1	B_2	B_3	B_4
B_1	1	1/5	1/4	1/3
B_2	5	1	2	6
B_3	4	1/2	1	4
B_4	3	1/6	1/4	1

通过查找文献，在对二级指标 B 使用 Saaty 标度法进行比较判断。由表 5-37 可知，针对 B_1、B_2、B_3、B_4 总共 4 项构建 4 阶判断矩阵进行 AHP 层次法研究（计算方法为：和积法），分析得到特征向量为 0.285、2.021、1.214、0.480，对应的权重值分别是：7.123%、50.529%、30.355%、11.993%。此外，结合特征向量可计算出最大特征根为 4.211，利用最大特征根值计算得到 CI 值 0.07，针对 RI 值查表为 0.890，因此计算得到 CR 值为 0.079 < 0.1，判断矩阵满足一致性检验，计算所得权重具有一致性。

表 5-37 条件层 B 相对于目标层 A 的 AHP 层次分析结果

指标	特征向量	权重值/%	最大特征值	CI 值
B_1	0.285	7.123		
B_2	2.021	50.529	4.211	0.07
B_3	1.214	30.355		
B_4	0.480	11.993		

通过查找文献，在对三级指标 C 使用 Saaty 标度法进行比较判断（表 5-38、表 5-39）。从表 5-40 可知，针对因子层 C 构建 2 阶判断矩阵进行 AHP 层次法研究（计算方法为：和积法），分析得到特征向量为 1.5、0.5 和 1.333、0.667，并且总共 2 项对应的权重值分别是：75%、25% 和 66.667%、33.333%。此外，结合特征向量可计算出最大特征根及 CI 值，判断矩阵满足一致性检验，计算所得权重具有一致性。通过 AHP 层次分析法确定的采煤工作面常规预警指标权重见表 5-41。

表 5-38 条件层 B 相对于目标层 A 的判断数值表

重要性		不重要	中间值	稍重要	中间值	明显重要	中间值	重要得多	中间值	绝对重要
判断值		1	2	3	4	5	6	7	8	9
对比项目	C_{21} 对 C_{22}			√						
	C_{31} 对 C_{32}		√							

表5-39 因子层 C 相对于条件层 B_2、B_3 的判断矩阵

B_2	C_{21}	C_{22}
C_{21}	1	3
C_{22}	1/3	1
B_3	C_{31}	C_{32}
C_{31}	1	2
C_{32}	1/2	1

表5-40 因子层 C 相对于条件层 B 的 AHP 层次分析结果

指标	特征向量	权重值/%	最大特征值	CI值
C_{21}	1.5	75	2	0
C_{22}	0.5	25		
C_{31}	1.333	66.667	2	0
C_{32}	0.667	33.333		

表5-41 平台预警指标

监测预警指标			预警阈值	归一化	三级指标权重系数	二级指标权重系数
冲击危险性评价预警指标			无冲击	0	—	0.07
			弱冲击	0.33		
			中等冲击	0.66		
			强冲击	1		
微震监测预警指标	最大能量事件能量异常率指标	蓝色	$[0, 10^4)$	0	0.75	0.51
		黄色	$[10^4, 5 \times 10^4)$	0.33		
		橙色	$[5 \times 10^4, 3 \times 10^5)$	0.66		
		红色	$[3 \times 10^5, +\infty)$	1		
	事件总能量异常率指标	蓝色	$[0, 2 \times 10^4)$	0	0.25	
		黄色	$[2 \times 10^4, 7.5 \times 10^4)$	0.33		
		橙色	$[7.5 \times 10^4, 4 \times 10^5)$	0.66		
		红色	$[4 \times 10^5, +\infty)$	1		

表 5-41（续）

监测预警指标			预警阈值	归一化	三级指标权重系数	二级指标权重系数
煤体应力监测预警指标	单测点应力值指标	蓝色	浅孔 [0, 12) 深孔 [0, 15)	0	0.67	0.30
		黄色	浅孔 [12, 16) 深孔 [15, 20)	0.66		
		红色	浅孔 [16, +∞) 深孔 [20, +∞)	1		
	单测点应力增速值指标	蓝色	[-∞, 2)	0	0.33	
		黄色	[2, 3)	0.66		
		红色	[3, +∞)	1		
钻屑量监测预警指标		蓝色	无动力显现、煤粉无超标	0	—	0.12
		黄色	有动力显现、煤粉无超标	0.66		
		红色	煤粉超标	1		

（2）基于监测数据统计分析的权重确定（以微震监测数据分析为例）。

微震预警指标权重确定。煤矿某工作面"双见方"以前，工作面矿压显现相对缓和，微震监测、应力监测等预警情况较少，工作面危险程度较低；进入工作面"双见方"影响区后，矿压显现相对剧烈，微震大能量事件频发。分别定义两阶段为："双见方"前"稳定阶段"和"双见方""危险阶段"，两阶段各选取两周（约 14 天）的数据，进行微震预警指标敏感度分析，即对日总能量、日频次、大能量事件频次、单位进尺微震能量、日最大能量敏感度进行分析。

日总能量（I_E）敏感度分析。对上述时间段内微震日总能量进行统计，具体如图 5-93 所示。

"双见方""危险阶段"微震日总能量平均值为 371472.15 J，定义为 E_1；"稳定阶段"微震日总能量平均值为 122215.49 J，定义为 E_2；以 E_1/E_2-1 作为微震日能量和的敏感度，可得到微震日能量和的敏感度为 2.04。

日频次（I_F）敏感度分析。对上述时间段内微震日频次进行统计，具体如图 5-94 所示。"双见方""危险阶段"微震日总频次平均值为 53.2，定义为 N_1；O 型-S 型覆岩结构演化阶段微震日总频次平均值为 49.7，定义为 N_2；以 N_1/N_2-1 作为微震日总频次的敏感度，综上可得到微震日总频次的敏感度为 0.07。

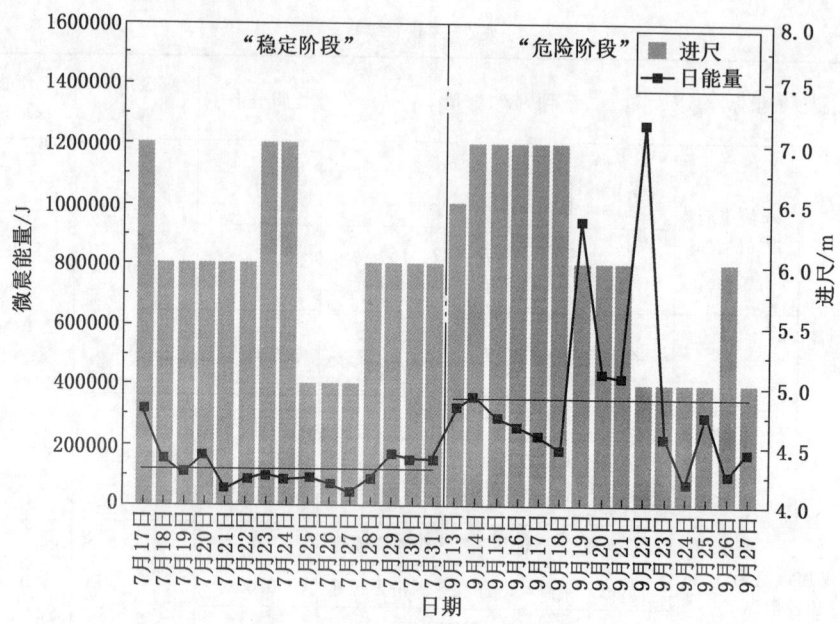

图 5-93 微震日总能量关系图

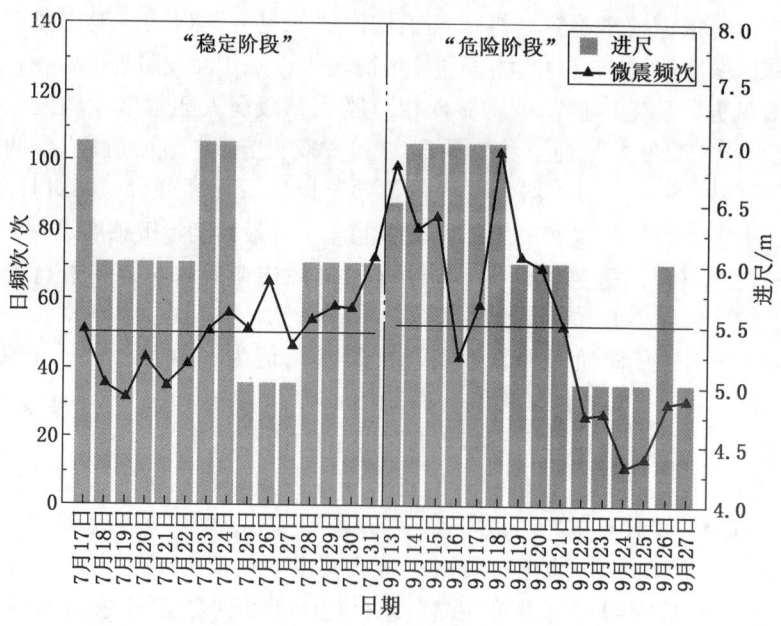

图 5-94 微震日频次关系图

大能量事件频次（I_S）敏感度分析。对上述时间段内微震事件进行统计，分别以 10^3 J 及以上、10^4 J 及以上微震事件作为大能量事件，具体如图 5-95 所示。

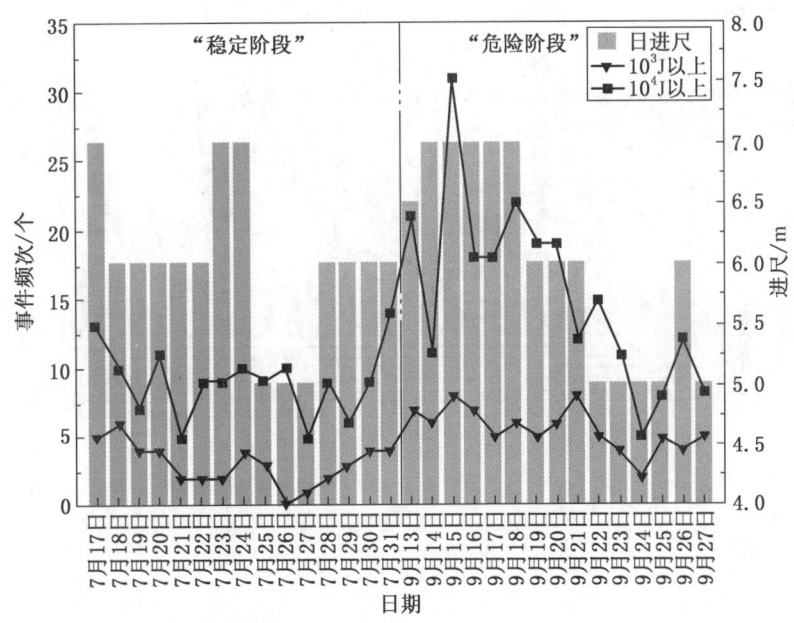

图 5-95 微震日大能量事件关系图

"双见方""危险阶段"微震日大能量事件（10^3 J 及以上）频次平均值为 20.8，定义为 A_1；"双见方""稳定阶段"微震日大能量事件（10^3 J 及以上）频次平均值为 12.2，定义为 A_2；以 A_1/A_2-1 作为微震日大能量事件（10^3 J 及以上）频次的敏感度，得到微震日大能量事件（10^3 J 及以上）频次的敏感度为 0.68。

单位进尺微震能量（I_{FE}）敏感度分析。对上述时间段内单位进尺微震能量进行统计，具体如图 5-96 所示。"双见方""危险阶段"日单位进尺微震能量平均值为 64087.59 J，定义为 M_1；"双见方""稳定阶段"日单位进尺微震能量平均值为 20008.29 J，定义为 M_2；以 M_1/M_2-1 作为日单位进尺微震能量的敏感度，可得到日单位进尺微震能量的敏感度为 2.20。

日最大能量（I_L）敏感度分析。对上述时间段内微震日最大能量进行统计，具体如图 5-97 所示。"双见方""危险阶段"微震日最大能量平均值为 213668.15 J，

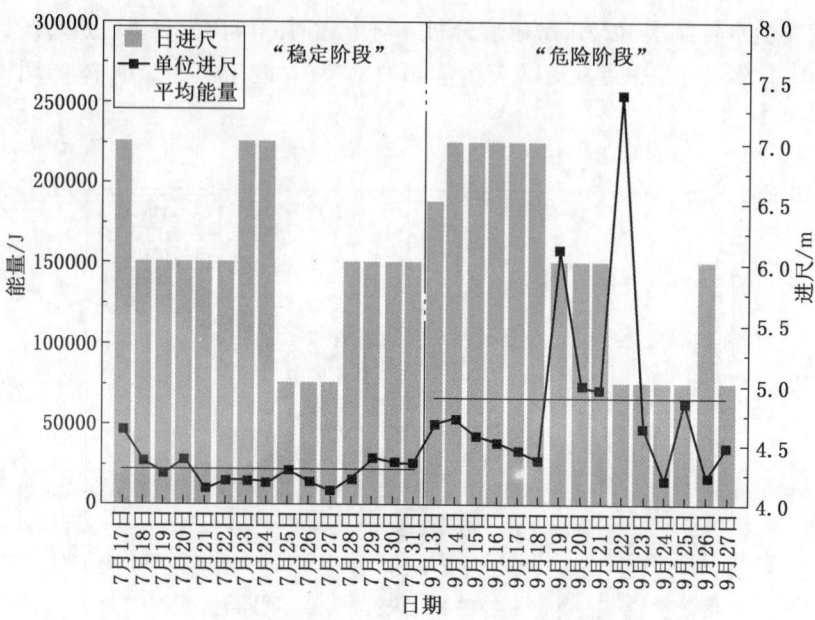

图5-96 单位进尺微震能量关系图

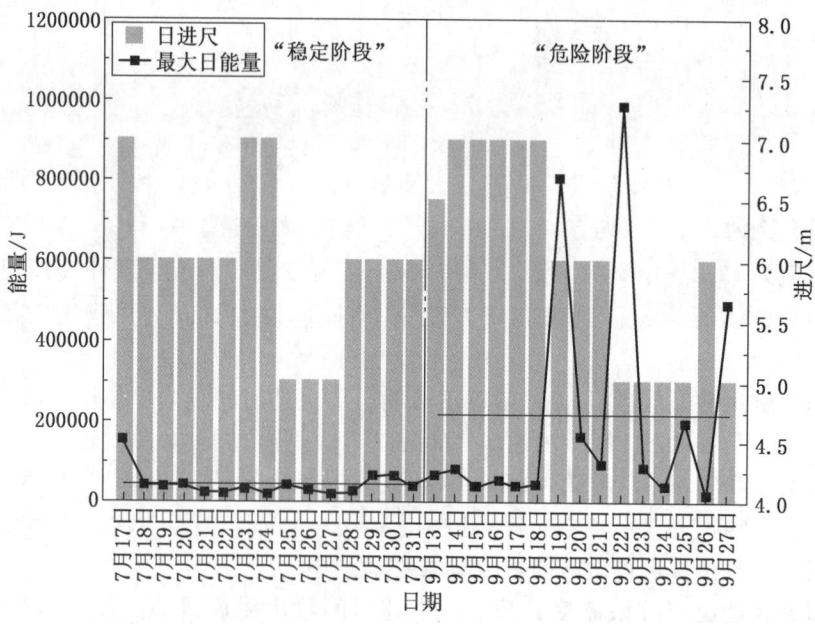

图5-97 微震日最大能量关系图

定义为 P_1；"双见方""稳定阶段"微震日最大能量平均值为 45097.56 J，定义为 P_2；以 P_1/P_2-1 作为微震日最大能量的敏感度，可得到微震日最大能量的敏感度为 3.74。

以日为单位，对"双见方"前"稳定阶段"和"双见方""危险阶段"日微震能量和、日总频次、日最大能量、大能量事件频次和单位进尺能量释放等指标进行统计分析，各微震指标敏感度及据此做出的权重系数调整见表 5-42。

表 5-42 各微震指标敏感度统计表

微震指标	危险敏感度	权重系数 k/%
日能量和	2.04	23.4
日总频次	0.07	0.8
日大能量事件频次	0.68	7.8
单位进尺微震能量	2.20	25.2
日最大能量	3.74	42.8

2. 风险识别数据库法

风险识别数据库法是通过列举异常风险指标的危险程度及指标数量，来进行风险评估的方法，实现过程如图 5-98 所示。

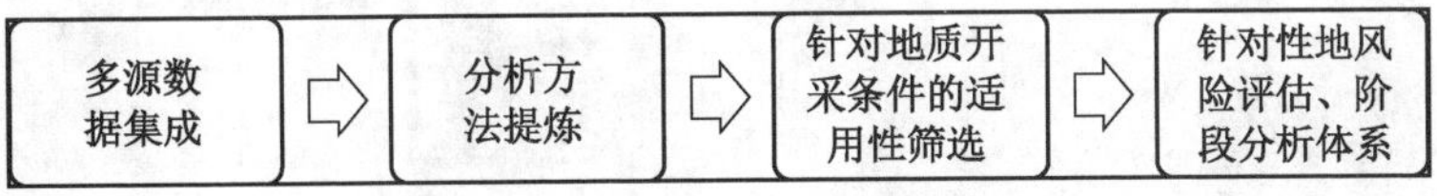

多源数据集成 ⇨ 分析方法提炼 ⇨ 针对地质开采条件的适用性筛选 ⇨ 针对性地风险评估、阶段分析体系

图 5-98 风险识别数据库法风险评估流程图

（1）多源数据有效信息挖掘，数据分析方法库的建设。研究并不断总结数据分析方法，包括单系统数据分析方法与多系统联合分析方法。形成大数据分析方法库，并对数据分析方法进行归类。

（2）各指标危险程度的确定。与权重法类似，对每一个参与风险预警的指标进行危险程度运算得到各指标危险程度。

（3）风险识别数据库法危险程度的判别。根据上一步各指标危险程度计算所得的危险指标个数及危险程度，设计风险评估机制，判定区域的整体风险等级。判别原则需根据矿井监测区实际地质开采条件进行，例如，对于山东巨野煤田的深埋薄基岩厚表土层的条件，采用以微震频次及应力监测为主，以大能量事件等为辅的原则来确定；对于陕蒙地区坚硬煤层顶板多关键层的地质条件，采用以微震大能量事件及应力突增为主，以微震频次及应力值为辅的原则。风险判别原则也可采用专家论证方式，对具体矿井进行一次性评定。

风险识别数据库法的最下一级评价单位为矿井监测区（例如，某采煤工作面），按照表5-43中的数据库即可得到测区风险指标级别，参数设置及效果展示如图5-99所示。

表5-43 风险识别数据库法风险识别数据库

风险案例	风险指标	指标级别（1、2、3级）
连续3天微震频次异常	微震频次	1
钻屑量超标	钻屑量	1
应力出现黄色风险测点	应力值	3
开采中高度危险区		
开采中度危险区		
沿空掘进超过设定速度		
……		

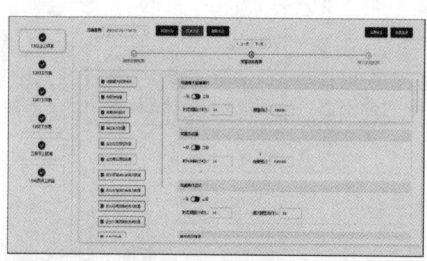
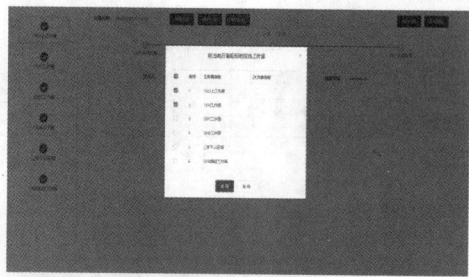
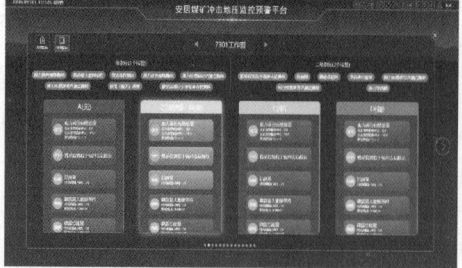
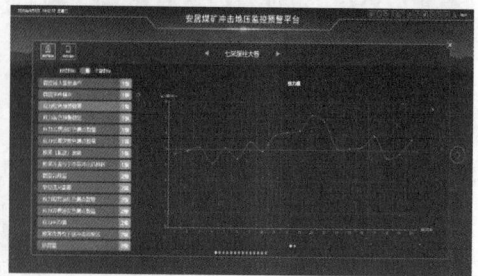

图5-99 风险数据库预警法界面

三、多参量监测平台应用案例

(一) 矿压规律分析中的应用案例

1. 指导超前支护及超前限员

可利用微震的固定工作面查询功能(图5-100)、应力的固定工作面超前影响范围查询功能(图5-101),分析工作面超前影响范围及影响程度,指导超前支护强度的调整。

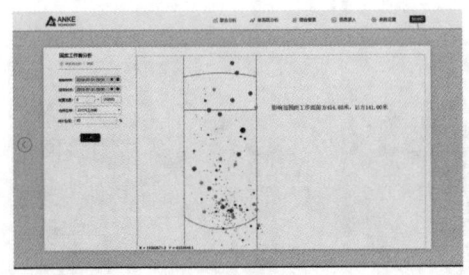

图5-100 微震的固定工作面查询

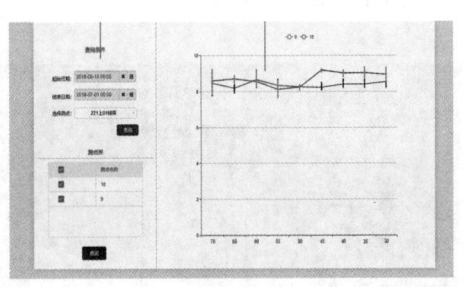

图5-101 应力的固定工作面超前影响范围查询

2. 推采速度、防治措施强度的确定

通过分析工作面近期危险程度的发展趋势与采掘进尺的曲线(图5-102),反演推采强度与动力灾害的关系,指导采掘部署及防治措施的制定。

3. 矿井接续信息的监管功能

可录入矿井接续计划,并根据近期工作面推采位置的危险程度评价结果、监测数据危险表征等,对未来一周(一月)的推采(或掘进)进尺进行预估。本功能可指导近期采掘部署,提前协调安排各类资源,降低接续紧张的风险(图5-103)。

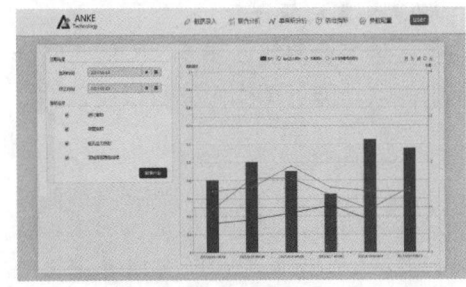

图5-102 工作面危险趋势曲线图

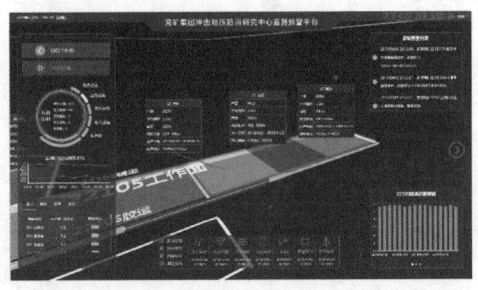

图5-103 矿井接续情况信息的监管模式

4. 基于评价与监测的采掘速度监管功能

采掘强度是影响冲击地压灾害发生的重要原因之一，通常，采掘速度会在工作面冲击地压危险性评价报告中，依据不同的危险程度进行限定。对于矿井采掘速度的有效监管，是降低冲击地压事故率的重要手段之一。

平台系统可开发相关功能，将工作面不同阶段推采速度的标准进行录入，并与每日矿井进尺进行比对，对于不符合规定的情况，进行异常提示。例如，某工作面进入"见方"、区段煤柱影响下的强冲击危险区内，限制推速不超过 6 刀/天，效果如图 5-104 所示。

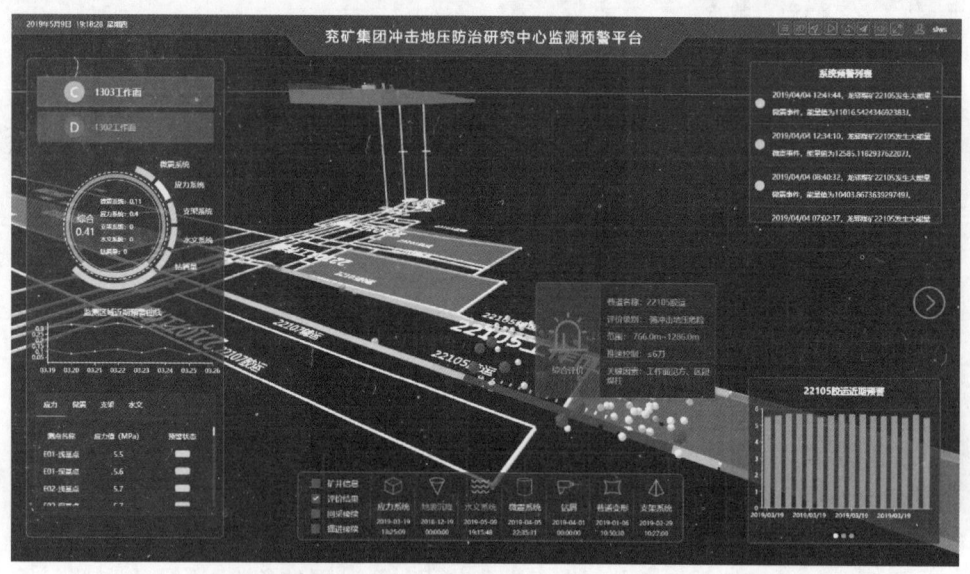

图 5-104　工作面分阶段推采速度控制的监管模式

5. 指导临场解危措施制定－异常测点一键多参量数据分析

可一键联合查询预警测点一定范围内的多参量综合曲线（图 5-105），联合分析区域应力转移过程等，警惕局部应力集中。该功能可用作大能量微震事件分析、预警测点分析等。

6. 矿井复合灾害防治的应用

可开展冲击地压与其他在矿山灾害的联合分析功能，例如冲击地压与水害联合分析效果如图 5-106 所示。还可实现冲击地压灾害与煤与瓦斯突出等灾害的联合分析与预测预报。

第五章 实践应用

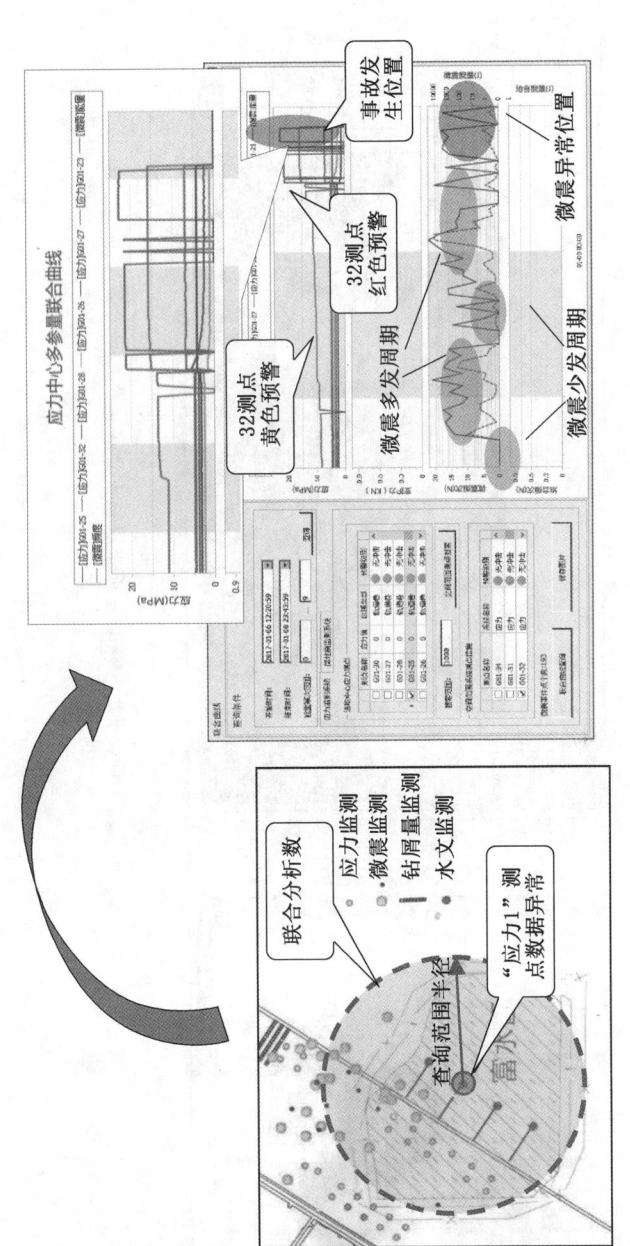

图 5-105 同维度危险区的联合监测曲线查询

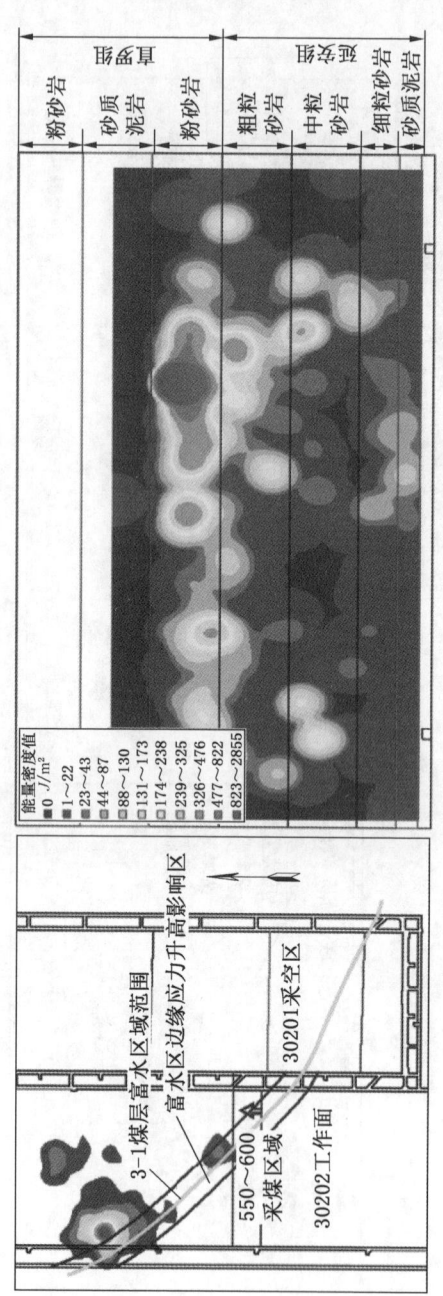

图 5-106 微震事件频次核密度分析在防治水过程中的应用

7. 防冲措施落实情况监督

实现冲击地压监测系统安装标准的监管功能。首先，系统可实现按照相关行业标准录入安装要求，可定期更新；然后，分析矿井监测区当前安装方案，将行业标准与矿井监测设备的实际安装情况进行比对，据此评判是否合规。

例如，某矿按照《防治煤矿冲击地压细则》第四十九条规定，采用煤层应力监测法进行采煤工作面局部监测时，其测点安装的孔深及间距要求见表5-44。首先将表中信息进行平台系统的录入，然后通过对采集到的各组测点的实际组间距及孔深数据进行计算，并与标准值进行比对，不达标时触发提醒。

表5-44 煤层应力安装标准

危险程度		弱冲击地压危险	中等冲击地压危险	强冲击地压危险
组间距		20~40 m	20~40 m	不大于20 m
孔深要求	浅孔	b~$2b$	b~$2b$	b~$2b$
	深孔	$2b$~$3b$	$2b$~$3b$	$2b$~$3b$

注：b为巷道宽度。

如图5-107所示，系统可按照执行标准，提前对需安装的测点进行规划，图中①所指位置表示已完成监测并拆除的应力测点，②所指位置表示正常运行在监测的测点，③所指位置表示规划内应安装的测点位置。据此，测点按照要求进行规范，卸压孔的管理功能类似，效果如图5-108所示。

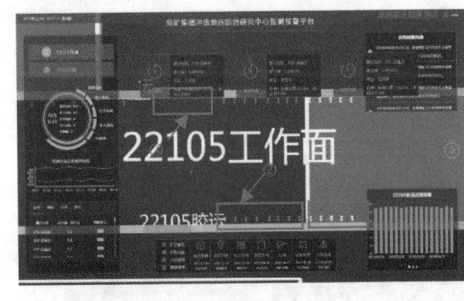

图5-107 应力测点安装规范监管图

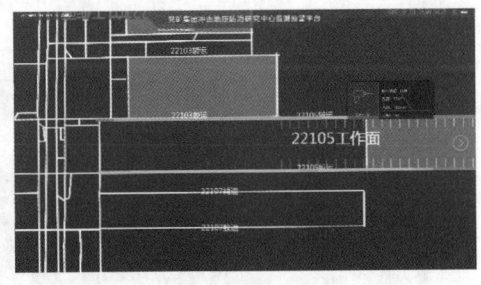

图5-108 卸压孔施工规范监管图

8. 一键综合监测报表

矿井冲击地压监控平台可实现自定义模块化综合监测报表、综合监测日报表、周报表一键生成，同时实现矿井"DIY"的个性化报表设计（图5-109），

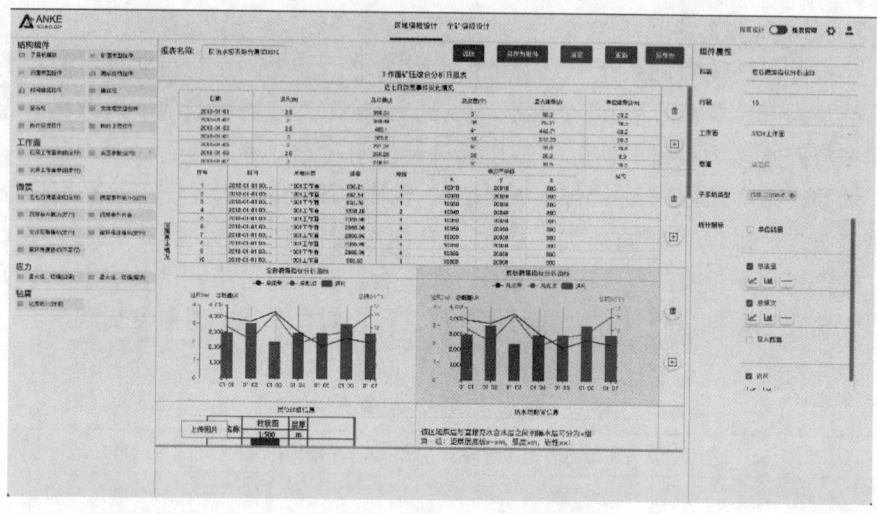

图 5-109　一键自动报表功能

提高数据分析效率。

9. 预警信息实时发布与数据查询

声光报警功能：平台系统支持音响报警和声光报警器报警。当综合指标达到预警值后，系统会发出声光报警器报警提示，并通过音响等外接设备进行语音提示。

智能远程预警提示：应用云数据处理技术，实现短信、微信实时预警提示，手机 App、Web 数据异地访问，提高监管效率，如图 5-110 所示。

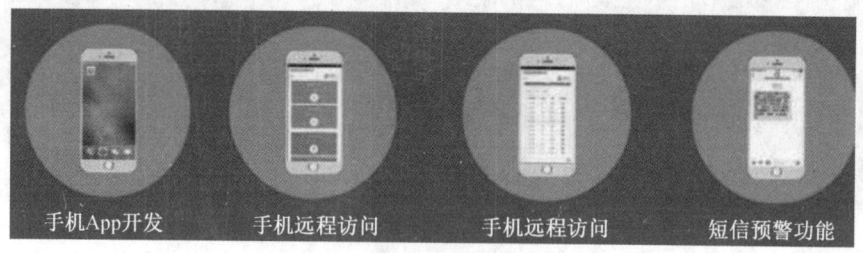

图 5-110　微信、短信等异地数据查询功能示意图

（二）预警及闭环管理中的应用案例

2020 年 9 月 17 日，202 工作面，"回风 79 浅""回风 79 深"应力测点先后

出现预警，微震事件频次增大且大量集中在工作面回风巷回采帮。9月17日，平台系统危险指数最高为7.4，达到橙色中等冲击地压危险。

（1）预警发生后，首先通过短信预警信息发布功能，进行信息即时发送。之后，通过平台系统进行危险源的快速定位与快速曲线分析，得到应力预警测点的位置与采煤工作面的空间关系、近期曲线变化等（图5-111）。

 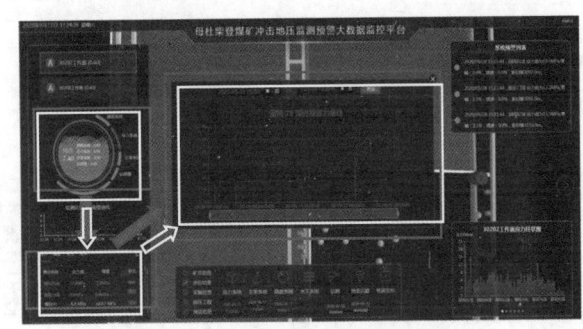

(a) 信息快速发布　　　　　　(b) 应力测点应力曲线示意图

图5-111　预警短信及预警应力测点曲线

（2）对预警测点周边一定范围内的其他监测数据，进行一键同维度曲线分析，得到应力预警与微震变化周期的关系，发现应力预警测点周边局部范围内，微震处于"低频高能"危险阶段，如图5-112所示。

（3）通过支架云图数据的分析，得到应力预警的同时，工作面支架阻力整体明显增大，处于明显的来压阶段，如图5-113所示。

（4）利用微震的固定工作面分析法，对预警前一个月的超前影响范围进行快速分析，得到工作面超前影响范围处于逐渐增大的阶段，由一个月前的94 m，发展到155 m，间接推测工作面高位覆岩处于运动的活跃期，超前采动影响范围较大，如图5-114所示。

（5）通过分析推采速度与危险指标的关系，得到预警前10天内，在推采速度相对稳定且处于较低水平时，仍然出现了预警情况，据此，排除推采速度过快或不稳定造成此次预警的可能性，如图5-115所示。

根据以上基于平台的快速分析，得到本次预警的危险源为"工作面处于周期来压阶段、高位顶板周期运动活跃区、顶板爆破施工边界区"，带来的危险表征为"应力局部多点预警、微震空间上的小范围集中"，指导现场开展了限速、限员等处理措施,并在措施落实后,发挥效果检验的作用,如图 5-116 所示。

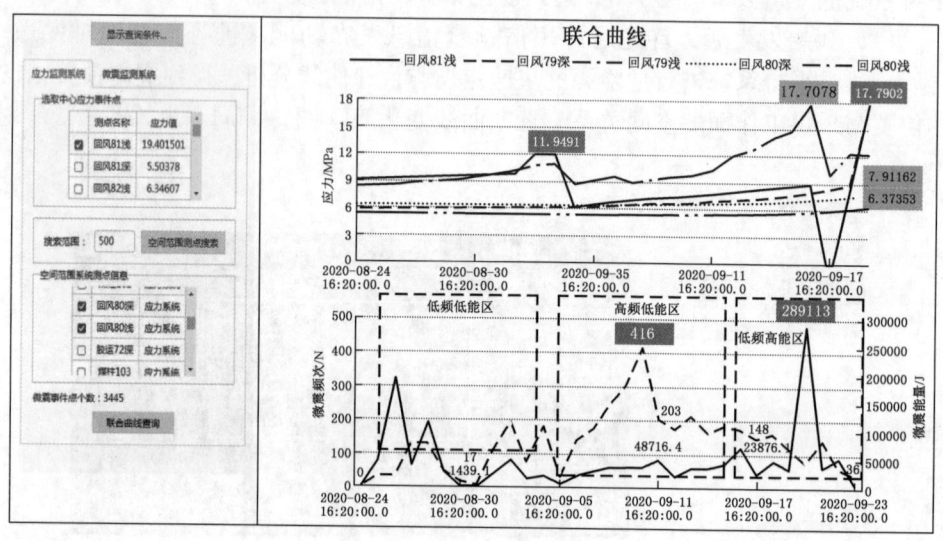

图 5-112　联合分析图

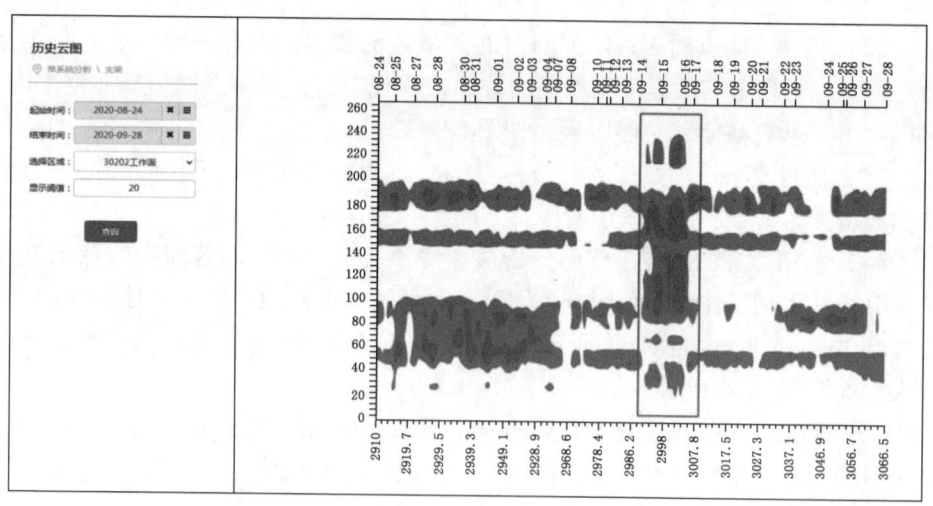

图 5-113　202 工作面支架阻力云图

第五章 实 践 应 用

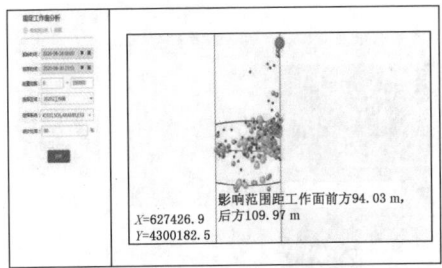
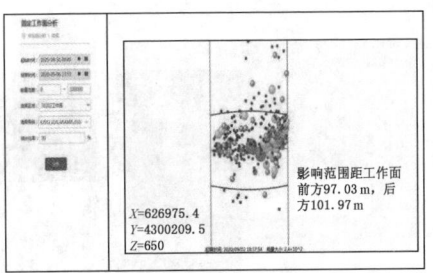

2020-08-24—2020-08-30
超前工作面分布距离94.03 m
滞后工作面分布距离109.97 m

2020-08-31—2020-09-06
超前工作面分布距离97.03 m
滞后工作面分布距离101.97 m

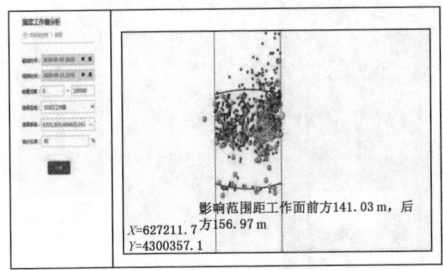
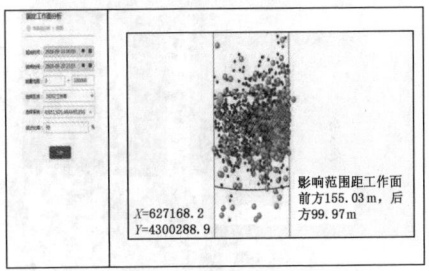

2020-09-07—2020-09-13
超前工作面分布距离141.03 m
滞后工作面分布距离156.97 m

2020-09-14—2020-09-20
超前工作面分布距离155.03 m
滞后工作面分布距离99.97 m

图 5-114　202 工作面微震固定工作面分析

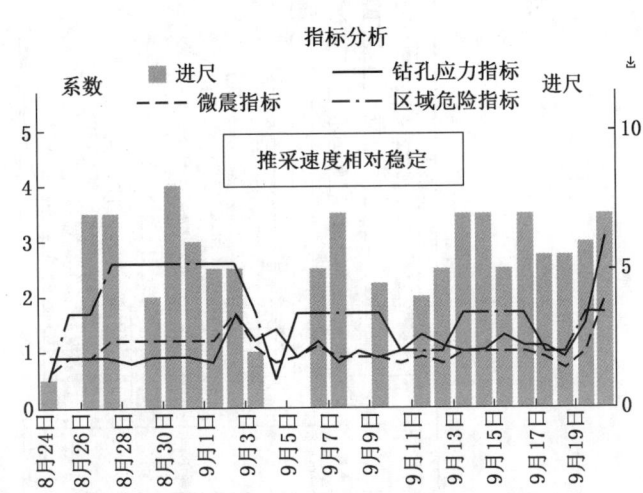

图 5-115　202 工作面推采速度与危险指标分析

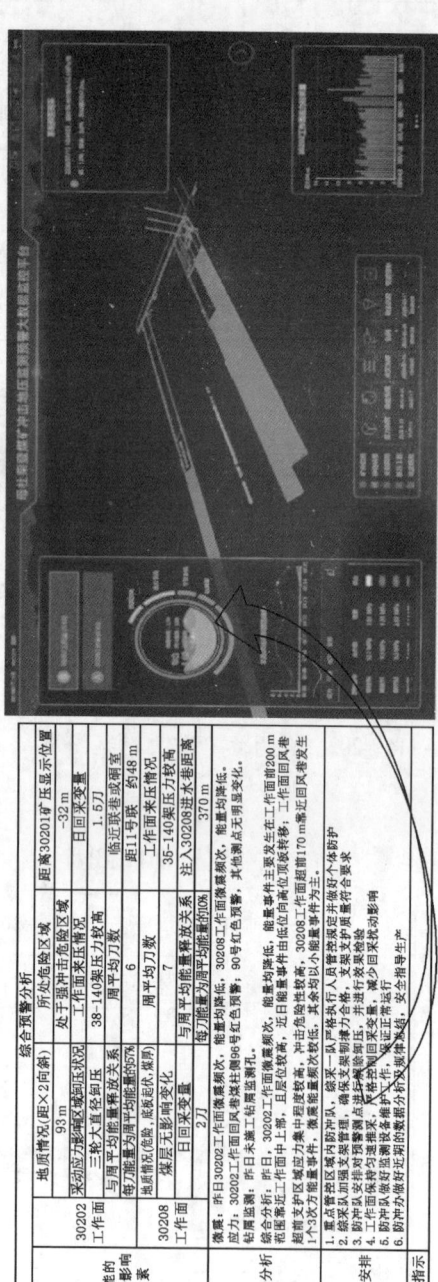

图 5-116 202工作面解危措施及预警显示

参 考 文 献

[1] 付东波,齐庆新,秦海涛,等.采动应力监测系统的设计[J].煤矿开采,2009,14(6):13-16.

[2] 王平,姜福兴,王存文,等.冲击地压的应力增量预报方法[J].煤炭学报,2010,35(S1):5-9.

[3] 陆菜平,窦林名,王耀峰,等.坚硬顶板诱发煤体冲击破坏的微震效应[J].地球物理学报,2010,53(2):450-456.

[4] 姜福兴,杨淑华,成云海,等.煤矿冲击地压的微地震监测研究[J].地球物理学报,2006,49(5):1511-1516.

[5] 夏永学,康立军,齐庆新,等.基于微震监测的5个指标及其在冲击地压预测中的应用[J].煤炭学报,2010,35(12):2011-2015.

[6] 姜福兴,杨淑华,XUN LUO.微地震监测揭示的采场围岩空间破裂形态[J].煤炭学报,2003,28(4):357-360.

[7] GU S T, WANG C Q, JIANG B Y, et al. Field test of rock burst danger based on drilling pulverized coal parameters [J]. Disaster Adv, 2012, 5(4):237-240.

[8] 齐庆新,李首滨,王淑坤.地音监测技术及其在矿压监测中的应用研究[J].煤炭学报,1994,19(3):221-232.

[9] 贺虎,窦林名,巩思园,等.冲击矿压的声发射监测技术研究[J].岩土力学,2011,32(4):1262-1268.

[10] 王恩元,刘忠辉,刘贞堂,等.受载煤体表面电位效应的实验研究[J].地球物理学报,2009,52(5):1318-1325.

[11] HE X Q, CHEN W X, NIE B S, et al. Electromagnetic emission theory and its application to dynamic phenomena in coal-rock [J]. Rock Mech. Min. Sci, 2011, 48(8):1352-1358.

[12] 窦林名,何学秋,王恩元.冲击矿压预测的电磁辐射技术及应用[J].煤炭学报,2004,29(4):396-399.

[13] SONG Dazhao, WANG Enyuan, WANG Chao, et al. Electromagnetic radiation early warning criterion of rock burst based on statistical theory [J]. Mining Science and Technology, 2010, 20:686-690.

[14] DOU Linming, LU Caiping, MU Zonglong, et al. Prevention and forecasting of rock burst hazards in coal mines [J]. Mining Science and Technology, 2009, 19:585-591.

[15] 王书文,毛德兵,杜涛涛,等.基于地震CT技术的冲击危险性评价模型[J].煤炭学报,2012,37(S1):1-6.

[16] 窦林名,蔡武,巩思园,等.冲击危险性动态预测的震动CT技术研究[J].煤炭学报,2014,39(2):238-244.

[17] He Hu, Dou Linming, Li Xuwei, et al. Active velocity tomography for assessing rock burst hazards in a kilometerdeep mine [J]. Mining Science and Technology (China), 2011, 21:

673-676.

[18] 齐庆新, 窦林名. 冲击地压理论与技术 [M]. 徐州: 中国矿业大学出版社, 2008.

[19] Obert L, Duvall W I. Use of Sub audible Noises for the Prediction of Rock Bursts. Part II [R]. RI 3654, USBM, 1942.

[20] Obert L. The microseismic method: discovery and early history [C]. Proc. 1st Conference of Acoustic Emission/Microseismic Activity in Geological Structures and Materials. Clausthal - Zellerfeld: Trans. Tech. Publications, 1975: 11 - 12.

[21] Hardy R. Acoustic emission/microseismic activity: Volume 1 [M]. Lisse, Netherlands: A. A. Balkema Publishers, 2003.

[22] 尹贤刚, 李庶林. 声发射技术在岩土工程中的应用 [J]. 采矿技术, 2002, 12.

[23] Leighton F, Blake W. Rock noise source location techniques [R]. USBM RI 7432, 1970.

[24] Young R P, Talebi S, Hutchins D A, et al. Analysis of mining - induced microseismic events at Strathcona Mine [J]. Pure and Applied Geophysics, 1989, 129: 455 - 474.

[25] Young R P, Hutchins D A, McGaughey J, et al. Geotomographic imaging in the study of mining induced seismicity [J]. Pure and Applied Geophysics, 1989, 129: 571 - 596.

[26] Young R P, Hutchins D A, Talebi S, et al. Laboratory and field investigations of rockburst phenomena using concurrent geotomographic imaging and acoustic emission/microseismic techniques [J]. Pure and Applied Geophysics, 1989, 129: 647 - 659.

[27] Hasegawa Henry S, Wetmiller Robert J, Gendzwill Don J. Induced seismicity in mines in Canada - An overview [J]. Pure and Applied Geophysics, 1989, 129: 423 - 453.

[28] 李世愚, 和雪松, 张少泉, 等. 矿山地震监测技术的进展及最新成果 [J]. 地球物理进展, 2004, 19 (4): 853 - 859.

[29] 刘国清. 基于声发射的岩体工程灾害威震监测系统 [J]. 修济刚, 等. 译. 采矿技术, 2005, 5 (1): 30.

[30] Gibowicz S J. Kijko A. 矿山地震学引论 [M]. 北京: 地震出版社, 1998.

[31] 长沙矿山研究院. 国家十五科技攻关专题"深井地压定位、预报与防治技术研究"报告 [R]. 长沙:, 2004.

[32] 李庶林, 尹贤刚, 郑文达, C. Trifu. 凡口铅锌矿多通道微震监测系统及其应用研究 [J]. 岩石力学与工程学报, 2005, 24 (12): 2048 - 2053.

[33] 新汶矿业集团公司, 天地科技股份有限公司, 煤炭科学研究总院, 北京科技大学, 辽宁工程技术大学. 新汶矿区深部开采冲击地压成因及治理技术 [R]. 北京: 天地科技股份有限公司, 2006.

[34] 唐礼忠, 杨承祥, 潘长良. 大规模深井开采微震监测系统站网布置优化 [J]. 岩石力学与工程学报, 2006, 25 (10): 2036 - 2042.

[35] 姜福兴, 王存文, 杨淑华, 等. 冲击地压及煤与瓦斯突出和透水的微震监测技术 [J]. 煤炭科学技术, 2007 (5).

[36] 李凤琴, 张兴民, 姜福兴. 煤矿井下微震监测系统及应用 [J]. 煤田地质与勘探, 2006

(4).

[37] 窦林名, 陆菜平, 牟宗龙, 等. 冲击矿压的强度弱化减冲理论及其应用 [J]. 煤炭学报, 2005, 30 (6): 690 - 694.

[38] 张万斌, 齐庆新, 李首滨. 地音监测系统软件 MAE 与微震监测系统软件 MRB 的研制与应用 [J]. 煤矿开采, 1992, 1 (1): 14 - 19.

[39] 张万斌, 滕学军, 齐庆新. 智能 BD4 - I 型便携式矿用地音仪的研制与应用特点 [J]. 煤炭科学技术, 1991, 19 (9): 9 - 12.

[40] 孙庆国, 程久龙, 韩荣军. 微震监测系统监测精度与可靠性分析 [J]. 中国矿业, 2008, 17 (5): 89 - 91.

[41] 牟宗龙, 窦林名, 巩思园, 等. 矿井 SOS 微震监测网络优化设计及震源定位误差数值分析 [J]. 煤矿开采, 2009, 14 (3): 8 - 12.

[42] 党保全, 刘超. 新庄孜矿微震监测系统的传感器安装技术探讨 [J]. 煤矿开采, 2010, 15 (2): 87 - 89.

[43] 孔令海, 王永仁, 李少刚. 房柱采空区下回采工作面覆岩运动规律研究 [J]. 煤炭科学技术, 2015, 43 (5): 26 - 29.

[44] 姜福兴, 曲效成, 于正兴, 等. 冲击地压实时监测预警技术及发展趋势 [J]. 煤炭科学技术, 2011, 39 (2): 59 - 64.

[45] Mita A. Fiber Bragg grating - based acceleration sensors for civil and building structures, Internetional workshop on present and future health monitoring [M]. Weimar: Bauhans - University Weimar, 2000.

[46] Wesley Kunzler, Sean Calvert, Marty Laylor. Implementing fiber optic sensors to monitor humidity and moisture. Smart structure and materials: smart sensor technology and measurement systems [J]. Proceeding of SPIE, San Diego, 2004, 5384 - 8.

[47] Eric Udd, Marley Kunzler, Marty Laylor, et al. Steve Kreger Fiber grating systems for traffic monitoring. Health monitoring and management of civil infrastructure systems [J]. Proceeding of SPIE, Newport Beach, 2001.

[48] 宋维尧, 张正凯. KS - 1 型钻孔应力计的原理及其应用 [J]. 煤炭科学技术 [J]. 1990, (5): 12 - 14 + 61 + 5.

[49] 张辉, 付东波, 雷毅, 等. 振弦式传感器在矿压测量中的应用研究 [J]. 煤矿开采, 2007 (6): 5 - 7 + 80.

[50] 伍佑伦, 路军, 胡建华, 等. 远程地压监控技术在地下矿山中的应用研究 [J]. 岩石力学与工程学报, 2007, 26 (1): 2815 - 2819.

[51] 丁正兴, 姜福兴, 王洛锋. 提高钻孔应力计监测煤岩应力的精度试验 [J]. 煤炭科学技术, 2010.

[52] Sato Y, Skoko D. Optimum distribution of seismic observation points. II. Bull. of Earthquake Res [J]. Inst, 1965, (43): 451 - 457.

[53] 巩思园, 窦林名, 曹安业, 等. 煤矿微震监测台网优化布设研究 [J]. 地球物理学报,

2010, 53 (2): 457.

[54] 巩思园, 窦林名, 马小平, 等. 提高煤矿微震定位精度的台网优化布置算法 [J]. 岩石力学与工程学报, 2012, 31 (1): 8.

[55] 高永涛, 吴庆良, 吴顺川, 等. 基于 D 值理论的微震监测台网优化布设 [J]. 北京科技大学学报, 2013, 35 (12): 1538.

[56] Kijko A. An algorithm for the optimum distribution of aregional seismic network [J]. I. Pageoph, 1977, 115 (4): 999.

[57] Kijko A. An algorithm for the optimum distribution of aregional seismic network: II. An analysis of the accuracy of location of local earthquakes depending on the number of seismic stations [J]. Pageoph, 1977, 115 (4): 1011

[58] 朱斯陶, 姜福兴, 刘金海, 等. 复合厚煤层巷道掘进冲击地压机制及监测预警技术 [J]. 煤炭学报, 2020, 45 (5): 1659 – 1670.

[59] 张宁博, 王建达, 秦凯, 等. 基于一孔多点式应力与位移监测系统的掘进巷道冲击危险性评价技术研究 [J]. 煤炭学报, 2020: 1 – 11.

[60] 杨光宇, 姜福兴, 曲效成, 等. 特厚煤层掘进工作面冲击地压综合监测预警技术研究 [J]. 岩土工程学报, 2019, 41 (10): 1949 – 1958.

[61] 刘鑫锦. 岩爆声音信号特征与动态预警方法研究 [D]. 广西: 广西大学, 2018.

[62] 苏国韶, 刘鑫锦, 闫召富, 等. 岩爆预警与烈度评价的声音信号分析 [J]. 爆炸与冲击, 2018, 38 (4): 716 – 724.

[63] 朱斯陶, 姜福兴, 朱海洲, 等. 高应力区掘进工作面冲击地压事故发生机制研究 [J]. 岩土力学, 2018, 39 (S2): 337 – 343.

[64] 杨光宇. 特厚煤层掘进巷道冲击地压分区防控研究 [D]. 北京: 北京科技大学, 2019.

[65] 李博. 深部煤层掘进巷道冲击地压孕育机制与防治研究 [D]. 青岛: 山东科技大学, 2019.

[66] 张志博. 复杂介质条件下弹性波传播特征及冲击地压监测预警研究 [D]. 徐州: 中国矿业大学, 2018.

[67] 杨增强. 复杂地质构造区诱发冲击矿压机理及防控研究 [D]. 北京: 中国矿业大学 (北京), 2018.

[68] 王宏伟, 邓代新, 姜耀东, 等. 断层构造失稳突变诱发冲击地压机制研究 [J]. 煤炭科学技术, 2018, 46 (7): 165 – 170.

[69] 贺虎, 窦林名, 巩思园, 等. 高构造应力区矿震规律研究 [J]. 中国矿业大学学报, 2011, (1): 11 – 17.

[70] 王存文, 姜福兴, 刘金海, 等. 构造对冲击地压的控制作用及案例分析 [J]. 煤炭学报, 2012, 37 (S2): 263 – 268.

[71] 徐义贤, 罗银河. 噪声地震学方法及其应用 [J]. 地球物理学报, 2015, 58(8):2618 – 2636.

[72] Frid V, Vozoff K. Electromagnetic radiation induced by mining rock failure [J]. International

Journal of Coal Geology, 2005, 64 (1): 57 - 65.

[73] Frid V. Electromagnetic radiation method for rock and gas outburst forecast [J]. Journal of Applied Geophysics, 1997, 38 (2): 97 - 104.

[74] Lichtenberger M. Regional stress field as determined from electromagnetic radiation in a tunnel [J]. Journal of Structural Geology, 2005, 27 (12): 2150 - 2158.

[75] Lichtenberger M. Underground measurements of electromagnetic radiation related to stress ~ induced fractures in the Odenwald Mountains (Germany) [J]. pure and appliedgeophysics, 2006, 163 (8): 1661 - 1677.

[76] Greiling R O, Obermeyer H. Natural electromagnetic radiation (EMR) and its application in structural geology and neotectonics [J]. Journal of the Geological Society of India, 2010, 75 (1): 278 - 288.

[77] 何学秋, 王恩元, 聂百胜, 等. 煤岩流变电磁动力学 [M]. 北京: 科学出版社, 2003.

[78] 王恩元, 刘晓斐, 何学秋, 等. 煤岩动力灾害声电协同监测技术及预警应用 [J]. 中国矿业大学学报, 2018, 47 (5): 942 - 948.

[79] 王恩元, 何学秋, 刘贞堂, 等. 受载煤体电磁辐射的频谱特征 [J]. 中国矿业大学学报, 2003 (5): 21 - 24.

[80] 窦林名, 何学秋, 王恩元, 等. 由煤岩变形冲击破坏所产生的电磁辐射 [J]. 清华大学学报 (自然科学版), 2001, 41 (12): 86 - 88.

[81] 窦林名, 曹其伟, 何学秋, 等. 冲击矿压危险的电磁辐射监测技术 [J]. 矿山压力与顶板控制, 2002, 4: 89 - 91.

[82] 肖红飞, 冯涛, 何学秋, 等. 煤岩动力灾害电磁辐射预测技术中力电耦合方法的研究及应用 [J]. 岩石力学与工程学报, 2005, 24 (11): 1881 - 1887.

[83] 王恩元, 刘晓斐, 何学秋, 等. 煤岩动力灾害声电协同监测技术及预警应用 [J]. 中国矿业大学学报. 2018, 47 (5): 942 - 948.

[84] Wang E, Jia H, Song D, et al. Use of ultra ~ low ~ frequency electromagnetic emission to monitor stress and failure in coal mines [J]. International Journal of Rock Mechanics and Mining Science, 2014, 70: 16 - 25.

[85] Wang E, Zhao E. Numerical simulation of electromagnetic radiation caused by coal/rock deformation and failure [J]. International Journal of Rock Mechanics and Mining Science, 2013, 57: 57 - 63.

[86] He X, Nie B, Chen W, et al. Research progress on electromagnetic radiation in gas ~ containing coal and rock fracture and its applications [J]. Safety Science, 2012, 50 (4):728 - 735.

[87] Qiu L, Song D, Li Z, et al. Research on AE and EMR response law of the driving face passing through the fault [J]. Safety Science, 2019, 117: 184 - 193.

[88] 李夕兵, 万国香, 周子龙. 岩石破裂电磁辐射频率与岩石属性参数的关系 [J]. 地球物理学报, 2009, 52 (1): 253.

[89] Song D, Wang E, Song X, et al. Changes in Frequency of Electromagnetic Radiation from Loaded Coal Rock [J]. Rock Mechanics and Rock Engineering, 2016, 49 (1): 291 – 302.

[90] 蒋金泉, 李洪. 基于混沌时序预测方法的冲击地压预测研究 [J]. 岩石力学与工程学报, 2006, 25 (5): 889 – 895.

[91] 李洪. 冲击矿压前兆信息的混沌预测及模式识别研究 [D]. 青岛: 山东科技大学, 2006.

[92] 李洪, 戴仁竹, 蒋金泉. 基于最大 Lyapunov 指数的冲击地压预测模型 [J]. 采矿与安全工程学报, 2006, 23 (2): 215 – 219.

[93] 刘晓斐. 冲击地压电磁辐射前兆信息的时间序列数据挖掘及群体识别体系研究 [D]. 徐州: 中国矿业大学, 2008.

[94] 刘晓斐, 王恩元, 何学秋. 孤岛煤柱冲击地压电磁辐射前兆时间序列分析 [J]. 煤炭学报, 2010, 35 (S1): 15 – 18.

[95] 王先义. 煤岩电磁辐射特性及其应用研究 [D]. 徐州: 中国矿业大学, 2003.

[96] 姚精明, 闫永业, 税国洪, 等. 煤岩体破裂电磁辐射分形特征研究 [J]. 岩石力学与工程学报, 2010, 29 (S2): 4102 – 4107.

[97] 王宏伟, 姜耀东, 杨忠东, 等. 长壁孤岛工作面煤岩冲击危险性区域多参量预测 [J]. 煤炭学报, 2012, 37 (11): 1790 – 1795.

[98] 王云海. 煤岩冲击破坏的电磁辐射前兆及预测研究 [D]. 徐州: 中国矿业大学能源与安全工程学院, 2003.

[99] 窦林名, 陆菜平, 牟宗龙, 等. 顶板运动的电磁辐射规律探讨 [J]. 矿山压力与顶板控制, 2005, 3: 40 – 42.

[100] 王云海, 何学秋, 窦林名. 回采工作面顶板运动的电磁辐射监测研究 [J]. 矿业安全与环保, 2003, 30 (2): 6 – 10.

[101] 李白鹤. 大埋深一次采全厚工作面矿山压力规律研究 [J]. 煤炭技术, 2020, 39 (4): 51 – 54.

[102] 段伟华. 大采高工作面片帮机理及控制技术研究 [J]. 煤炭科学技术, 2020, 48 (3): 147 – 153.

[103] 徐俊锋. 大埋深工作面沿空留巷充填体支护设计及矿压观测 [J]. 煤炭与化工, 2019, 42 (11): 30 – 33.

[104] 贾宝新, 陈浩, 潘一山, 等. 多参量综合指标冲击地压预测技术研究 [J]. 防灾减灾工程学报, 2019, 39 (2): 330 – 337.

[105] 牛艳斌. 综采工作面初采期矿压分析 [J]. 能源与节能, 2019 (1): 5 – 6, 60.

[106] 杨路林, 李亚春, 吴士良. 近距离煤层采空区下综采面合理支架工作阻力确定研究 [J/OL]. 煤炭科学技术: 1 – 7 [2020 – 11 – 14].

[107] 刘华军. 特厚煤层支架工作阻力适应性研究 [J]. 煤矿现代化, 2020 (5): 42 – 44.

[108] 郭彦科, 杨永康, 徐素国, 等. 薄直接顶下大采高综放采场支架工作阻力研究 [J]. 煤矿安全, 2020, 51 (6): 236 – 240, 245.

[109] 张春雷, 郭良, 张明鹏. 中等埋深大采高综采工作面支架工作阻力实测及适应性分析 [J]. 煤矿机械, 2020, 41 (6): 68-71.

[110] 邢鹏飞, 严红, 黄志华, 等. 采动下特厚煤层沿底巷道顶板离层演化特征 [J]. 煤炭技术, 2020, 39 (1): 45-49.

[111] 曲效成, 姜福兴, 于正兴, 等. 基于当量钻屑法的冲击地压监测预警技术研究及应用 [J]. 岩石力学与工程学报, 2011, 30 (11): 2346-2351.

[112] 李金奎, 王浩. 深部巷道复合顶板全锚索一次支护研究 [J]. 采矿与岩层控制工程学报, 2020, 2 (3): 14-22.

[113] 刘懿. 采场覆岩载荷三带结构模型及其在冲击危险辨识中的应用 [D]. 北京: 北京科技大学, 2017.

[114] 姜福兴, 杨淑华, XUN LUO, 等. 微地震监测揭示的采场围岩空间破裂形态 [J]. 煤炭学报, 2003, 32 (11): 2250-2257.

[115] 郭惟嘉, 陈绍杰, 常西坤, 等. 深部开采覆岩体形变演化规律研究 [M]. 北京: 煤炭工业出版社, 2012.

[116] 姜福兴, 姚顺利, 魏全德, 等. 矿震诱发型冲击地压临场预警机制及应用研究 [J]. 岩石力学与工程学报, 2015, 34 (S1): 3372-3380.

[117] 姜福兴. 采场覆岩空间结构观点及其应用研究 [J]. 采矿与安全工程学报, 2006, 23 (1): 30-33.

[118] 姜福兴. 矿山压力与岩层控制 [M]. 北京: 煤炭工业出版社, 2004.

[119] 姜福兴, 魏全德, 姚顺利, 等. 冲击地压防治关键理论与技术分析 [J]. 煤炭科学技术, 2013, 41 (6): 6-9.

[120] 姜福兴, 朱斯陶, 刘金海, 等. 深井综采 (放) 工作面异常来压控制研究 [J]. 岩石力学与工程学报, 2013, 32 (8): 1528-1536.

[121] 何国清, 杨伦, 凌庚娣, 等. 矿山开采沉陷学 [M]. 徐州: 中国矿业大学出版社, 1991.

[122] 杜青炎, 魏全德, 刘军, 等. 基于应力监测的工作面支承压力分布规律探讨 [J]. 中州煤炭, 2016 (5): 88-90, 109.

[123] 魏全德, 姜福兴, 姚顺利, 等. 特厚煤层下山煤柱区巷道冲击危险性实时监测预警研究 [J]. 采矿与安全工程学报, 2015, 32 (4): 530-536.

[124] 刘金海, 姜福兴, 王乃国, 等. 深井特厚煤层综放工作面区段煤柱合理宽度研究 [J]. 岩石力学与工程学报, 2012, 31 (5): 921-927.

[125] 吕进国, 姜耀东, 赵毅鑫, 等. 冲击地压层次化监测及其预警方法的研究与应用 [J]. 煤炭学报, 2013, 38 (7): 1161-1167.

[126] 邹范祥, 孙凌资, 褚福军. 钻屑法在监测冲击地压中的研究与应用 [J]. 山东煤炭科技, 2010 (5): 156-157.

[127] 高仁杰, 李学华, 谢帅涛, 等. 钻屑法在监测冲击矿压中的研究和应用 [C] //北京力学会. 北京力学会第19届学术年会论文集. 北京: 北京力学会, 2013: 560-561.

[128] 佩霍夫. 煤矿冲击地压 [M]. 王佑安, 译. 北京: 煤炭工业出版社, 1981.

[129] 管原胜彦, 煤壁压出区的异常矿压及钻孔却载效果 [J]. 煤炭科研参考, 1982.

[130] 赵本钧, 章梦涛. 钻屑法的研究和应用 [J]. 阜新矿业学院学报, 1985 (S1): 13-28.

[131] 易俊, 姜永东, 鲜学福. 应力场、温度场瓦斯渗流特性实验研究 [J]. 中国矿业, 2007, 16 (5): 113-116.

[132] 楼一珊. 地层倾角对地应力的影响研究 [J]. 钻采工艺, 1998 (6): 22-23.

[133] 王赟, 许小凯, 张玉贵. 六种不同变质程度煤的纵横波速度特征及其与密度的关系 [J]. 地球物理学报, 2012, 55 (11): 3754-3761.

[134] 黄荣樽, 庄锦江. 一种新的地层破裂压力预测方法 [J]. 石油钻采工艺, 1986 (3): 1.

[135] 舒凑先, 姜福兴, 魏全德, 等. 疏水诱发深井巷道冲击地压机理及其防治 [J]. 采矿与安全工程学报, 2018, 35 (4).

[136] 赵善坤, 张广辉, 柴海涛, 等. 深孔顶板定向水力压裂防冲机理及多参量效果检验 [J]. 采矿与安全工程学报, 2019, 35 (6).

[137] 陆菜平, 张修峰, 肖自义, 等. 褶皱构造对深井采动应力演化的控制规律研究 [J]. 煤炭科学技术, 2020, 48 (2).

[138] 张修峰, 陆菜平, 王超, 等. 千米深井锯齿形断层煤柱群应力分布及微震活动规律 [J]. 现代矿业, 2020, 36 (618).

[139] 张修峰, 曲效成, 魏全德. 冲击地压多维度多参量监控预警平台开发与应用 [J]. 采矿与岩层控制工程学报, 2020, 3 (1).

[140] Zhilong He, Caiping Lu, Xiufeng, et al. Numerical and Field Investigations on Rockburst Risk Adjacent to Irregular Coal Pillars and Fault [J]. Shock and Vibration, 2021: 17.

[141] 张修峰, 薛爱民, 谢华东, 等. 基于频率谐振技术的采煤工作面覆岩移动特征研究 [J]. 煤炭技术, 2021, 40 (12).

[142] Chunhui Song, Caiping Lu, Xiufeng Zhang, et al. Moment Tensor Inversion and Stress Evolution of Coal Pillar Failure Mechanism [J]. Rock Mechanics and Rock Engineering, 2022.

[143] 舒凑先, 姜福兴, 韩跃勇, 等. 深部重型综采面长距离多联巷快速回撤技术研究 [J]. 采矿与安全工程学报, 2018, 35 (3).

[144] 张修峰, 孔令海, 韩跃勇, 等. 鄂尔多斯深部矿井冲击地压防控理论与技术 [M]. 北京: 应急管理出版社, 2021.

[145] 舒凑先, 姜福兴, 张修峰. 陕蒙接壤矿区深部富水工作面冲击地压机理与防治研究 [M]. 北京: 冶金工业出版社, 2020.

[146] 刘洋, 陆菜平, 张修峰, 等. 夹矸滑移型冲击地压机理 [M]. 徐州: 中国矿业大学出版社, 2020.

[147] 张修峰, 王超, 王存文. 冲击地压防治岗位操作规程与技术规范 [M]. 北京: 应急管理出版社, 2021.

[148] 齐庆新, 潘俊峰, 张修峰, 等. 冲击地压测定、监测与防治方法-第七部分: 采动应力监测方法 [S]. 北京: 中国标准出版社, 2019.

图书在版编目（CIP）数据

煤矿冲击地压实用监测技术/张修峰，曲效成主编．－－北京：应急管理出版社，2022
ISBN 978－7－5020－9029－6

Ⅰ.①煤… Ⅱ.①张… ②曲… Ⅲ.①煤矿—冲击地压—监测—研究 Ⅳ.①TD324

中国版本图书馆 CIP 数据核字（2021）第 226510 号

煤矿冲击地压实用监测技术

主　　编	张修峰　曲效成
责任编辑	尹燕华
责任校对	李新荣
封面设计	于春颖
出版发行	应急管理出版社（北京市朝阳区芍药居 35 号　100029）
电　　话	010－84657898（总编室）　010－84657880（读者服务部）
网　　址	www.cciph.com.cn
印　　刷	北京盛通印刷股份有限公司
经　　销	全国新华书店
开　　本	710mm×1000mm $^1/_{16}$　印张　18　字数　341 千字
版　　次	2022 年 2 月第 1 版　2022 年 2 月第 1 次印刷
社内编号	20211433　　　　定价　80.00 元

版权所有　违者必究

本书如有缺页、倒页、脱页等质量问题，本社负责调换，电话:010－84657880